进化算法及其在智能配电网中的应用

盛万兴　刘科研　孟晓丽　著

科学出版社

北京

内 容 简 介

本书全面阐述了进化算法在智能配电网中的理论和应用，共10章。其中，第1章为智能配电网概述，第2～8章依次介绍了遗传算法、粒子群算法、进化规划算法、多目标进化算法、差分进化算法、蚁群算法、和声搜索算法在智能配电网中的模型、方法和应用算例，第9章介绍了除第2～8章以外的其他算法，第10章介绍了进化算法评价与选择方法。本书对所提出的每种算法均从模型建立、算法实现等方面进行了详细阐述。

本书可供从事配电网分析、规划、仿真、控制的工程技术人员、科研人员及高校师生参考使用。

图书在版编目(CIP)数据

进化算法及其在智能配电网中的应用/盛万兴，刘科研，孟晓丽著. —北京：科学出版社，2017

ISBN 978-7-03-051824-8

Ⅰ.①进… Ⅱ.①盛… ②刘… ③孟… Ⅲ.①最优化算法-应用-智能控制-配电系统-研究 Ⅳ.①O242.23②TM727

中国版本图书馆CIP数据核字(2017)第032457号

责任编辑：裴 育 纪四稳 / 责任校对：桂伟利

责任印制：吴兆东 / 封面设计：陈 敬

科学出版社 出版

北京东黄城根北街16号

邮政编码：100717

http://www.sciencep.com

北京凌奇印刷有限责任公司 印刷

科学出版社发行 各地新华书店经销

*

2017年3月第 一 版 开本：720×1000 1/16

2022年1月第四次印刷 印张：15 1/2

字数：296 000

定价：108.00元

(如有印装质量问题，我社负责调换)

前　　言

配电网紧邻用户侧，建设投资巨大，且配电网停电会导致重大政治与社会影响的风险激增，其安全、可靠、经济运行关乎国家安全与国计民生。智能电网的覆盖范围很广，涵盖发电、变电、输电、配电、用电各个环节，要求实现安全、高效、清洁、优质、互动等目标。智能配电网是智能电网的重要组成部分。智能配电网优化分析是保证用电安全、提升电压质量和实现配电网经济运行的重要方法。智能配电网优化分析包括无功优化、最优潮流、网络重构、经济调度等诸多内容，根据模型复杂程度及算法实现过程，通常分为连续变量优化、离散变量优化和混合整数优化几种类型。数学方法适用于连续变量优化求解，而智能配电网优化分析的困难在于混合整数优化问题的求解，由于数学方法尚未解决 NP 难问题，所以人工智能方法被广泛应用于智能配电网优化分析，而进化算法在人工智能方法中占据重要的位置，故在智能配电网优化分析中已获得相当广泛的应用。

自 2003 年起，作者所在团队开始致力于将进化算法推广应用于智能配电网的研究工作；近年来，团队发表的一些学术论文引起了同行学者以及电力行业专业技术人员的关注。本书将团队十多年来在进化算法及其在智能配电网方面的应用研究成果汇总出版，希望能够对刚刚踏入智能配电网优化领域的研究人员起到抛砖引玉的作用，为广大同行和相关专业技术人员提供学习交流平台。

全书分 10 章，第 1 章介绍智能配电网的概念、特征，以及进化算法的研究趋势；第 2 章介绍遗传算法的基本原理及其理论分析方法，阐述遗传算法在求解无功优化中的应用；第 3 章介绍粒子群算法的理论基础及其在智能配电网中的应用，通过开展程序实验对算法展开分析讨论；第 4 章介绍进化规划算法的理论基础及其在智能配电网中的应用，通过开展程序实验对算法展开分析讨论；第 5 章介绍智能配电网中的多目标优化问题的理论基础，介绍强度 Pareto 进化算法与改进型非支配排序遗传算法及其案例应用；第 6 章介绍基本差分进化算法及其改进方法，并阐述差分进化算法在智能配电网中的应用；第 7 章介绍蚁群算法理论基础、混沌蚁群算法以及蚁群算法在智能配电网无功优化中的应用及程序实现方法；第 8 章介绍和声搜索算法基本原理，探讨其在无功协调优化、分布式电源选址定容、配电网重构中的应用；第 9 章介绍万有引力搜索算法、人工蜂群算法及布谷鸟算法；第 10 章介绍进化算法评价与选择方法。其中，第 1、2 章由刘科研撰写，第 3、7 章由孟晓丽撰写，第 5、6 章由盛万兴撰写，第 4、8、9、10 章分别由何开元、叶学顺、裴宏岩、吕琛撰写；刘科研对第 1、2、8～10 章进行统稿，孟晓丽对第 3～7 章进行统稿，盛万兴对全书进行审定。

本书成果得到了国家自然科学基金(51377148)、国家电网公司科技项目(EPRIPDKJ[2014]3763号)和中国电力科学研究院出版资金的资助;同时,作者团队获得了许多省市电力公司的大力帮助,解决了大量实际应用中的难题。在此一并表示感谢。本书写作过程历时三年,虽然作者对体系的安排、素材的选取、文字的叙述进行了精心的构思和安排,但限于作者水平和实践经验,书中难免存在不足或有待改进之处,望广大读者不吝指正。

作　者

2016年10月

目　　录

第 1 章　智能配电网概述

1.1　智能配电网的概念

电力系统是由发电、变电、输电、配电和用电等环节组成的电能生产与消费系统，配电网在电力网中起着分配电能的作用。我国近 20 年负荷年均增速 10%以上，配电容量达美国的 1.4 倍，规模已居世界之首，重要用户数量显著增长。配电网紧邻用户侧，建设投资巨大，配电网停电会导致重大政治与社会影响的风险激增，其安全可靠经济运行关乎国家安全与国计民生。

智能电网的覆盖范围很广，涵盖发电、变电、输电、配电、用电各个环节，要求实现安全、高效、清洁、优质、互动等目标。而智能配电网(smart distribution grid，SDG)是智能电网的重要组成部分。智能配电网是以配电网高级配电自动化技术为基础，通过应用和融合先进的测量和传感技术、控制技术、网络通信技术和计算机信息科学等技术，利用智能化的开关设备、配电终端设备，在坚强电网架构和双向通信网络的物理支持以及各种集成高级应用功能可视化软件支持下，允许可再生能源和分布式发电单元的大量接入下的配电网络[1,2]。智能配电网允许电力用户积极与配电网互动，可实现在正常运行状态下监测、保护、控制、优化和非正常运行状态下的控制，最终为电力用户提供安全、可靠、优质、经济的电力供应。

1.2　智能配电网的特征

智能配电网继承了配电工程技术、高级传感和测控技术、现代计算机与通信技术的配电系统，更加安全、可靠、优质、高效，支持分布式电源的大量接入。与传统的配电网相比，智能配电网主要功能特征如下：

(1) 更高的供电可靠性。一方面智能配电网具备抵御自然灾害和外部破坏的能力，能够对电网安全隐患进行在线预测和智能处理故障，最大限度地减少配电网故障对用户的影响；另一方面在主电网停电时，可以应用分布式发电、可再生能源组成的微电网系统保障重要用户的供电，实现配电网自愈。

(2) 提供优质的电能质量。利用先进的电力电子技术、电能质量在线监测和补偿技术，实现电压和无功的优化控制，保证电压合格，实现对电能质量敏感设备和用户的不间断、高质量、连续供电。

(3) 支持分布式电源的大量接入。通过保护控制的自适应以及系统接口的标准化，支持分布式电源的“即插即用”。通过对分布式电源的优化调度，实现对各种能源的优化利用。

（4）支持与用户互动。通过应用智能电表，实行分时电价、动态实时电价，让用户自行选择用电时段，在节省电费的同时，为降低配电网高峰负荷作贡献。

（5）更高的电网资产利用率。智能配电网实时监测电网设备温度、绝缘水平、安全裕度等，在保证安全的前提下增加传输功率，提高系统容量利用率；通过对潮流分布的优化，减少线损，提高网络运行效率；通过在线监测并诊断设备的运行状态，实施状态检修，延长设备使用寿命。

（6）集成的可视化管理平台。通过全面采集配电网及其设备的实时运行数据以及电能质量扰动、故障停电等数据，为运行人员提供高级的图形界面，使其能够全面掌握配电网及其设备的运行状态。

随着大量分布式电源在配电网中的涌现，将会使配电网的规划、运行发生很大的改变，因此有必要研究与之相适应的运行控制关键技术。分布式电源大量并网后，一方面在系统发生故障时可为用户持续提供电能，从而充当一部分备用电源的角色；另一方面分布式电源的接入也将改变配网网络结构及潮流，传统的辐射状配电网变成多电源系统，将给配电网的运行、控制带来一定风险。智能配电网的核心是对分布式可再生能源从被动消纳到引导与利用。随着智能配电网的开展，可以把配电网从传统的被动型用电网转变成可以根据电网的实际运行状态进行主动调节、参与电网运行与控制的配电网。以下内容分别从规划和运行两个方面阐述智能配电网中的计算和分析问题[3]。

1.2.1　智能配电网规划方面

在传统的配电网规划中，侧重于一次电网架构的确定与变压器容量的选择，很少考虑配电自动化系统、通信系统和配电网管理系统对电网运行可靠性的影响。而面向智能配电网的设计方法则强调规划、建设和运行的完整性、统一性；强调在规划设计阶段，就充分考虑配电网自动化、通信和配电管理系统对改善配电网运行性能所发挥的重大作用，强调协调统一地规划建设坚强可靠的一次电网架构、深度协同的二次自动化系统与功能强大的智能决策支持系统，实现三位一体的协同规划。

1）智能配电网规划需要考虑综合方案

传统规划中的网络解决方案包括配置变电站站点与电网结构的优化布局，称为网络解，智能配电网规划除了获得网络解，同时还包含综合的解决方案，如含分布式电源（distributed generation，DG）的优化调度、需求侧集成、无功管理、变压器分接头的控制、含风光储的协调优化运行等，这些可称为智能配电网规划的综合解。

2）智能配电网规划需要考虑不确定性

为了保证供电可靠性，智能配电网规划在考虑DG出力不确定的同时还要考虑负荷的不确定性，由此优化储能设备配置的投资需求，此外还要考虑上级电网容量和发电容量由于下级电网接入大量DG而增加的运行费用。足够大的变压器容量裕度（负载率一般小于50%）和线路容量裕度（多回路）意味着安全，而容量大的选择方案意味着较高的投资和浪费，容量小的选择方案则意味着风险较大。一般来说，DG的接入容量依赖于网络的固有特征，但考虑DG的间歇性和负荷的可靠性需求时，DG的接入容量不得不相应地减小。

3）智能配电网规划需要考虑时序数据

通常的配电网的规划包括长、中、短期，而智能配电网为了精细化管理，需要考虑不同规划周期（年、季度、日、小时）的时序数据，以及不同的负荷类型，如轻工业负荷、民用负荷、市政负荷等。其中精细化的规划分析需要依赖于智能信息通信技术和先进的计量基础设施的支撑。

4）智能配电网规划需要新的求解方法

智能配电网规划是一个复杂的组合优化问题，涉及多目标及众多不确定因素，目前国际上智能配电网规划工具的开发仍处于探索阶段。由于新设备的接入，如传感器、逆变器等，需考虑不同的数学问题（线性规划、非线性规划、混合整数规划、确定性、不确定性等）。针对不同的数学问题，需要开发新的算法。而进化规划为这些问题的求解提供了一种途径。

需求侧互动及对可再生能源的主动利用是智能配电网区别于微电网的显著特征。技术上的差异对智能配电网规划提出了新的要求。智能配电网规划技术体系框架如图1.1所示。在智能配电网规划目标方面，需要综合考虑系统可靠性、供电可靠性、投资成本、运行维护成本等多方面因素；约束条件方面包括DG和常规配电网网络的有功、无功、电压等约束条件；考虑了需求响应和DG出力的不确定性、时序性等场景，智能配电网规划方法的寻优空间变得复杂多变。通过规划的优化方案，以及不断地模拟和修正，得到精细化的规划方案。

1.2.2　智能配电网运行与控制方面

智能配电网的一大特征表现在DG及储能单元对于配电网运行人员是可控的，分布式能源参与配电网的运行调度，而不是简单的连接。虽然目前DG的并网技术已趋于商业化应用，但DG集成后更需要复杂的运行控制问题。智能配电网运行控制的技术体系表述如下。

1）智能配电网状态估计问题

DG接入、线路不平衡、负荷不平衡对配电网状态估计带来了重要影响。传统的配电网状态估计方法分为基于节点电压的方法、基于支路电流的方法和基于支

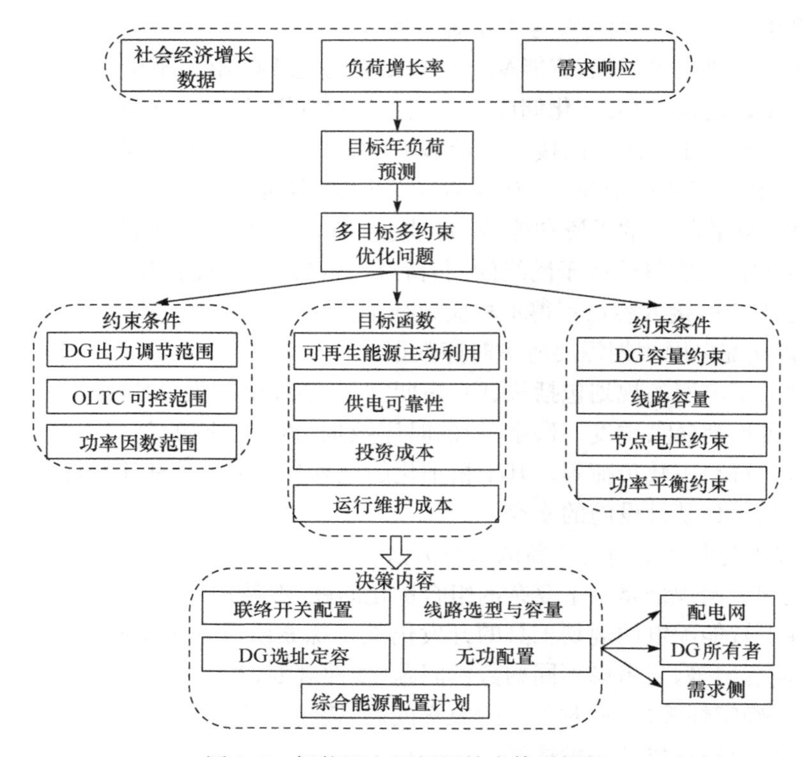

图 1.1　智能配电网规划技术体系框架

路功率的方法。基于节点电压的方法以节点电压幅值和相角为状态变量，基于支路电流的方法以支路电流幅值和相角为状态变量，基于支路功率的方法以支路的有功和无功功率为状态变量。智能配电网状态估计技术体系如图 1.2 所示，配电网状态估计研究中需要重点侧重：①考虑负荷模型、模型参数不确定性等因素，完善配电网状态估计模型；②针对复杂配电网状态估计，开发计算速度快、数值稳定性高的求解算法；③针对分布式电源接入后配电网状态估计问题的研究，研制智能配电网状态估计实用软件。

2）智能配电网网络重构问题

配电网网络重构是通过对网络中的联络开关和分段开关进行开断状态切换，使新拓扑结构下的配电网达到降低网损、提高可靠性及其他特定优化目标的一类问题。通常在两种场景下需要进行网络重构：①故障后为了做供电恢复而进行的配电网重构；②由于季节变化和负荷大幅变化等引起的运行方式变化，需进行规划性质的配电网重构。前者属于实时优化，后者属于规划范畴。DG 接入后，考虑到配电网的时序性和运行环境，多种不确定因素将会带来可靠性和电气参数上的影响，如线路长度因户外温度影响而引起的变化、分布式电源的波动等。

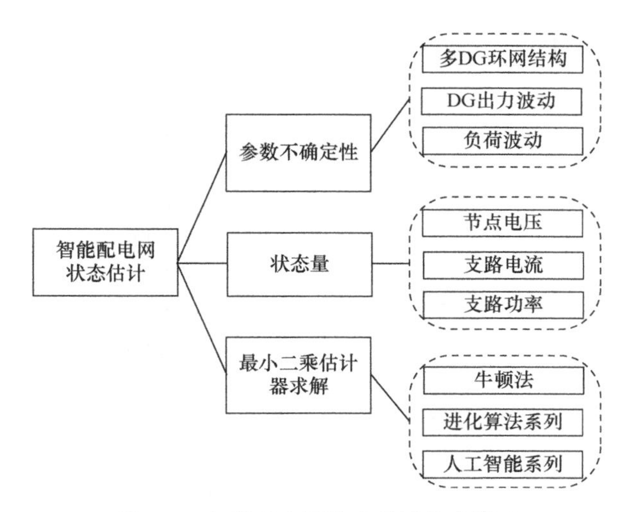

图 1.2　智能配电网状态估计技术体系

智能配电网网络重构实际上是一个复杂的多目标非线性整数或混合整数规划优化问题。如图 1.3 所示，算法总体可分为三类：①启发式方法，包括支路交换法、最优流模式算法等；②人工智能算法，包括专家系统法、人工神经网络等；③随机优化方法，包括模拟退火法、遗传算法、进化规划法等。

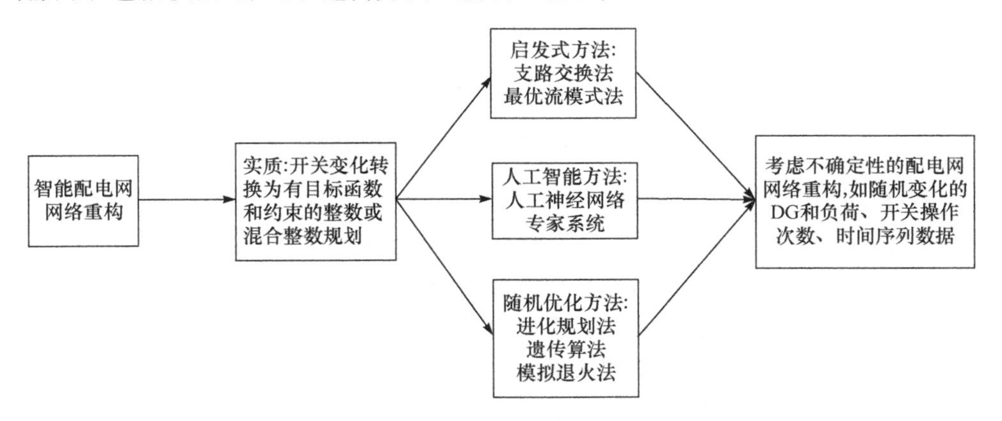

图 1.3　智能配电网网络重构体系

3）智能配电网中综合优化与最优潮流管理问题

由图 1.4 可知，智能配电网的全局优化能量管理系统收集全网各负荷点的实时运行数据、开关状态信息、网络拓扑信息、DG 的运行工况以及储能单元的电荷状态信息等，通过全局智能优化算法得出满足各项技术约束条件下的有功功率全局优化控制策略和无功功率全局优化控制策略。

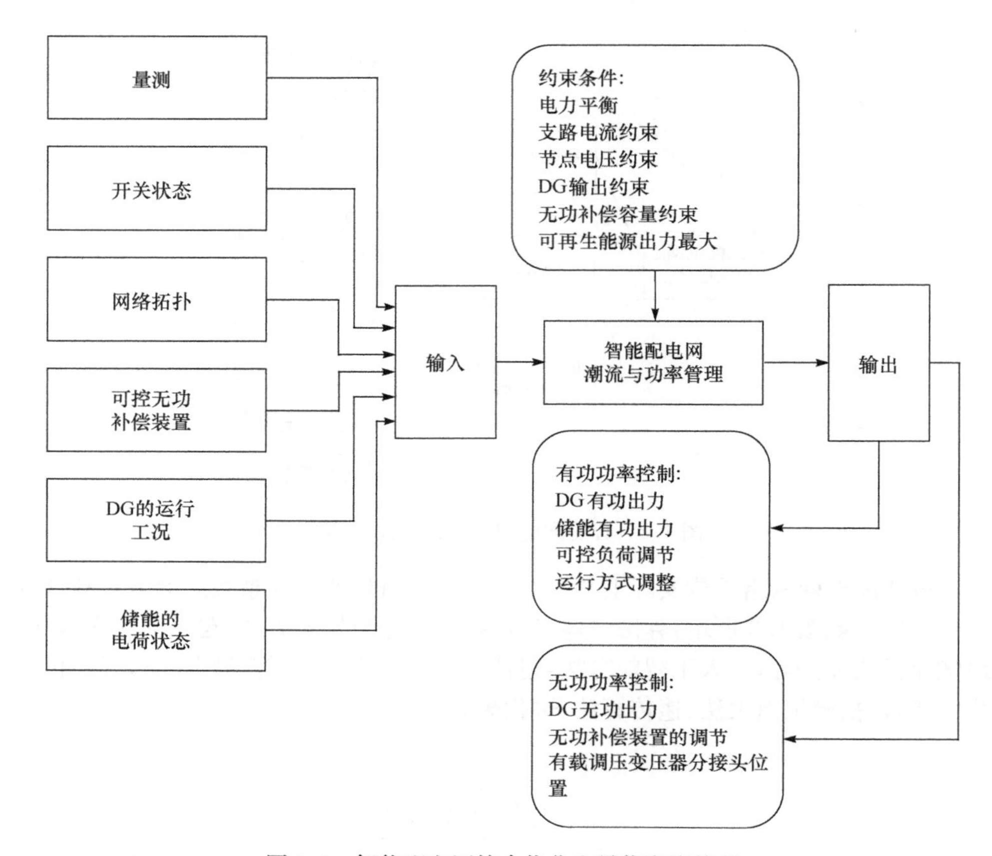

图 1.4　智能配电网综合优化和最优潮流管理

4）智能配电网电压协调优化问题

由图 1.5 可知，分布式发电的大量接入使无功电压控制面临严峻挑战，智能配电网中的无功电压控制必须考虑无功资源的协调配合，以同时实现降压节能和保证电压质量两个目标；同时，需要基于短期、超短期和分布式发电的变化趋势，发展时序递进的无功电压优化计划和策略。

5）智能配电网运行状态评估和风险预警问题

传统的配电网运行状态评估中，受限于较窄的数据采集渠道或较低的数据集成和处理能力，生产运行人员难以及时发现有价值的信息。可以通过从配电网的动态安全稳定、故障概率、故障后果等方面，研究和分析配电网运行状态评估及风险评估方法，实现配电网风险预警，为配电网运行调度提供依据，提升决策的准确性和有效性。该研究问题是评估配电网运行状态、制定电网控制和综合能源优化策略的基础。如图 1.6 所示，智能配电网运行状态评估和风险预警可包括：

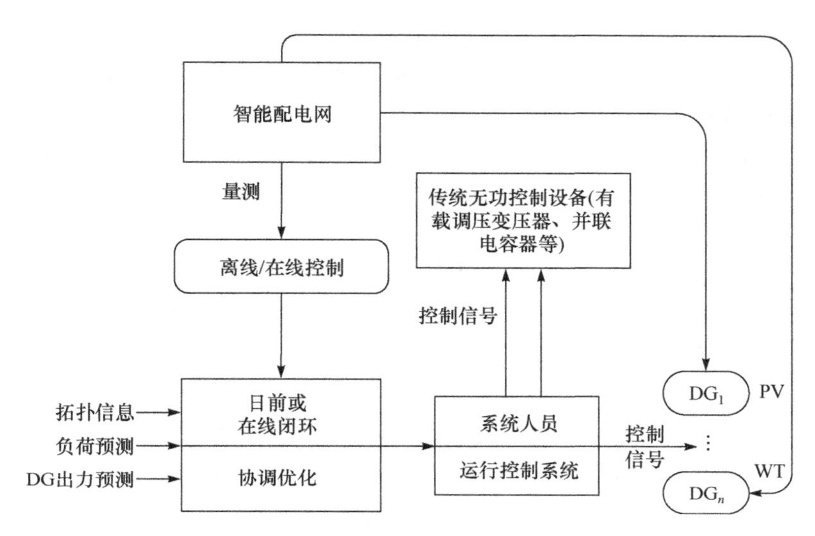

图1.5 智能配电网电压协调优化

(1) 对智能配电网安全性进行评价,如电力系统的频率、节点电压水平、主变和线路负载率等。

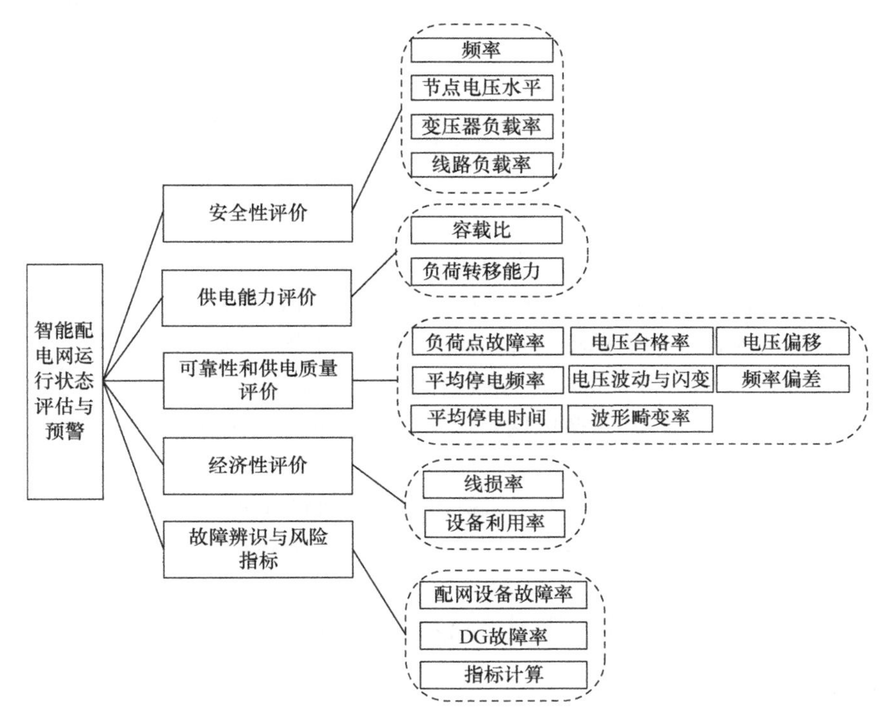

图1.6 智能配电网运行状态评估和风险预警

(2) 对智能配电网的供电能力进行评价，如容载比、线路间负荷转移能力等。当供电能力不能满足负荷需求时，根据负荷重要程度、产生的经济社会效益以及历史负荷情况，进行甩负荷。

(3) 对智能配电网可靠性和供电质量进行评价，如负荷点故障率、系统平均停电频率、系统平均停电时间、电压合格率、电压波动与闪变、三相不平衡度、波形畸变率、电压偏移、频率偏差等。

(4) 对智能配电网经济性进行评价，如线损率和设备利用效率等。

(5) 基于故障辨识和风险指标计算进行评价，如配网设备故障率、DG 故障率、风险指标测算等。

6) 智能配电网可靠性分析问题

由图 1.7 可知，配电网可靠性指标用于评价配电网直接对用户供给和分配电能的能力。常用的概率性指标包括系统平均停电频率指标(system average interruption frequency index，SAIFI)、用户平均停电频率指标(customer average interruption frequency index，CAIFI)、系统平均停电持续时间指标(system average interruption duration index，SAIDI)等。

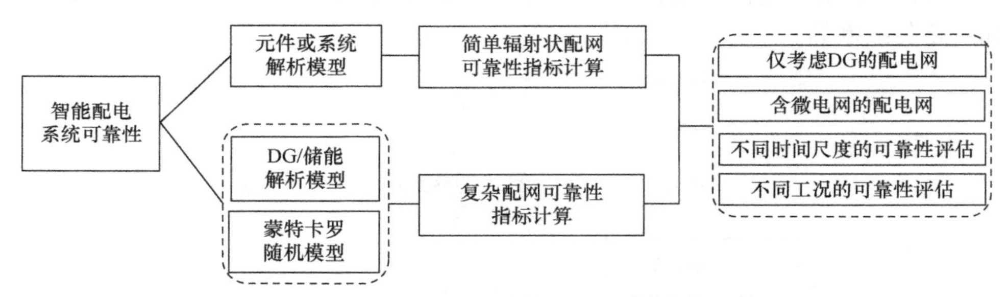

图 1.7 智能配电网系统可靠性技术

传统配电网的可靠性评估主要取决于元件参数和网络结构，当分布式电源加入配电网后，可靠性评估的模型和算法将发生较大变化，主要体现在：

(1) 配电网中的一部分可以形成微电网，微电网既可以并网运行，也可以孤岛运行。当主电网发生故障时，微电网可以与主系统主动解列后孤岛运行，称为有计划的孤岛形成。

(2) 当微电网孤岛运行时，由于风机出力的随机性和波动性，不能保证为微电网中的每一个负荷点持续供电，所以需要配套相应的切负荷策略。

1.3 进化算法的研究趋势

1.3.1 进化计算

进化计算主要包括 Holland 对于机器学习问题所发展的遗传算法(genetic algorithm,GA)[4],Rechenberg 和 Schwefel 用于数值优化问题的进化策略[5,6](evolution strategies,ES)及对于优化模拟系统所提出的进化规划(evolutionary programming,EP)[7]等三个分支,它们都具有类似的特点、计算机制和优化性能。

作为一种稳定和有效的优化技术,进化计算已经广泛应用于人工智能、工程优化、机器学习、图像处理及优化控制等领域,表现出杰出的优化能力和适应性强、应用范围广以及可并行处理等显著特点,成为解决复杂优化问题的一种有力工具。例如,基于进化算法的机器学习对于解决人工智能知识获取和知识优化的瓶颈带来了希望;并行遗传算法的研究不仅对遗传算法本身,而且对新一代智能计算体系结构产生巨大影响。进化计算与神经网络[8]、模糊推理[9]、混沌理论及人工生命领域[10]的相互渗透和相互结合,对开拓新的智能计算技术和人工智能方法具有重要意义。

尽管以遗传算法为代表的进化计算技术在各种复杂问题和领域的应用中表现出非凡的能力和优点,但同时存在一定不足,需要进行全面的分析。首先,对于某些应用领域,进化计算并不能完全带来比专门处理该领域问题的原有算法更好的效果,这就需要对进化计算的适用性和问题与算法的结合进一步研究;其次,进化算法本身面临着一些问题有待更深入的探索,围绕进一步改善或提高算法的搜索效率、并行化程度及克服早熟收敛等核心问题,仍需要大量的基础研究和算法、理论方面的创新。此外,进化计算所求解的非精确性和不确定性不能保证解的最优甚至可行,因而会影响其处理范围。

1.3.2　进化神经网络

由于广泛应用的人工神经网络(artificial neural network,ANN)模型及其前馈(back propagation,BP)学习算法本身存在多种固有缺陷,如存在局部收敛、收敛速度慢和隐层神经元设计选择困难等,研究更高效的学习算法和自动的拓扑结构(包括层数、节点数、互联模式等)设计方法是 ANN 技术应用所要解决的两大难题。目前虽然提出了许多 BP 改进算法,但并没有从根本上的突破,现有理论已经证明,仅靠 ANN 本身并不能解决这些问题[8]。

进化计算以其独特的自然进化法则、群体全局优化搜索的优越性,为上述问题的解决提供了新思想和新途径。将 GA 与 ANN 的权值学习、神经元及网络结构的进化有机结合,可以得到鲁棒适应性强的神经网络,即进化神经网络(evolutionary neural network,ENN)[11]。

ENN 在设计中需要考虑编码方法和算子设计等几个方面,其内容也包括连接权值、网络结构、神经元和学习规则等方面,其中最主要的是连接权值和网络结构的进化,这也是神经网络设计的主要内容[12]。目前大多数研究只针对某个单一的方面,如只能进行网络连接权值的优化,如何实现对网络结构、连接权值、神经元和学习规则的共同进化是一个值得研究的问题[13]。

进化神经网络领域是一个十分活跃的研究领域，为了设计出性能优良、适合于具体应用问题的结构，应综合考虑以下几方面的问题：①提出新颖的编码方法，使之不仅能编码网络结构，同时也能编码学习规则；②考虑网络结构的动态调整和权重训练动态性之间的协调性，发展新的学习算法和网络结构；③提高遗传算子对构造新型网络的适应性，由于网络编码方法的多样性以及人们对不同应用的侧重点不同，要求遗传算子及其参数值（如交叉率、变异率等）有较好的适应能力；④妥善改进适合度评价函数，过于单一的适应度函数无法提高网络整体性能，因而只有从学习速度、精度、泛化能力以及网络的规模和复杂性等方面综合权衡。

参考文献

[1] 秦立军，马其燕. 智能配电网及其关键技术[M]. 北京：中国电力出版社，2010.
[2] 程利军. 智能配电网[M]. 北京：中国水利水电出版社，2013.
[3] 刘科研. 复杂有源配电网优化与分析关键技术研究[D]. 北京：中国电力科学研究院，2014.
[4] Holland J H. Adaptation in Natural and Artificial Systems[M]. Ann Arbor：The University of Michigan Press，1975.
[5] Schwefel H P. Numerical Optimization of Computer Models[M]. Chichester：Wiley，1981.
[6] Rechenberg I. Cybernetic Solution Path of an Experimental Problem[M]. Farnborough：Royal Aircraft Establishment，1965.
[7] Fogel L J，Owens A J，Walsh M J. Artificial Intelligence Through Simulated Evolution[M]. New York：John Wiley，1966.
[8] 郑志军. 基于演化算法的进化神经网络并行化模型[D]. 西安：西安交通大学，2001.
[9] 杜海峰. 基于模糊神经网络的智能整合方法研究及其应用[D]. 西安：西安交通大学，2001.
[10] 张军，郑浩然. 具有行为强化学习能力的人工生命进化模型设计[J]. 计算机工程，2000，26(10)：11-13.
[11] Curry B，Morgan P. Neural networks：A need for caution[J]. International Journal of Management Sciences，1997，25(1)：23-33.
[12] Yao X，Liu Y. A new evolutionary system for evolving artificial neural network[J]. IEEE Transactions on Neural Networks，1997，8(3)：694-713.
[13] 陈颖琪，余松煜，赵奕. 进化计算与人工神经网络的结合[J]. 红外与激光工程，1999，28(4)：6-9.

第2章 遗传算法

2.1 引　　言

遗传算法(genetic algorithm,GA)又称基因算法,是1975年由美国Michigan大学的Holland教授基于达尔文的“适者生存,自然选择”的进化理论提出并逐步发展起来的。遗传算法是模拟生物在自然环境中的遗传和进化过程而形成的一种自适应全局优化概率搜索算法。它模拟自然界中生物进化的发展规律,通过对遗传和进化过程中选择、交叉、变异机理的模仿,完成对问题最优解的自适应搜索过程,在人工系统中实现对特定目标的优化[1]。近年来,利用遗传算法解决非线性优化问题已被证明是一种行之有效的方法。

2.2 遗传算法的理论分析

2.2.1 基本原理

在优化理论中,采用迭代算法求解一个特定的问题,若该算法的搜索过程所产生的解或函数序列的极限值是该问题的全局最优解,则该算法是收敛的。遗传算法的基础理论主要以收敛性分析为主,即群体收敛到优化问题全局最优解的概率[2-6]。它可以分为基于随机过程的收敛性和基于模式理论的收敛性,前者称为遗传算法的随机模型理论,后者称为遗传算法的进化动力学理论。

1) 随机模型理论

对于有限的编码空间和有限的群体,遗传算法的搜索过程可以表示为离散时间的马尔可夫链模型(Markov chain model),从而可以采用已有的随机过程理论进行严密的分析[3]。遗传算法满足有限马尔可夫链的基本特征,具有齐次性,存在极限概率分布。由于编码空间的有限性,标准遗传算法可以搜索到空间上的任何一点,在采用精英保留策略下,遗传算法可以以概率1收敛于问题的全局最优解[4]。

2) 进化动力学理论

对于任何函数的优化问题,通常期待搜索过程所产生的解的序列收敛于问题的全局最优解,其中维持群体的可进化性就成为遗传算法的核心任务。在随机模型理论下,具备全局收敛性的任何算法,必须以某种具体的运算形式应用于优化问题的求解,然而随机模型理论下的全局收敛性,并不能保证任何运算形式的算法在有限群体和有限进化代数下一定能够搜索到问题的全局最优解[5,6]。由 Holland 提出的模式定理描述了模式的生存模型，可以称为遗传算法进化动力学的基本定理。建筑模块假说描述了遗传算法的重组功能，要求定义长度短的、低阶的、适应度值高的模式，在遗传算子的作用下，被采样、重组，从而形成高阶、长距，高于群体平均适应值的模式[6]。模式定理和建筑模块假说构成了求解优化问题时遗传算法具备发现全局最优解的充分条件，然而，很多实际问题并不满足建筑模块假说，遗传算法全局收敛性就成为一种概率事件[7]。因此，为使遗传算法能搜索到全局最优解，必须采用适当的运算形式。

2.2.2 基本概念与要素

遗传算法中使用的基本概念和术语如下：

染色体：遗传物质的主要载体，是指多个基因的集合。

基因：控制生物性状的遗传物质的功能和结构的基本单元，又称遗传因子。

基因型：性状染色体的内部表现，或者说，由遗传因子组合的模式。

表现型：由染色体决定性状的外部表现，或者说，根据遗传因子形成的个体。

个体：染色体带有特征的实体。

群体：染色体带有特征的个体的集合，该集合内的个体数目称为群体规模。

适应度函数：各个个体自适应环境的程度函数，又称适应值函数。

选择：用某种方法从群体中选取若干个体的操作。

交叉：把两个染色体重新组合的操作，又称杂交。

变异：使遗传因子以一定的概率变化的操作。

编码：从表现型到基因型的映射。

解码：从基因型到表现型的映射。

遗传算法在整个进化过程中的遗传操作是随机性的，但它所呈现出的特性并不是完全随机搜索，它能有效地利用历史信息来推测下一代期望性能有所提高的寻优点集[8]。这样一代代地不断进化，最后收敛到一个最适应环境的个体上，求得问题的最优解。遗传算法主要涉及五大要素：参数编码、初始种群设定、适应度函数的设计、遗传操作的设计和控制参数的设计。

1. 参数编码

在用遗传算法求解实际问题时，首先必须在目标问题的实际表征和遗传算法的染色体位串结构之间建立联系，即确定编码和译码运算[9-11]。对于某给定的优化问题，由个体的表现型集合所组成的空间称为问题空间，由基因型集合所组成的空间称为编码空间[9]。

由于遗传算法计算过程的鲁棒性，它对编码的要求并不苛刻。实际中许多问题都可以采用基因呈一维排列的定长染色体表现形式，即基于{0,1}符号集的二进制编码形式；对于一些复杂问题，可根据问题的需求采用实数编码、序列编码和混合编码等其他编码形式。二进制编码是最基础、应用范围最广的编码形式。

1）二进制编码

二进制编码将问题空间的参数表示为基于{0,1}字符集而构成的染色体位串。设一维连续实函数 $f(x)$，$x\in[u,v]$采用长度为 L 的二进制字符串进行定长编码，建立位串空间：

$$S^L=\{a_1,a_2,a_3,\cdots,a_K\},\quad a_k=[a_{k1},a_{k2},a_{k3},\cdots,a_{kL}],\quad a_{kl}\in\{0,1\}$$
$$k=1,2,\cdots,K,\quad l=1,2,\cdots,L,\quad K=2^L \tag{2.1}$$

其中个体的向量表示为 $a_k=[a_{k1},a_{k2},\cdots,a_{kL}]$，其字符串形式为 $s_k=a_{k1}a_{k2}\cdots a_{kL}$（从右到左依次表示从低位到高位），$s_k$ 称为个体 a_k 对应的位串，表示精度为

$$\Delta x=\frac{u-v}{2^L-1} \tag{2.2}$$

将位串个体从位串空间转化成问题参数空间的译码函数 $\Gamma:\{0,1\}^L\to[u,v]$的公式定义为

$$x_k=\Gamma(a_k)=u+\frac{u-v}{2^L-1}\left(\sum_{j=1}^{L}a_{kj}2^{L-j}\right) \tag{2.3}$$

对于n维连续函数$f(x)$，$x=(x_1,x_2,\cdots,x_n)$，$x_i\in[u_i,v_i]$($i=1,2,\cdots,n$)，各维变量的二进制编码位串的长度为 l_i，那么 x 的编码从左到右依次构成总长度为 $L=\sum_{i=1}^{n}l_i$的二进制编码位串。相应的编码空间为

$$S^L=\{a_1,a_2,a_3,\cdots,a_K\},\quad K=2^L \tag{2.4}$$

该空间上的个体位串结构为

$$a_k=(a_{k1}^1,a_{k2}^1,a_{k3}^1,\cdots,a_{kl_1}^1,a_{k1}^2,a_{k2}^2,a_{k3}^2,\cdots,a_{kl_2}^2,a_{k1}^3,a_{k2}^3,a_{k3}^3,\cdots,a_{kl_3}^3,\cdots,$$
$$a_{k1}^n,a_{k2}^n,a_{k3}^n,\cdots,a_{kl_n}^n),\quad a_{kl}^i\in\{0,1\} \tag{2.5}$$

$$s_k=a_{k1}^1a_{k2}^1a_{k3}^1\cdots a_{kl_1}^1a_{k1}^2a_{k2}^2a_{k3}^2\cdots a_{kl_2}^2a_{k1}^3a_{k2}^3a_{k3}^3\cdots a_{kl_3}^3\cdots a_{k1}^na_{k2}^na_{k3}^n\cdots a_{kl_n}^n \tag{2.6}$$

对于给定的二进制编码位串 s_k，位串译码函数 $\Gamma^i:\{0,1\}^{l_i}\to[u_i,v_i]$的形式为

$$x_i=\Gamma^i(a_k)=u_i+\frac{u_i-v_i}{2^{l_i}-1}\left(\sum_{j=1}^{l_i}a_{kj}^i2^{l_i-j}\right),\quad i=1,2,\cdots,n \tag{2.7}$$

其中，$a_{k1}^i,a_{k2}^i,a_{k3}^i,\cdots,a_{kl_i}^i$为个体位串 s_k 的第 i 段。那么整个 s_k 的译码函数为

$$\Gamma=\Gamma^1\times\Gamma^2\times\Gamma^3\times\cdots\times\Gamma^n \tag{2.8}$$

采用二进制编码的优点是编码类似于生物染色体的组成，算法易于用生物遗传理论解释，遗传操作如交叉、变异等易实现，算法处理的模式数最多，可以通过改变编码长度，协调搜索精度和效率之间的关系；缺点是相邻整数的二进制编码可能

具有较大的 Hamming 距离，降低了遗传算子的搜索效率，编码前需要先给出求解的精度，求解高维优化问题的二进制编码串比较长，算法的搜索效率比较低[12]。

此外，二进制编码还有一些变种，如 Gray 编码、二倍体(Diploid)编码等编码形式。其中 Gray 编码能够解决相邻整数的二进制编码具有较大的 Hamming 距离的问题。

2) 实数编码

非二进制编码往往结合问题的具体形式，一方面可以简化编码和译码过程，另一方面可以采用非传统操作算子，或者与其他搜索算法相结合。

实际应用中可根据需要选择实数位串。实数编码具有精度高的特点，便于大空间搜索，不必进行数制转换，可以直接对数据表现型进行操作。二进制编码的进化层次是基因，实数编码的进化层次是个体，大量的实验证实，对于同一优化问题，二进制编码和实数编码不存在显著的性能差异。

此外还有字符集编码、序列编码、自适应编码和二倍体编码等编码形式，编码对遗传算法的搜索效果和效率有重要的影响[13,14]。

2. 初始种群设定

遗传算法与传统随机类搜索算法的最大区别之一在于其整个算法是在解的群体上进行的。正是这一特点使遗传算法具有搜索过程的并行性、全局性和鲁棒性，可见群体设定对于整个遗传算法的运行性能有基础性的决定作用。

根据模式定理，群体的规模对遗传算法的影响很大，若群体规模为 n，则遗传算法可以从这 n 个个体中生成和检索 $O(n^3)$ 个模式，并在此基础上不断形成和优化，直到获得求解问题的最优解。群体规模越大，群体中个体的多样性越高，算法陷入局部最优解的危险就越小。但是随着群体规模增大，计算量也显著增加；若群体规模太小，使遗传算法搜索空间受到限制，则可能产生局部最优解的现象。

3. 适应度函数的设计

遗传算法将问题空间表示为染色体位串空间，为了执行适者生存的原则，必须对个体位串的适应性进行评价。因此，适应度函数就构成了个体的生存环境。整个个体的适应值就可以决定个体在环境中的生存能力，好的染色体位串结构具有比较高的适应度函数值，可以获得较高的评价，具有较强的生存能力。

由于适应度值是群体中个体生存机会选择的唯一确定性指标，所以适应度函数的形式直接决定着种群的进化行为。根据实际问题的含义，适应度值可以是经济领域的销售利润，可以是路径规划问题的行程总和，也可以是机器设备的可靠性等衡量指标[11]。为了能够直接将适应度函数与群体中的个体优劣程度相联系，在遗传算法中适应度通常规定为非负，并且在任何情况下总是希望越大越好。

若用 S^L 表示位串空间，S^L 上的适应值函数可表示为 $\mathrm{Fit}(f(\cdot)):S^L\to\mathbf{R}^+$，其为实值函数，其中 $\mathbf{R}^+$ 表示非负实数集合。

对于给定的优化问题 opt $g(x)(x\in[u,v])$，目标函数有正负，甚至可能有复数值，所以有必要通过建立适应函数与目标函数的映射关系，保证映射后的适应值是非负的，而且目标函数的优化方向对应于适应值增大方向。

针对进化过程中关于遗传操作的控制需求，选择函数变换 $T:g\to f$，使得对于最优解 x^* 满足

$$\max f(x^*)=\mathrm{opt}(x^*),\quad x^*\in[u,v] \tag{2.9}$$

1）直接将目标函数映射成适应度函数的方法

若目标函数为最大化问题，则

$$\mathrm{Fit}(f(x))=f(x) \tag{2.10}$$

若目标函数为最小化问题，则

$$\mathrm{Fit}(f(x))=\frac{1}{f(x)} \tag{2.11}$$

2）将目标函数转换为求最大值的形式，且保证函数值非负

若目标函数为最大化问题，则

$$\mathrm{Fit}(f(x))=\begin{cases}f(x)-C_{\min}, & f(x)>C_{\min}\\ 0, & \text{其他}\end{cases} \tag{2.12}$$

若目标函数为最小化问题，则

$$\mathrm{Fit}(f(x))=\begin{cases}C_{\max}-f(x), & f(x)<C_{\max}\\ 0, & \text{其他}\end{cases} \tag{2.13}$$

3）存在界限值预选估计困难或者不能精确估计的问题

若目标函数为最大化问题，则

$$\mathrm{Fit}(f(x))=\frac{1}{1+c-f(x)},\quad c\geqslant 0,\quad c-f(x)\geqslant 0 \tag{2.14}$$

若目标函数为最小化问题，则

$$\mathrm{Fit}(f(x))=\frac{1}{1+c+f(x)},\quad c\geqslant 0,\quad c+f(x)\geqslant 0 \tag{2.15}$$

式中，c 为目标函数界限的保守估计值。

4. 遗传操作的设计

标准遗传算法的操作算子一般都包括选择（selection）、交叉（crossover）和变异（mutation）三种基本形式，它们构成了遗传算法具备强大搜索能力的核心，是模拟自然选择和遗传过程中发生的繁殖、杂交和突变现象的主要载体。

遗传算法利用遗传算子产生新一代群体来实现群体进化，算子的设计是遗传策略的主要组成部分，也是调整和控制进化过程的基本工具。

1）选择

选择即从当前种群中选择适应值高的个体以生成交配池的过程。目前，主要有适应值比例选择、Boltzmann 选择、排序选择、联赛选择、精英选择等形式。为防止由于选择误差，或者交叉和变异的破坏作用而导致当前种群的最佳个体在下一代丢失，可使用精英选择策略[15]。

（1）适应值比例选择。适应值比例选择是最基本的选择方法，其中每个个体被选择的期望数量与适应度值和群体平均适应度值的比例有关，通常采用轮盘赌方式实现[16]。这种方式首先计算每个个体的适应度值，然后计算出此适应度值在群体适应度值总和中所占的比例，表示该个体在选择过程中被选择的概率。选择过程体现了生物进化过程中“适者生存，优胜劣汰”的思想，并保证优良基因遗传给下一代个体。

对于给定的规模为 n 的种群 $P=\{a_1, a_2, \cdots, a_n\}$，个体 a_i 的适应度值 $f(a_i)$，其被选择的概率为

$$p_s(a_i) = \frac{f(a_i)}{\sum_{j=1}^{n} f(a_j)}, \quad i = 1,2,\cdots,n \tag{2.16}$$

该式决定了后代种群中个体的概率分布，经过选择操作生成用于繁殖交配的交配池，其中父代种群中个体生存的期望数目为

$$P(a_i) = n \times p_s(a_i), \quad i=1,2,\cdots,n \tag{2.17}$$

当种群中个体适应度值差异非常大时，最佳个体与最差个体被选择的概率之比也将按指数增长。最佳个体在下一代生存的机会也将显著增加，而最差个体的生存机会也将被剥夺。

（2）Boltzmann 选择。在群体进化过程中，不同阶段需要不同的选择压力。早期阶段选择压力较小，通常希望较差的个体也有一定的生存机会，使种群保持较好的多样性；后期阶段选择压力较大，希望遗传算法缩小搜索范围，加快当前最优解的收敛速度。为了动态调整群体进化过程中的选择压力，Goldberg 设计了 Boltzmann选择方法[17]。其中个体的选择概率为

$$p_s(a_i) = \frac{e^{f(a_i)/T}}{\sum_{j=1}^{n} e^{f(a_j)/T}}, \quad i = 1,2,\cdots,n \tag{2.18}$$

式中，T 随着迭代的进行逐渐缩小，选择压力将随之升高。一般 T 的选择需要考虑预计进化的代数。

（3）排序选择。排序选择方法是将群体中个体按照其适应度值由大到小排成

一个序列，然后按照事先分配好的序列概率分配给每个个体。显然，排序选择与个体的适应度值无直接关系，只与个体间适应度值的相对大小有关。由于排序选择方法比较容易控制，特别适合于动态调整选择概率，根据进化效果适时调整群体选择压力。

排序选择方法可分为线性排序选择和非线性排序选择，最常用的排序方法是线性排序方法，即采用线性函数将队列序号映射为期望的选择概率。

对于给定规模为 n 的群体 $P=\{a_1,a_2,\cdots,a_n\}$，规定该群体的序号排列次序满足个体适应度降序排列，即 $f(a_1)\geqslant f(a_2)\geqslant f(a_3)\geqslant\cdots\geqslant f(a_n)$。假设当前种群最佳个体 a_1 在选择操作后的期望数量为 N_1，即 $N_1=n\times p_1$；最差个体期望数量为 N_n，并且满足 $N_n=n\times p_n$。其他个体的期望数量按等差数列计算，如式(2.19)所示：

$$N_i=N_1-\frac{N_1-N_n}{n-1}(i-1),\quad i=1,2,\cdots,n \tag{2.19}$$

则线性排序的选择概率为

$$p_s(a_i)=\frac{N_i}{n}=\frac{1}{n}\left[N_1-\frac{N_1-N_n}{n-1}(i-1)\right],\quad i=1,2,\cdots,n \tag{2.20}$$

由 $\sum_{i=1}^{n}N_i=n(N_i\geqslant 0)$ 可得 $N_1+N_n=2, 1\leqslant N_1\leqslant 2$，当 N_1 从 1 增加到 2 的过程中，N_n 从 1 逐渐减小到 0，选择压力逐渐增大。所以，在进化过程中，可以通过调节 N_1 的大小来动态调节种群进化的选择压力。

(4) 联赛选择。联赛选择的基本思想是从当前群体中随机选择一部分个体，将其中适应值最大的个体保留到下一代。反复进行此操作直到下一代个体数量达到特定的群体规模。

对于给定规模为 n 的群体 $P=\{a_1,a_2,\cdots,a_n\}$，规定该群体的序号排列次序满足个体适应度降序排列，即 $f(a_1)\geqslant f(a_2)\geqslant f(a_3)\geqslant\cdots\geqslant f(a_n)$。同样，联赛选择与个体的适应度值没有直接关系，其只关注适应度值的大小比较。联赛选择的选择概率也是比较容易控制的，适用于在迭代过程中动态调整选择概率，将进化效果与种群选择压力联系起来，避免陷入局部极值点。

(5) 精英选择。从遗传算法整体策略来讲，精英选择是群体收敛到优化问题的最优解的必要保证。如果下一代群体最优个体的适应度值小于当前群体最优个体的适应度值，则将当前群体的最优个体或适应度值大于下一代最优个体的多个个体直接复制到下一代，随机替代或者替代适应度最差的同等数量的下一代个体。采用这种策略的遗传算法一般称为基于精英选择模式的遗传算法。

2) 交叉

交叉操作是遗传算法具备的原始性独有特征，交叉算子是模仿自然界有性繁殖的基因重组过程，其操作在于将原有优良基因遗传给下一代个体，并生成包含复杂基因结构的新个体。交叉操作的一般步骤如下：

(1) 从交配池中随机选择要交配的一对个体；

(2) 根据位串长度 L，随机选取 $[1,L-1]$ 中一个或多个整数位置 k 作为交叉位置；

(3) 根据交叉概率 $p_c(0<p_c\leqslant 1)$ 实施交叉操作，配对个体在交叉位置处，相互交换各自部分内容，形成新一代个体。

通常使用的交叉算子包括单点交叉、多点交叉、一致交叉和算术交叉等形式。

(1) 单点交叉。单点交叉即在个体位串中随机设定一个交叉点，实行交叉时，两个个体在该点前或该点后的部分位串结构进行互换，并生成两个新的个体。从交配池中随机选取两个个体：

$$\begin{cases} s_1=a_{11},a_{12},\cdots,a_{1l_1},a_{1l_2},\cdots,a_{1L} \\ s_2=a_{21},a_{22},\cdots,a_{2l_1},a_{2l_2},\cdots,a_{2L} \end{cases} \tag{2.21}$$

随机选取交叉位置 $x\in\{1,2,\cdots,L-1\}$，规定对两个染色体位于交叉点右侧位串进行交叉，设 $x=l$，则交叉产生的子代个体为

$$\begin{cases} s_1'=a_{11},a_{12},\cdots,a_{1l_1},a_{2l_2},\cdots,a_{2L} \\ s_2'=a_{21},a_{22},\cdots,a_{2l_1},a_{1l_2},\cdots,a_{1L} \end{cases} \tag{2.22}$$

单点交叉操作包含的信息量比较小，实际中常采用多点交叉。

(2) 多点交叉。为增加交叉的信息量，遗传算法引入了多点交叉的概念。对于选定的位串，随机选择多个交叉点作为交叉点集合：

$$x_1,x_2,\cdots,x_K\in\{1,2,\cdots,L-1\},\quad x_k\leqslant x_{k+1},k=1,2,\cdots,K-1 \tag{2.23}$$

将 L 个基因位划分为 $K+1$ 个基因位集合：

$$Q_k=\{l_k,l_k+1,\cdots,l_{k+1}-1\},\quad k=1,2,\cdots,K+1;l_1=1;l_{K+2}=L+1 \tag{2.24}$$

算子形式为

$$O(p_c,K):\begin{cases} a_{1i}'=a_{2i},a_{2i}'=a_{1i}, & i\in Q_k,k\text{ 为偶数} \\ a_{1i}'=a_{1i},a_{2i}'=a_{2i}, & \text{其他} \end{cases} \tag{2.25}$$

生成新个体

$$\begin{cases} s_1'=a_{11}',a_{12}',\cdots,a_{1L}' \\ s_2'=a_{21}',a_{22}',\cdots,a_{2L}' \end{cases} \tag{2.26}$$

(3) 一致交叉。一致交叉或均匀交叉即按照均匀概率抽取一些位，每一位是否被选取都是随机的，并且独立于其他位。然后将两个个体被抽取的位互换组成两个新个体。算子表示为

$$O(p_c,x):\begin{cases}a'_{1i}=a_{2i},a'_{2i}=a_{1i}, & x>1/2\\ a'_{1i}=a_{1i},a'_{2i}=a_{2i}, & x\leqslant 1/2\end{cases} \tag{2.27}$$

一致交叉算子不存在多点交叉算子操作所存在的位置偏差,任意基因在一致交叉算子的作用下都可以重组,并遗传给下一代。

(4) 算术交叉。算术交叉是由两个个体基因的线性组合而产生两个新个体。算术交叉操作是针对实数编码基因而设计的。设个体基因存在 L 个分量,则基因向量为 $V=(v_1,v_2,\cdots,v_L)$,分量 v_i 为实数或复数。根据所要交叉基因的数量,可以分为部分算术交叉和整体算术交叉。

部分算术交叉是先在父代向量中选择一部分分量,如第 k 个分量以后的所有分量,然后生成 $n-k$ 个[0,1]区间内的随机数 a_i,则生成两个后代的交叉算子为

$$\begin{cases}V'_1=(v_1^{(1)},\cdots,v_k^{(1)},a_{k+1}v_{k+1}^{(1)}+(1-a_{k+1})v_{k+1}^{(2)},\cdots,a_Lv_L^{(1)}+(1-a_L)v_L^{(2)})\\ V'_2=(v_1^{(2)},\cdots,v_k^{(2)},a_{k+1}v_{k+1}^{(2)}+(1-a_{k+1})v_{k+1}^{(1)},\cdots,a_Lv_L^{(2)}+(1-a_L)v_L^{(1)})\end{cases} \tag{2.28}$$

整体算术交叉是对父代基因向量的所有分量均进行交叉操作。交叉操作之前,先生成 L 个[0,1]区间内的随机数 a_i,则生成两个后代的交叉算子为

$$\begin{cases}v_i^{(1)\prime}=a_iv_i^{(1)}+(1-a_i)v_i^{(2)}=v_i^{(2)}+a_i(v_i^{(1)}-v_i^{(2)})\\ v_i^{(2)\prime}=a_iv_i^{(2)}+(1-a_i)v_i^{(1)}=v_i^{(1)}+a_i(v_i^{(2)}-v_i^{(1)})\end{cases} \tag{2.29}$$

$$\begin{cases}V'_1=(v_1^{(1)\prime},v_2^{(1)\prime},\cdots,v_L^{(1)\prime})\\ V'_2=(v_1^{(2)\prime},v_2^{(2)\prime},\cdots,v_L^{(2)\prime})\end{cases} \tag{2.30}$$

3) 变异

变异操作是模拟自然界生物进化过程中染色体发生突变的现象。遗传算法中变异的概率用 p_m 表示。对于二进制编码基因和实数编码基因,变异算子的操作也有所不同。

(1) 二进制编码情况下的变异算子包括以下几种:

① 位点变异:对群体中的个体编码位串,随机挑选一个或多个基因,并对这些基因的基因值以变异概率进行变动。

② 逆转变异:在个体的编码位串中随机选择两点,然后将两点之间的基因值以逆向排序插入原位置中。

③ 插入变异:在个体的编码位串中随机选择一个码,然后将此码插入随机选择的插入点中间。

④ 互换变异:随机选取染色体的两个基因进行简单互换。

⑤ 移动变异:随机选取一个基因,向左或者向右移动一个随机位数。

(2) 实数编码的变异方法有多种,常用的是均匀性变异。均匀性变异是在父代基因向量中随机地选择一个分量(如第 k 个),然后在区间[a_k,b_k]中以均匀概率

随机选择 v_k' 代替 v_k 以得到 V'，即父代基因：

$$V=(v_1,v_2,\cdots,v_k,\cdots,v_n)$$

变异后子代基因：

$$V'=(v_1,v_2,\cdots,v_k',\cdots,v_n)$$

除了均匀性变异，还有正态性变异、非一致性变异和自适应变异等变异方式。

5. 控制参数的设计

在遗传算法的搜索过程中，存在着对其性能产生重大影响的一组参数。这组参数在初始阶段或者群体进化过程中需要进行合理的选择和控制，以使遗传算法以最佳的搜索速度达到最优解。主要参数包括染色体位串长度 L、群体规模 n、交叉概率 p_c 以及变异概率 p_m。

(1) 位串长度 L：基因位串长度的选择取决于待解决问题的精度要求。要求的精度越高，位串的长度越长，计算复杂度越高。为提高搜索效率，应合理选择编码长度，可以考虑使用变长度位串或者在当前所能达到的最小可行域内重新编码。

(2) 种群规模 n：大的种群含有较多的模式，为遗传算法提供了较多的模式采样容量，同时通过改进算法搜索质量，防止算法过早收敛。但群体数量增大的同时，个体适应度评价函数的计算量也相应地增大，从而降低了收敛速度。实际中应考虑染色体长度、问题求解精度，以合理选择群体规模。

(3) 交叉概率 p_c：交叉概率决定了交叉算子的应用概率，在每一代新的群体中，需要对 $p_c\times n$ 个个体的染色体机构进行交叉操作。交叉概率越高，群体中新结构引入越快，已获得优良基因结构丢失的速度也相应地提高。交叉概率太低，则可能导致搜索阻滞。通常取交叉概率 $p_c=0.6\sim1.0$。

(4) 变异概率 p_m：变异操作是保证群体多样性的有效手段，交叉结束后，交配池中全部个体位串上的每个等位基因按照变异率 p_m 随机改变，因此每代中约发生 $p_m\times n\times L$ 次变异。如果变异概率太小，可能使某些基因位过早丢失的信息无法恢复；而变异率过高，遗传搜索将变成随机搜索。通常取 $p_m=0.005\sim0.01$。

实际应用中，寻优参数与求解问题类型有着直接的关系。求解问题的目标函数越复杂，参数选择越困难。从理论上讲，不存在一组适用于所有问题的最佳参数，随着问题特征的变化，有效参数的差异往往非常显著。

2.2.3　性能指标

遗传算法的运行性能与很多因素有关，关于搜索算法的性能评估，一般可以归纳为算法求解效率和求解质量两方面。算法求解效率是比较获得同样的可行解所需的计算时间。算法求解质量是在规定时间内所获得的可行解的优劣。在此介绍常用的评价指标。

1）适应度函数计算次数

该指标是指发现同样适应性的个体，或者找到同样质量的可行解所需要的关于个体评价的适应值函数的计算次数。该指标越小，说明遗传算法的搜索效率越高。同样，在预定适应值函数计算次数的情况下，比较所发现的最佳个体或者找到可行解的质量，也可以判断不同遗传算法的搜索能力。

该指标不仅可以对不同参数设置的遗传算法性能进行比较，也可以用于遗传算法和其他算法的性能比较。

2）在线和离线性能函数

（1）在线性能函数：设遗传算法的遗传策略（包括 L、n、p_c、p_m 以及算子形式）已经确定，则该遗传策略的在线性能：

$$P_{\text{online}}(s)=\frac{1}{n(T+1)}\sum_{t=0}^{T}\sum_{j=1}^{n}f(a_j,t) \tag{2.31}$$

在线性能反映了群体平均适应度值经平滑处理后的变化情况，描述了群体整体性状和进化能力。

（2）离线性能函数：对于已经确定的遗传策略，其离散性能可表达为

$$P_{\text{offline}}(s)=\frac{1}{T+1}\sum_{t=0}^{T}f(a,t) \tag{2.32}$$

式中，$f(a,t)=\max\{f(a_1,t),f(a_2,t),\cdots,f(a_n,t)\}$，即当前个体中最佳个体的适应值。该指标反映了群体中最佳个体的适应度值经过平滑处理后的变化情况，描述了个体的进化能力和遗传算法的搜索能力。

（3）最优解搜索性能。函数优化问题的目的就是寻找到全局最优解，所以通常采用当前群体发现的最佳可行解的改善情况作为度量遗传算法搜索能力的基本指标。对于确定的遗传搜索策略，性能函数为

$$P_{\text{best}}(s,t)=f(a,t) \tag{2.33}$$

式中，P_{best}可以反映遗传算法搜索到全局最优解的过程、速度、早熟等情况，也就是适应性参数调整的基础。

2.2.4 算法流程

遗传算法的基本程序流程如图2.1所示。

遗传算法步骤如下：

（1）使用随机方法或者其他方法，产生一个有 N 个染色体的初始群体pop(t)，$t=1$。

（2）对群体中的每一个染色体 pop(t)，计算其适应值 $f_i=\text{Fit}(\text{pop}_i(t))$。

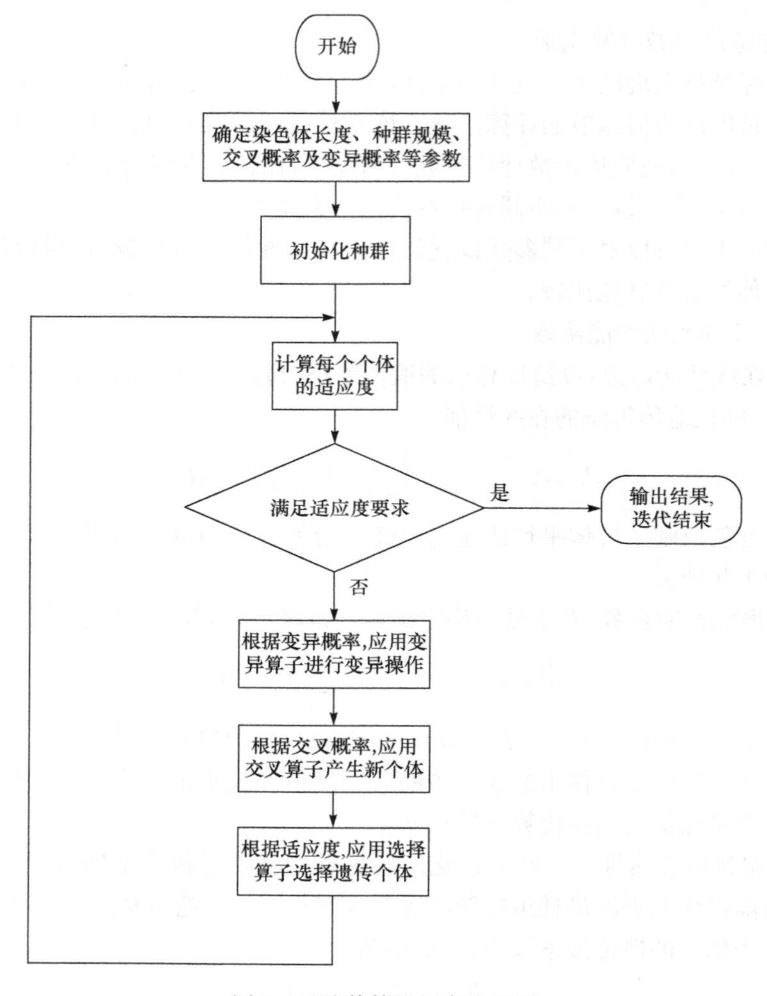

图 2.1　遗传算法程序流程图

(3) 若满足停止条件，则算法停止；否则，以概率 $p_i = f_i \Big/ \sum_{j=1}^{N} f_j$ 从 pop(t) 中选择一些染色体构成一个新种群 newpop$(t+1) = \{\text{pop}_j(t) \mid j = 1, 2, \cdots, N\}$。

(4) 以概率 p_c 进行交叉产生一些新的染色体，得到一个新的群体 crosspop(t+1)。

(5) 以一个较小的概率 p_m 使染色体的基因发生变异，形成 mutpop(t+1)；t=t+1，成为一个新的群体 pop(t)=mutpop(t+1)，返回步骤(2)继续迭代。

2.3 遗传算法在求解无功优化中的应用

目前对遗传算法在无功优化中应用的研究，主要集中在如何处理遗传算法带来缺陷的问题上。最常见的解决办法就是在遗传算法中引入其他算法，如遗传算法和内点法的混合、基于小生境的遗传算法、遗传算法和模拟退火算法的结合等。除了应用算法混合策略，还有很多研究提出了对遗传算法的改进，如改进编码方式，采用浮点编码代替二进制编码，或者改进算法中的选择、交叉和变异等算子以保证群体在解空间上的多样性。

作者在前人研究的基础上，结合电力系统无功优化问题的特点，采用改进的自适应遗传模拟退火算法中的自适应交叉和变异运算，将退火选择作为个体替换策略，并用牛顿下山法加快搜索速度。将该方法应用于 IEEE 30-bus 配电系统和某实际电力系统的无功优化，通过将优化结果与简单遗传算法（simple genetic algorithm，SGA）、自适应遗传算法（adaptive genetic algorithm，AGA）和进化规划（evolutional programming，EP）等算法进行比较验证了本方法的可行性、有效性和优越性。

2.3.1 遗传模拟退火算法

1）模拟退火算法

模拟退火算法是基于金属退火机理而建立的一种全局最优化方法，它能够利用随机搜索技术从概率意义上找出目标函数的全局最小点，它的构成要素包括搜索空间、能量函数 $E(x)$、状态转移规则 P 和冷却进度表 $T(x)$ 共四个部分。模拟退火算法具有较强的局部搜索能力，如果搜索过程陷入了局部最优点 A，要使搜索过程脱离 A 点而达到 C 点则必须使系统至少要具有略高于 C 点所对应的温度，即模拟退火允许能量函数值可以临时增大。假设在状态 A 时，系统受到某种扰动而可能会使其状态变为 C，与此相对应，系统能量也可能会从 $E(A)$ 变为 $E(C)$，系统由状态 A 变为状态 C 的接受概率可由下面的 Metropolis 规则来确定[18]：

$$p(T_k)=\begin{cases}1, & E_k(C)<E_k(A)\\ \exp\left(-\dfrac{E_k(C)-E_k(A)}{T_k}\right), & E_k(C)\geqslant E_k(A)\end{cases} \tag{2.34}$$

式(2.34)的含义是当新状态使系统的能量函数值减少时，系统一定接受该状态；当新状态使系统的能量函数值增加时，系统也以某一概率接受该状态。

模拟退火算法的不足之处主要表现在虽然理论上只要计算时间足够长，总可以保证以概率 1.0 收敛于全局最优点，但在实际的优化计算中，由于优化效果和计算时间之间存在矛盾，特别是计算规模较大时，很难保证计算结果为全局最优。

2）遗传算法与模拟退火算法的结合

遗传模拟退火算法的基本思想是将遗传算法与模拟退火算法相结合而构成一种优化算法。遗传算法的局部搜索能力较差，但把握总体搜索过程的能力较强；而模拟退火算法具有较强的局部搜索能力，并能使搜索过程避免陷入局部最优解[18]。为此，本章使用自适应遗传算法与模拟退火选择算法相结合的退火选择遗传算法，用退火选择作为个体替换策略，从而避免陷入局部最优解。为了加快模拟退火的个体替换速度，还可采用牛顿下山法来提高算法的执行速度。

本章中的改进自适应遗传模拟退火算法与以往的遗传模拟退火算法的区别在于：

（1）采用自适应交叉和变异算子以提高群体的搜索能力；

（2）引入牛顿下山法以加快模拟退火的收敛速度。

2.3.2　无功优化问题的数学模型

本章所研究的电力系统无功补偿优化问题以全网有功网损最小为目标函数，其他要求作为约束条件来考虑。由于无功优化中调整的是无功功率，负荷和有功功率基本不变，所以对支路潮流约束不做考虑。优化的数学模型可描述为

$$F=\min P_{\mathrm{Loss}}=\sum_{i=1}^{N_{\mathrm{E}}}V_i\sum_{j\in h}V_j(G_{ij}\cos\theta_{ij}+B_{ij}\sin\theta_{ij}) \tag{2.35}$$

$$\text{s.t.}\quad P_{\mathrm{G}i}-P_{\mathrm{D}i}=V_i\sum_{j=1}^{N}V_j(G_{ij}\cos\theta_{ij}+B_{ij}\sin\theta_{ij}) \tag{2.36}$$

$$Q_{\mathrm{G}i}-Q_{\mathrm{D}i}=V_i\sum_{j=1}^{N}V_j(G_{ij}\sin\theta_{ij}-B_{ij}\cos\theta_{ij}) \tag{2.37}$$

$$V_{i\min}\leqslant V_i\leqslant V_{i\max} \tag{2.38}$$

$$Q_{\mathrm{G}i,\min}\leqslant Q_{\mathrm{G}i}\leqslant Q_{\mathrm{G}i,\max},V_{i\min}\leqslant V_{\mathrm{G}i}\leqslant V_{i\max},i\in S_{\mathrm{G}} \tag{2.39}$$

$$C_{i\min}\leqslant C_i\leqslant C_{i\max},\quad i\in S_{\mathrm{C}} \tag{2.40}$$

$$T_{ik\min}\leqslant T_{ik}\leqslant T_{ik\max},\quad i,k\in S_{\mathrm{T}} \tag{2.41}$$

式中，V_i 为第 i 条母线的电压；$P_{\mathrm{G}i}$、$Q_{\mathrm{G}i}$、V_i 分别为节点 i 处的注入有功、注入无功和电压；G_{ij}、B_{ij}、θ_{ij} 为节点 i、j 之间的导纳实部、导纳虚部和相位差；T_{ik}、C_i、$V_{\mathrm{G}i}$ 分别表示可调变压器变比、补偿电容电纳值、可调发电机机端电压；S_{T}、S_{C}、S_{G} 分别为变压器支路集合、补偿电容节点集合和发电机节点集合。

无功优化的控制变量为有载调压变压器的变比 T_{ik}、无功补偿容量 C_i 和发电机机端电压 $V_{\mathrm{G}i}$，状态变量为各母线电压 V_i 和发电机注入无功 $Q_{\mathrm{G}i}$。由于发电机机端电压、变压器变比和补偿电容器容量是控制变量，所以其约束条件可以在优化过程中通过编码自动满足。P-Q 节点电压与无功发电功率是状态变量，需写成罚函数的形式增广到目标函数中，可表示为

$$F=\min\left[P_{\text{Loss}}+\lambda_1\sum_{i=1}^{n}\left(\frac{V_i-V_{i\text{lim}}}{V_{i\max}-V_{i\min}}\right)^2+\lambda_2\sum_{i=1}^{n}\left(\frac{Q_{\text{G}i}-Q_{\text{G}i,\text{lim}}}{Q_{\text{G}i,\max}-Q_{\text{G}i,\min}}\right)^2\right] \tag{2.42}$$

式中，λ_1 为电压越限的惩罚系数；λ_2 为发电机无功出力越限的惩罚系数；$Q_{\text{G}i,\text{lim}}$ 和 $V_{i\text{lim}}$ 的定义为

$$Q_{\text{G}i,\text{lim}}=\begin{cases}Q_{\text{G}i,\max}, & Q_{\text{G}i}>Q_{\text{G}i,\max}\\ Q_{\text{G}i}, & Q_{\text{G}i,\min}\leqslant Q_{\text{G}i}\leqslant Q_{\text{G}i,\max}\\ Q_{\text{G}i,\min}, & Q_{\text{G}i}\leqslant Q_{\text{G}i,\min}\end{cases} \tag{2.43}$$

$$V_{i\text{lim}}=\begin{cases}V_{i\max}, & V_i>V_{i\max}\\ V_i, & V_{i\min}\leqslant V_i\leqslant V_{i\max}\\ V_{i\min}, & V_i<V_{i\min}\end{cases} \tag{2.44}$$

综上所述，可以通过调节发电机机端电压、变压器变比和并联补偿电容来满足电力系统的无功需求，以达到改善系统节点电压并降低网损的目的。

2.3.3 自适应遗传模拟退火算法

1. 适应度函数

适应度函数的选取原则是：优化初期尽快淘汰适应值小的个体以确定基本优化域，加快寻优搜索速度；优化后期尽可能多得保留个体的优良特性，提高搜索精度，避免落入局部极值点。由于无功优化的目标是使全网有功网损最小化，而遗传算法是求适应度值最大的个体，借鉴模拟退火的思想对适应度进行拉伸，所构造的适应度函数为

$$f(x)=\exp\left(\frac{1}{KF(x)}\right) \tag{2.45}$$

$$K=\begin{cases}T_0, & k<\dfrac{N_{\max}}{2}\\ T_0\times 0.99^k, & k>\dfrac{N_{\max}}{2}\end{cases} \tag{2.46}$$

式中，$F(x)$ 为个体的目标函数值；$f(x)$ 为个体的适应度；T_0 为模拟退火问题的初始温度，是一个较大的整数值；$N_{\max}$ 为设定的最大迭代次数；k 为当前记录的迭代次数。

2. 编码与解码

因变压器变比和投入补偿电容的容量属于离散变量，故可根据其离散特性随机选择变压器分接头档位和电容器投入组数，然后导出对应的变压器变比和电容电纳值。发电机电压虽然是连续变量，但在控制中心或数字控制器上大多是取离

散值，所以所有的控制变量可以统一采用十进制整数编码，如图 2.2 所示，具体形式为

$$X=[x_1,x_2,\cdots,x_n]=[N_1^{\mathrm{T}},N_2^{\mathrm{T}},\cdots,N_{n_1}^{\mathrm{T}}\mid N_1^{\mathrm{C}},N_2^{\mathrm{C}},\cdots,N_{n_2}^{\mathrm{C}}\mid N_1^{V_{\mathrm{G}}},N_2^{V_{\mathrm{G}}},\cdots,N_{n_3}^{V_{\mathrm{G}}}] \tag{2.47}$$

式中，N_i^{T}、N_i^{C}、$N_i^{V_{\mathrm{G}}}$ 分别表示变压器分接头位置、电容器投入数量和发电机端电压位置的整数；n_1、n_2、n_3 分别为有载调压变压器数、无功补偿节点数和发电机节点数。N_i^{T}、N_i^{C}、$N_i^{V_{\mathrm{G}}}$ 的初始值根据以下公式产生：

$$X_i=\mathrm{int}(r_{\mathrm{rand}}(X_{i\max}-X_{i\min}+1))+X_{i\min} \tag{2.48}$$

式中，r_{rand}为介于 0 和 1 之间的随机数；int()为取整函数。相应的解码方式为

$$\begin{cases}T_{ik}=T_{ik0}+T_{ik}^{\mathrm{step}}N_i^{\mathrm{T}}, & i,k\in S_{\mathrm{T}}\\ C_i=C_{i0}+C_i^{\mathrm{step}}N_i^{\mathrm{C}}, & i\in S_{\mathrm{C}}\\ V_{\mathrm{G}i}=V_{\mathrm{G}i0}+V_{\mathrm{G}i}^{\mathrm{step}}N_i^{V_{\mathrm{G}}}, & i\in S_{\mathrm{G}}\end{cases} \tag{2.49}$$

式中，T_{ik}、C_i、$V_{\mathrm{G}i}$分别为变压器变比值、补偿节点电纳值和发电机机端电压值；T_{ik0}、C_{i0}、$V_{\mathrm{G}i0}$分别为变比初值整数值、补偿节点电纳初值整数值和发电机机端电压初值的整数值；T_{ik}^{step}、C_i^{step}、$V_{\mathrm{G}i}^{\mathrm{step}}$分别为变比、电纳和发电机机端电压的调节步长。

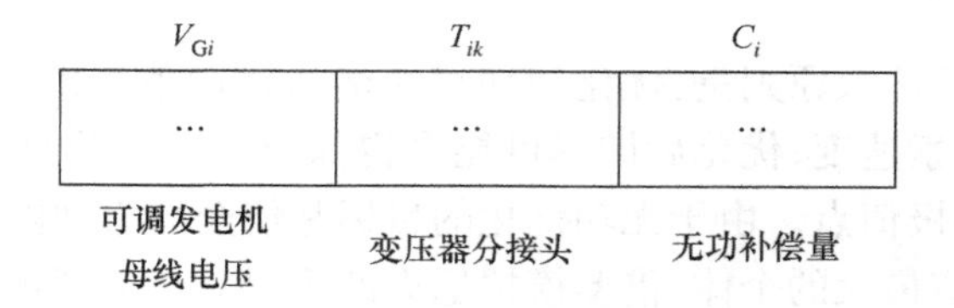

图 2.2　无功优化控制变量编码

3. 选择操作

1）竞争选择法

竞争选择法是从父辈中随机选取两个个体并比较它们的适应度，保存适应度较高的优秀个体，淘汰适应度较低的较差个体。这种方法使个体入选的概率与适应度不直接成比例，从而使群体在解空间中有较好的分散性，又保证了入选个体有较好的适应度。竞争法的优点还在于不要求适应值为正或为最大值，因此具有更强的通用性。

2）最佳个体保留机制

最佳个体保留机制是把群体中适应度最高的个体不进行配对交叉而直接复制到下一代，其优点是进化过程中某一代的最优解可不被交叉和遗传操作所破坏。但这也隐含了一种危机，即局部最优个体的遗传基因会急速增加使进化有可能限于局部解。单纯地使用该方法会造成全局搜索能力变差，因此本章的选择操作将

最佳个体保留机制与竞争选择法结合起来使用。

4. 自适应交叉运算和变异操作

在简单遗传算法中，由于交叉概率 p_c 和变异概率 p_m 取为恒定值，所以将其用于复杂的多变量优化问题时效率不高，且存在“早熟”的可能。本章采用自适应的交叉操作和变异操作，p_c 和 p_m 基于个体的适应度值来自适应地进行改变，如式(2.50)和式(2.51)所示。当群体有陷入局部最优解的趋势时就相应地提高 p_c 和 p_m，当群体在解空间中发散时就相应地降低 p_c 和 p_m。对于适应值高于群体平均适应度的个体，如果有较低的 p_c 和 p_m，则该解有较大的概率进入下一代。对于低于平均适应值的个体，如果有较高的 p_c 和 p_m，则该解将被淘汰掉。因此，进行自适应的交叉和变异操作后能得到某个解的最佳 p_c 和 p_m 值，进而提高遗传算法的优化能力。

$$p_c=\begin{cases}\dfrac{k_1(f_{\max}-f)}{f_{\max}-f_{\text{avg}}}, & f\geqslant f_{\text{avg}}\\ k_3, & f<f_{\text{avg}}\end{cases} \tag{2.50}$$

$$p_m=\begin{cases}\dfrac{k_2(f_{\max}-f')}{f_{\max}-f_{\text{avg}}}, & f'\geqslant f_{\text{avg}}\\ k_4, & f'<f_{\text{avg}}\end{cases} \tag{2.51}$$

式中，$0\leqslant k_i\leqslant 1(i=1,2,3,4)$；$f_{\max}$ 为群体当前代中最大的适应度；f_{avg} 是群体当前代中的平均适应度；f 是用于交叉两个个体中较大的适应度；f' 是将要变异的个体的适应度。

5. 退火过程对新个体的接受

在上述算法中，通过选择、交叉、变异等遗传操作所产生的一组新个体，独立随机地选择每个个体中的两个基因作为扰动点，经扰动后的个体所得到的适应度如果增加，则一定接受这个新个体，而新个体所得到的适应度减小时，按以下公式中的概率 p 来接受这个新个体。

$$p(T_{k+1})=\begin{cases}1, & f_{k+1}>f_k\\ \exp\left(-\dfrac{f_{k+1}-f_k}{T_{k+1}}\right), & f_{k+1}\leqslant f_k\end{cases} \tag{2.52}$$

$$T_{k+1}=\alpha T_k \tag{2.53}$$

式中，f_{k+1} 和 f_k 分别为新个体和旧个体的适应值；$p(T_{k+1})$ 为在 T_{k+1} 温度下的接受概率；α 为降温系数。

6. 牛顿下山法

使用牛顿下山法对由模拟退火产生的个体进行牛顿下山操作，由于上述模拟退火法提供了较好的初值，所以通过牛顿下山操作可获得更接近优化值的解。多维搜索的牛顿迭代步骤为：

(1) 获得初始点 $x^{(0)}$ 及 ε，令 $k=0$。

(2) 求$\nabla f(x^{(k)})$、$[\nabla^2 f(x^{(k)})]^{-1}$。

(3) 求 $x^{(k+1)}=x^{(k)}-[\nabla^2 f(x^{(k)})]^{-1}\nabla f(x^{(k)})$。

(4) 若 $x^{(k+1)}-x^{(k)}\leqslant\varepsilon$，则求出了最优解 $x^*=x^{(k+1)}$；若 $x^{(k+1)}-x^{(k)}>\varepsilon$，则令 $k=k+1$，转到步骤(2)。

7. 算法终止条件

算法终止条件设为遗传算法总的进化代数 k 是否超过预置的最大进化代数，且最优个体可行并连续保持 10 代不变。

8. 无功优化的遗传模拟退火算法流程

与简单遗传算法的总体运行过程相似，自适应遗传模拟退火下山(adaptive genetic simulated annealing and downhill，AGSAD)算法以一组随机产生的初始解为起点开始搜索全局最优解，即先通过选择、交叉、变异等遗传操作产生一组新的个体，再独立地对这些个体进行模拟退火操作和下山操作，并将结果作为下一代群体中的个体。该运行过程反复迭代直到达到某种收敛条件，具体步骤如下：

(1) 初始化。进化代数计数器初始化为 0，给出种群初始值及初始退火温度。

(2) 随机产生初始种群，评价当前群体的适应度。计算适应度函数值和种群统计数据。

(3) 对个体进行竞争选择，按自适应概率进行交叉和变异，然后分别进行保留最优操作。

(4) 将步骤(3)产生的个体作为输入进行模拟退火操作，然后对个体进行替换。

(5) 按照特定概率 σ 对模拟退火阶段的中间结果进行牛顿下山操作。

(6) 把牛顿下山操作和模拟退火操作的结果进行汇总，从而得到多个优化结果。将结果按适应度排序，取前 M 个作为新的种群。

(7) 修改网络参数并进行潮流计算，评价个体并判断收敛条件。如果当前循环参数不满足收敛条件则转入步骤(2)，如果满足收敛条件则求解过程完成。

由于上述算法中包含牛顿下山法，所以待求解的问题需有确定的目标函数并且可导，但并非所有问题都满足这一点，如果不可导，则算法将转换成为自适应遗传模拟退火(adaptive genetic simulated annealing，AGSA)算法，此时下山概率 σ 为零。

2.3.4　算例分析

本章以 IEEE 30-bus 配电系统[19,20]为例，分别采用简单遗传算法和 AGSAD 算法进行无功优化计算。该系统有 6 台发电机，41 条支路，4 台有载调压变压器，2 台并联电容补偿器，21 个负荷节点（参数均为标幺值），机端电压的范围为[0.9，1.1]（20 档），其余节点电压范围为[0.9，1.05]，有载调压变压器变比的范围为[0.9，1.1]（5 档），补偿电容的无功补偿范围为[0，0.5]（10 档）。优化前有功损耗为 0.084773，电压越界点有 9 个，发电机无功越界点有 1 个。控制变量为 5 个可调发电机的电压输出（除去平衡节点），4 个可调变压器变比，2 个电容补偿器可调电纳值，共计 11 个控制变量。

本章的无功优化计算程序是采用 C＋＋编写的，种群规模取 50，最大迭代次数为 100，自适应交叉概率设定为[0.6，0.9]，自适应变异概率设定为[0.002，0.1]，模拟退火初始温度取 $T=100$，牛顿下山概率 $\sigma=0.2$，罚函数 λ_1 和 λ_2 分别取 15 和 5，反复计算的次数 $N=20$，取反复计算结果的平均值作为比较值。简单遗传算法的交叉概率为 0.6，变异概率为 0.05，最大迭代次数为 100。在上述条件下，将该算法的优化结果与自适应遗传算法（AGA）、简单遗传算法（SGA）和进化算法规划（EP）的优化结果进行比较，如表 2.1 所示，其中功率数据都是以 100MVA 为功率基值的标幺值。可见采用本章提出的自适应遗传模拟退火算法进行无功优化后，系统网损最小，网损减少百分比最大，表明该算法比其他几种优化方法更有效。采用本章算法与简单遗传算法时的节点电压如图 2.3 所示。

表 2.1　优化结果比较

算法	发电有功/pu	网损/pu	网损减少百分比/%	计算时间/s	迭代次数
优化前	2.90200	0.05988	—	—	—
SGA	2.88380	0.04980	16.83	67.45	98
AGA	2.88326	0.04926	17.74	54.28	—
EP	2.88362	0.04963	17.12	—	—
AGSAD	2.88540	0.04894	18.27	20.14	69

为进一步验证本章算法的有效性，以福建省某实际电力系统为例进行计算。该网有 65 个节点，45 条支路，15 个无功补偿节点，23 个变压器，13 台发电机，其他条件同前。使用本章算法优化前网损为 15.87MW，电压越限节点有 12 个；优化后网损降到 10.45MW，降损百分比为 34.15%。该结果表明，AGSAD 算法的实际应用效果较好，不仅提高了该地区的功率因数，减小了线路损耗，还提高了电网的电能质量。

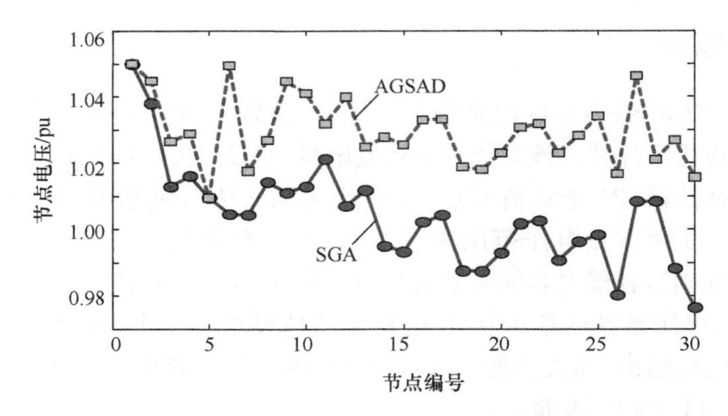

图 2.3 AGSAD 和 SGA 的节点电压比较

综上所述，AGSAD 算法与简单遗传算法相比在以下方面有了较大改进：

(1) 具有较好的计算精度及更强的全局搜索能力，能有效摆脱局部最优解，从而获得更好的优化结果；

(2) 能以较快的速度获得较优解；

(3) 在相同的计算精度条件下迭代次数要少得多，即要获得相同精度的计算结果时，AGSAD 算法的计算速度较快。

参 考 文 献

[1] Goldberg D E. Genetic Algorithms in Search, Optimization, and Machine Learning[M]. Boston: Addison-Wesley Longman Publication Corporation, 1989.

[2] Horn J, Nafpliotis N, Goldberg D E. A niched Pareto genetic algorithm for multiobjective optimization[C]. IEEE World Congress on Computational Intelligence, 1994: 82-87.

[3] 恽为民，席裕庚. 遗传算法的运行机理分析[J]. 控制理论与应用, 1996, 13(3): 297-304.

[4] 熊信银，吴耀武. 遗传算法及其在电力系统中的应用[M]. 武汉：华中科技大学出版社, 2002.

[5] Booker L B. Foundations of Genetic Algorithms[M]. Burlington: Morgan Kaufmann, 1993.

[6] Holland J H. Adaptation in Natural and Artificial Systems: An Introductory Analysis with Applications to Biology, Control, and Artificial Intelligence[M]. Cambridge: MIT Press, 1992.

[7] Whitley D. Fundamental principles of deception[J]. Foundations of Genetic Algorithms, 2014, 1: 221.

[8] Mitchell M. An Introduction to Genetic Algorithms[M]. Cambridge: MIT Press, 1998.

[9] Srinivas M, Patnaik L M. Genetic algorithms: A survey[J]. Computer, 1994, 27(6): 17-26.

[10] Gen M, Cheng R. Genetic Algorithms and Engineering Optimization[M]. New York: John Wiley & Sons, 2000.

[11] Haupt R L, Haupt S E. Practical Genetic Algorithms[M]. New York: John Wiley & Sons, 2004.

[12] Chakraborty U K, Janikow C Z. An analysis of gray versus binary encoding in genetic search[J]. Information Sciences, 2003, 156(3): 253-269.

[13] 刘科研,盛万兴,李运华. 基于改进免疫遗传算法的无功优化[J]. 电网技术,2007,31(13):11-16.

[14] 刘科研,李运华,盛万兴. 基于分布式并行遗传算法的电力系统无功优化[J]. 北京航空航天大学学报,2008,34(1):27-30.

[15] 李运华,吴宏昺,盛万兴,等. 分布式并行混合遗传算法在无功优化中的应用[J]. 电力系统及其自动化学报,2008,20(2):36-41.

[16] Herrera F, Lozano M, Verdegay J L. Tackling real-coded genetic algorithms: Operators and tools for behavioural analysis[J]. Artificial Intelligence Review, 1998, 12(4): 265-319.

[17] Goldberg D E. A note on Boltzmann tournament selection for genetic algorithms and population-oriented simulated annealing[J]. Complex Systems, 1990, 4(4): 445-460.

[18] 刘科研,盛万兴,李运华. 基于改进遗传模拟退火算法的无功优化[J]. 电网技术,2007,31(3):13-18.

[19] Wu Q H, Cao Y J, Wen J Y. Optimal reactive power dispatch using an adaptive genetic algorithm[J]. Electr Power & Energy System, 1998, 20(8): 563-569.

[20] Lai L L, Ma J T. Application of evolutionary programming to reactive power planning comparison with nonlinear programming approach[J]. IEEE Transactions on Power System, 1997, 12(1): 198-204.

第 3 章　粒子群算法

3.1　引　　言

智能配电网优化分析是保证用电安全、提升电压质量和实现配电网经济运行的重要方法。智能配电网优化分析包括无功优化、最优潮流、网络重构、经济调度等诸多内容，根据模型复杂程度及算法实现过程，通常分为连续变量优化、离散变量优化和混合整数优化几种类型。数学方法适用于连续变量优化求解；而智能配电网优化分析的困难在于混合整数规划问题的求解，由于数学方法尚未解决 NP 难问题，所以人工智能方法被广泛应用于智能配电网优化分析中，而粒子群算法作为一种进化算法在人工智能方法中具有重要的位置，故在智能配电网优化分析中已获得相当广泛的应用。

粒子群(particle swarm optimization，PSO)算法[1]，又称粒子群优化算法，是由 Kennedy 和 Eberhart 在 1995 年基于一种社会心理学模型中的社会影响和社会学习提出的一种智能算法。与其他进化算法类似，PSO 算法也是通过个体间的协作与竞争，实现复杂空间中最优解的搜索。PSO 算法具有进化算法和群体智能的特点，是基于群体智能理论的优化算法，通过群体中粒子间的合作与竞争产生的群体智能指导优化搜索。与传统的进化算法相比，PSO 算法保留了基于种群的全局搜索策略，但是其采用的“速度-位移”模型操作比较简单，避免了重复的遗传操作，它特有的记忆使其可以动态跟踪当前的搜索情况调整搜索策略。由于每代种群中的解具有“自我”学习提高和向“他人”学习的双重优点，从而能在较少的迭代次数内找到最优解。该算法目前已广泛应用于函数优化、数据挖掘、神经网络训练等应用领域。

智能配电网优化分析具有一定的特殊性，其数学模型具有连续/离散变量混合、维数高、非线性、复杂度高等特点，应用方面对精度、速度、鲁棒性等具有特殊的需求，因此需要改进 PSO 算法使其适应智能配电网优化分析的需求。本章以智能配电网优化分析中的混合整数非线性规划问题作为求解对象，通过改进 PSO 算法获得寻优能力与计算速度的提升。本章中描述的 PSO 算法包括标准粒子群算法、全信息粒子群算法、带压缩因子的粒子群算法、混合粒子群算法、合作粒子群算法。

3.2　粒子群算法理论基础

本节依次对标准粒子群算法、标准粒子群算法变体、混合粒子群算法进行描述。标准粒子群算法是基础，标准粒子群算法变体对种群大小、邻域大小、收敛标准、速度因子、初始速度、粒子位置、个体最优位置和全局最优位置进行改进，混合粒子群算法通过添加额外的数据处理过程增强局部搜索能力。

3.2.1　标准粒子群算法

粒子群中的每一个个体遵循简单的行为，即效仿相邻个体的成功经验而展开的累积行为。粒子群优化模型中，个体最优点代表从仿真开始被这个个体经历过的最好位置，全局最优点是种群经历过的最好位置，这两个最优点被作为吸引子；个体具有个体最优点和全局最优点的记忆，它根据一些简单的规则按一定的比例利用最优点与当前位置的距离来调整粒子的位置，使群体在一定的迭代次数内聚集到目标附近。

算法维持着一定数量粒子的种群，其中每个粒子都代表了问题的一个潜在解。粒子在多维空间中飞行，粒子的位置变化由加入的速度引起，速度由自身和周围邻居的信息决定：

$$x_i(t+1)=x_i(t)+v_i(t+1) \tag{3.1}$$

式中，$x_i(t)$代表第 i 个粒子在 t 时刻在搜索空间的位置，$i=1,2,\cdots,n_s$，n_s 为种群数量；t 代表离散的时间点，也代表迭代次数；初始位置 $x_i(0)\sim U(x_{\min},x_{\max})$，$U$ 表示均匀分布；$v_i(t+1)$代表第 i 个粒子在 $t+1$ 时刻的速度。

粒子 i 的速度计算公式为

$$v_{ij}(t+1)=\omega v_{ij}(t)+c_1r_{1j}(t)(x_{ij}^{\text{pbest}}(t)-x_{ij}(t))+c_2r_{2j}(t)(x_j^{\text{gbest}}(t)-x_{ij}(t)) \tag{3.2}$$

式中，ω 为惯性因子，衡量前一时刻速度对下次移动的影响；$v_{ij}(t)$是粒子 i 在 t 时刻第 j 维上的速度，$j=1,2,\cdots,n_x$，n_x 为搜索空间的维数；$x_{ij}(t)$是粒子 i 在 t 时刻第 j 维上的位置；c_1、c_2分别为认知因子、社会因子，是正数的加速度常量，分别用来度量认知成分和社会成分对于速度更新的贡献；$r_{1j}(t)$、$r_{2j}(t)\sim U(0,1)$都是在区间[0,1]中均匀抽取的随机数，代表不确定性因素。

个体最优位置 $x_i^{\text{pbest}}(t)$是第 i 个粒子从开始到现在达到过的最佳位置。对于适应度函数极小化的问题，$t+1$ 时刻的个体最优位置由式(3.3)计算：

$$x_i^{\text{pbest}}(t+1)=\begin{cases}x_i^{\text{pbest}}(t), & f(x_i(t+1))\geqslant f(x_i^{\text{pbest}}(t))\\ x_i(t+1), & f(x_i(t+1))<f(x_i^{\text{pbest}}(t))\end{cases} \tag{3.3}$$

式中，$f:\mathbf{R}^{n_x}\to\mathbf{R}$ 是适应度函数，f 度量了相应候选解与最优解之间的距离，体现出粒子的性能和质量。

$t+1$ 时刻的全局最优位置 $x^{\text{gbest}}(t+1)$ 计算公式为

$$x^{\text{gbest}}(t+1)=x_i^{\text{pbest}}(t) \tag{3.4}$$

$$f(x_i^{\text{pbest}}(t))=\min\{f(x_1^{\text{pbest}}(t)),f(x_2^{\text{pbest}}(t)),\cdots,f(x_{n_s}^{\text{pbest}}(t))\} \tag{3.5}$$

标准粒子群算法需要初始化种群和控制参数，包括种群大小、邻域大小、收敛标准、速度因子、初始速度、粒子位置、个体最优位置和全局最优位置。

1）种群大小 n_s

种群大小即种群中粒子的个数：当一个好的均匀初始化方案被应用到种群的初始化操作时，粒子个数越多，种群的初始化多样性越好。大数量粒子的种群可以在每一次迭代中都能搜索空间中更大的区域，然而也同时将增大算法的计算量以及降低并行随机搜索的性能。相对于较少的粒子群的种群，大数量的种群可以在更少的迭代次数中找到问题的解。经验研究表明，PSO 算法可以用 10～30 个粒子的种群来找到最优化问题的解[2]。一般来说，搜索一个光滑的搜索空间中的最优值比在粗糙的空间需要更少的粒子数，如何确定粒子的个数仍然依赖于具体要解决的问题。

2）邻域大小

邻域定义了种群中的社会影响力，邻域越小，交流越少。较少的邻域收敛较慢，但是其收敛可能更可靠地找到最优解，同时它也不容易陷入局部极小值。当邻域为整个种群时，算法被称为全局最优粒子群算法，是被广泛使用的基础 PSO。更好地利用邻域大小的方法是，在开始时设定较小的邻域，然后随着迭代次数的增加，领域逐渐加大[3]。这种方法保证了更大的种群多样性，同时有更快的收敛速度。

3）收敛标准

（1）当算法达到预先设定的最大迭代次数或者函数求值次数时停止。得到一个好的解所需要的迭代次数依赖于具体问题，太少的迭代可能会使算法早熟，而太多的迭代会增加很多不必要的计算负担。

（2）当算法找到一个可以接受的解时停止。假设 x^* 代表目标函数 f 的最优解，那么当一个粒子 x_i 满足如下条件：$f(x_i)\leqslant|f(x^*)-\varepsilon|$，即达到一个可接受误差时，算法终止。这个阈值 ε 的选择必须非常谨慎。如果 ε 太大，搜索过程将终止于一个次优解上；反之，如果 ε 过小，搜索可能永远不能终止。这种情况在标准粒子群算法模型上更有可能发生[4]。

（3）当在一定次数的迭代中没有发现解的改进时停止。有多种方法可以衡量解的改进，例如，如果粒子的平均位置改变量很小，粒子群就可以被视为已经收敛。或者粒子的平均速度在一定次数的迭代过程中都接近零，那么只有很小的位置更新，搜索也可以终止。如果在一定次数的迭代后解没有很大的改变，那么搜索也可以终止。必须注意的是,这些终止条件引入了两个非常敏感的参数:用来检测算法性能改进的迭代次数,以及表征不可接受性能的阈值。

(4) 当归一化的粒子群半径接近零时停止。归一化的群体半径由式(3.6)计算:

$$R_{\text{norm}}=\frac{R_{\max}}{\text{diameter}(S)} \tag{3.6}$$

式中,diameter(S)代表初始种群的直径,最大半径 $R_{\max}$ 由式(3.7)计算:

$$R_{\max}=\| x_m-x^{\text{gbest}} \|,\quad m=1,\cdots,n_s \tag{3.7}$$

式中

$$\| x_m-x^{\text{gbest}} \| \geqslant \| x_i-x^{\text{gbest}} \|,\quad \forall i=1,\cdots,n_s \tag{3.8}$$

式中,$\|\cdot\|$ 代表一种合适的距离度量,如欧氏距离。

(5) 当目标函数的斜率逼近零时停止。为了基于目标函数的变化率来确定终止条件,考虑比率:

$$f'=\frac{f(x^{\text{gbest}}(t))-f(x^{\text{gbest}}(t-1))}{f(x^{\text{gbest}}(t))} \tag{3.9}$$

如果在一定次数的连续迭代中都有 $f'<\varepsilon$,这个基于目标函数斜率的逼近要优于上面的方法,因为它实际确定了种群是否仍在利用搜索空间的信息进行改进。

但是,这种目标函数斜率法也存在问题,如果部分粒子被吸引到一个局部极小值附近,无论是否还有其他粒子仍在搜索空间中的其他区域,都会终止算法。而如果算法继续迭代,这些粒子是有可能发现更好的解的。可以将目标函数斜率法与半径法结合,检验在算法终止前,是否所有粒子都收敛到同一个点。

4) 速度因子

计算速度包括三个部分。①惯性成分 $\omega v_{ij}(t)$,记录粒子先前时刻 t 的飞行方向,它可以防止粒子大幅度地改变搜索方向,只是对现行方向有所偏向。②认知成分 $c_1r_{1j}(t)(x_{ij}^{\text{pbest}}-x_{ij}(t))$,量化粒子对于自己先前经验的依赖,在某种意义上说,认知成分类似于个体对于最有利位置的记忆,这一成分影响着粒子朝着自己经验最优值方向搜索。③社会成分 $c_2r_{2j}(t)(x_j^{\text{gbest}}-x_{ij}(t))$,衡量整个粒子群体或者邻域对粒子的影响,从概念上说,社会成分类似于一个团体的规范或标准,而团队中的每个个体都应该遵守,社会成分的作用是将粒子的搜索方向拉向它的所有邻居所找到的当前最优位置。

惯性因子 ω、认知因子 c_1、社会因子 c_2 三者之间有着复杂的作用关系,一般来说,$c_1\approx c_2$ 时粒子的工作效率最高,$\omega<1$ 且受 c_1、c_2 值的影响;根据参数选择的研究经验,$\omega=0.7298$,$c_1=c_2=1.49618$ 是通常情况下工作较为出色的参数组合。

初始速度可以指定为零,即

$$v_i=0 \tag{3.10}$$

将速度初始化为随机值也是一种可能的选择，但不是必需的。实际上，当自然物体在其初始位置时，它们的速度是零，即它们是静止的。如果速度被初始化成非零的值，那么这种物理类比将被破坏。对于初始位置的随机初始化已经保证了随机的位置和移动方向。如果速度也是随机初始化，那么其值不能太大。大的初始速度意味着大的动量项，将导致大的惯性位置更新，这可能使粒子飞出搜索空间的边界，最终导致算法收敛到一个唯一解的速度变慢。

通常，粒子的初始位置都均匀地分散在整个搜索空间中。值得注意的是，粒子群初始化位置的分散程度，也就是能覆盖多大的搜索空间，以及在搜索空间中的分布好坏，对于标准粒子群算法的性能是有很大影响的。如果最优值位于一个没有被初始化粒子覆盖的区域内，那么标准粒子群算法找到这个最优值将非常困难。只有在动量项将粒子带到这个未覆盖的区域内后，标准粒子群算法才有机会发现最优解，此时粒子要么发现了自己最新的个体最优位置，要么发现了整个群体的全局最优位置。

假设一个最优解需要定位在一个上限为 $x_{\max,j}$、下限为 $x_{\min,j}$ 的区域内，那么粒子位置的一种有效的初始化的方法可用如下方法定义：

$$x_j(0)=x_{\min,j}+r_j(x_{\max,j}-x_{\min,j}),\quad \forall j=1,\cdots,n_x,\quad \forall i=1,\cdots,n_s \tag{3.11}$$

式中，$r_j \sim U(0,1)$。

每个粒子的个体最优位置被指定为粒子在 $t=0$ 时刻的初始化位置，即

$$x_i^{\text{pbest}}(0)=x_i(0) \tag{3.12}$$

全局最优位置可以初始化为所辖某一粒子的个体最优位置，但须保证位置与适应度相一致。

3.2.2 标准粒子群算法变体

粒子群优化已经被成功应用于许多问题，包括标准函数优化问题、求排列问题，以及多层神经网络的训练问题。虽然以往的结果表明标准粒子群算法有求解优化问题的能力，但是同时也暴露出它在一致收敛到好解上所存在的问题。许多标准粒子群算法的初步改进模型可改进模型的收敛速度和所得解的质量。这些改进包括引入速度钳制、惯性权重、速度收缩系数、对于全局（或局部）最优位置和个体最优位置的不同定义方法，以及不同的速度模型。

1）二进制标准粒子群算法

标准粒子群算法是针对十进制连续函数优化问题提出的。然而，许多优化问题建立在离散特征空间中，为了能够将标准粒子群算法用于解决离散优化问题，Kennedy 和 Eberhart 对标准粒子群算法进行了修改，使其适用于离散二进制搜索空间。在他们提出的二进制粒子群（binary PSO，BPSO）算法中，速度定义为二进

制位取 1 或 0 的概率。这样，粒子就在每一维取值为 0 或 1 的状态空间中运动，速度表示为位置的某一维取 1 的概率。速度的更新方程式为

$$v_{ij}(t+1)=\omega v_{ij}(t)+c_1 r_{1j}(t)(x_{ij}^{\mathrm{pbest}}(t)-X_{ij}(t))+c_2 r_{2j}(t)(x_{ij}^{\mathrm{gbest}}(t)-X_{ij}(t)) \tag{3.13}$$

粒子的位置通过以下判断公式更新：

$$\text{if}(\text{rand}()<S(v_{ij}(t)))\ \text{then}\ X_{ij}(t+1)=1\ \text{else}\ X_{ij}(t+1)=0 \tag{3.14}$$

其中，rand()为区间(0,1)内的均匀分布随机数发生器；$S(v)$是 Sigmoid 函数，即

$$S(v)=1/(1+\mathrm{e}^{-v}) \tag{3.15}$$

在 BPSO 算法中，还保留了速度的上限值 $V_{\max}$，即必须满足$|v_{ij}(t)|<V_{\max}$，这最终决定了 $X_{ij}(t)$取 0 或 1 的概率。

2) 速度钳制

对于一个优化算法，决定其效率和准确性的重要因素是“探索-开发”的平衡。探索代表一个搜索算法探究搜索空间不同区域以便确定一个好的解的能力，而开发则代表算法对一个特定区域内的搜索以便能提炼出一个候选解的能力。一个好的优化算法应该能够在探索与开发之间取得平衡。在 PSO 算法中，这些目标都在速度更新公式中处理。速度更新公式(3.2)和(3.13)包含三个影响粒子移动步幅的因素。粒子速度可能膨胀到很大的值，尤其是那些远离邻域最优位置和个体最优位置的粒子；接下来，粒子就会有很大的位置变更，导致粒子冲出搜索空间的边界，即粒子发散。为了控制粒子的全局探索行为，速度被钳制在一个有界的限制范围内。如果粒子速度超过这个指定的速度最大值，就会被强行指定为速度最大值。令 $V_{\max,j}$代表在第 j 维上允许的最大速度值，粒子的速度更新公式变为

$$v_{ij}(t+1)=\begin{cases}v'_{ij}(t+1), & v'_{ij}(t+1)<V_{\max,j}\\ V_{\max,j}, & v'_{ij}(t+1)\geqslant V_{\max,j}\end{cases} \tag{3.16}$$

式中，$v'_{ij}(t+1)$用式(3.2)或式(3.13)计算。

$V_{\max,j}$的大小非常重要，它通过钳制速度的提高步伐来控制搜索的粒度。较大的 $V_{\max,j}$值有利于全局的搜索，较小的值则对局部开发有帮助。如果 $V_{\max,j}$过小，种群不能充分探索局部较好区域以外的空间，并且会使算法需要更多的迭代才能找到一个最优解；另外，种群极有可能陷入一个局部极值中无法跳出。反之，如果 $V_{\max,j}$太大，则会使算法错过最好区域的风险增大，粒子可能会跳过好的解而继续没有结果的搜索。然而，算法有跨越最优值的缺点，却使粒子移动更加迅速。

这样，问题就是找到一个最优的 $V_{\max,j}$去平衡两个矛盾。通常，$V_{\max,j}$值应选为搜索空间所在维度上的范围的一小部分，即

$$V_{\max,j}=\delta(x_{\max,j}-x_{\min,j}) \tag{3.17}$$

式中，$x_{\max,j}$和 $x_{\min,j}$分别是 x 所在搜索空间范围第 j 维的最大值和最小值，$\delta\in(0,1)$。根据经验，δ 的数值应由待求解问题决定，每个问题最合适的值应由一些经验技术

(如交叉验证等方法)来确定。

速度钳制方法具有两方面的重要特征:首先,速度钳制不限制粒子的位置,只影响粒子速度决定的搜索步幅;其次,最大速度是与每一维度相关的,正比于所在维的范围。

虽然速度钳制可以控制速度的剧变,但是仍存在两方面的缺点。一方面是速度钳制不但改变粒子搜索的步幅,而且会改变粒子搜索的方向;在搜索方向上的改变可能有利于更好的探索解空间,然而也有可能导致根本无法找到最优点。另一方面是所有速度都等于最大速度值。如果不采取任何措施阻止这种情况发生,粒子就会持续在一个由$[x_i(t)-V_{\max},x_i(t)+V_{\max}]$定义的超立方体的边界上搜索。这样,虽然粒子还是有可能偶然碰到最优值,但从总体上看,种群在开发局部区域时会遇到困难。以下是常见的两种改进方法:

当全局最优位置在τ次连续迭代过程中都没有改进时,改变最大速度:

$$V_{\max,j}(t+1)=\begin{cases}\beta V_{\max,j}(t), & f(x^{\text{gbest}}(t))\geqslant f(x^{\text{gbest}}(t-t')),\forall t'=1,\cdots,\tau\\ V_{\max,j}(t), & \text{其他}\end{cases} \tag{3.18}$$

式中,β从1递减到0.01(递减可以是线性的或者是指数的)。

最大速度按指数衰减,其计算公式为

$$V_{\max,j}(t+1)=[1-(t/n_t)^{\alpha}]V_{\max,j}(t) \tag{3.19}$$

式中,α是一个用试错法或交叉验证法确定的正常数;n_t是迭代最大次数。

最后,利用双曲正切函数约束速度,降低粒子群对于δ取值的敏感度可得

$$v_{ij}(t+1)=V_{\max,j}\tanh\left(\frac{v'_{ij}(t+1)}{V_{\max,j}}\right) \tag{3.20}$$

式中,$v'_{ij}(t+1)$用式(3.2)或式(3.13)计算。

3) 惯性权重

惯性权重对于保证收敛和最优地权衡探索与开发矛盾极其重要。对于$\omega\geqslant 1$,速度随时间增大,加速增大至最大速度,则种群容易发散,粒子不能改变运动方向回到搜索空间。对于$\omega<1$,粒子不断降速直到速度变为0。较大的ω有利于探索,增加种群多样性;而较小的ω可提升局部开发的能力,过小的值将使种群丧失探索能力。ω最优值的确定依赖于具体要求解的问题。ω和加速度常数之间存在着重要的关系,ω值的选取必须结合加速度常数c_1和c_2进行。

调整ω的选取方法可以分为以下几类:

(1) 随机调整。每一次迭代都随机地选取一个ω,如从高斯分布中取值:

$$\omega\sim N(0.72,\sigma) \tag{3.21}$$

式中,σ是一个足够小的值,用来确保ω不会显著大于1。

(2) 线性递减。ω 从开始较大的取值(通常为0.9)线性递减至一个较小的值(通常为0.4)。通常使用如下公式:

$$\omega(t)=(\omega(0)-\omega(n_t))\frac{n_t-t}{n_t}+\omega(n_t) \tag{3.22}$$

式中,n_t 是算法执行的最大迭代次数,$\omega(0)$是初始的惯性权重值,$\omega(n_t)$是最终的惯性权重值,$\omega(0)>\omega(n_t)$,$\omega(t)$是 t 时刻的惯性权重值。

(3) 非线性递减。ω 从开始较大的取值非线性递减至一个较小的值。非线性递减法对于比较光滑的搜索空间更加实用。比较常用的非线性递减公式为

$$\omega(t+1)=\alpha\omega(t') \tag{3.23}$$

式中,$\alpha=0.975$,t'是惯性上一次改变的时间步。惯性只在种群的适应度解没有重大改变时才改变。作为参考值,初始权重 $\omega(0)=1.4$,权重下限 $\omega(n_t)=0.35$,一般可以保证种群在聚焦于开发局部区域最好解之前能够探索足够大的搜索空间。

4) 速度收缩系数

Clerc 发展了一种与使用惯性权重来平衡探索-开发矛盾的类似方法,即速度被一个常数 χ 收缩,这个常数称为收缩系数。速度更新公式为

$$v_{ij}(t+1)=\chi[v_{ij}(t)+\phi_1(x_{ij}^{\text{pbest}}(t)-x_{ij}(t))+\phi_2(x_j^{\text{gbest}}(t)-x_{ij}(t))] \tag{3.24}$$

式中

$$\chi=\frac{2\kappa}{\left|2-\phi-\sqrt{\phi(\phi-4)}\right|} \tag{3.25}$$

且 $\phi=\phi_1+\phi_2$,$\phi_1=c_1r_1$,$\phi_2=c_2r_2$。式(3.25)需要在如下约束下使用:$\phi\geqslant r_1+r_2$ 且 $\kappa\in[0,1]$。

收缩系数法被发展成一种自然、动态的动力学方法以保证算法在不需要速度钳制的情况下收敛到一个稳定点。在满足条件 $\phi\geqslant 4$ 且 $\kappa\in[0,1]$时,种群可以保证收敛。收缩系数 χ 在区间[0,1]内取值,意味着速度随时间逐渐减小。

式(3.25)中的 κ 参数控制着种群的探索和开发能力。对于 $\kappa<1$ 时,局部的开发能力导致快速收敛,种群的行为类似于爬山法。反之当 $\kappa\approx 1$ 时,将导致大量的探索行为,致使收敛很慢。通常,$\kappa<1$ 被赋予一个固定值,但是更好地选择可以使初始时期赋予一个较大的值以利于种群的探索,而在后期逐步降低至一个较小的值以集中于开发。

收缩系数法同惯性权重法同样有效,两种方法都是以平衡探索-开发的矛盾为目标,并以此改进算法,获得更快的收敛速度和更精确的解。较小的 ω 和 χ 可以加强开发而抑制探索,反之则增强探索减少开发。对于一个特定的 χ 值,等价的惯性权重法模型可以设置为 $\omega=\chi$,$\phi_1=\chi c_1r_1$,$\phi_2=\chi c_2r_2$。收缩系数法的特点

在于：

(1) 收缩系数模型不需要使用速度钳制操作；

(2) 收缩系数模型在确定的约束条件下能保证收敛；

(3) 收缩系数模型对于粒子运动方向的改变控制通过常数 ϕ_1 和 ϕ_2 来完成。

5) 全信息粒子群算法

在标准粒子群算法中，对一个粒子状态产生影响的是粒子自身和全局最优粒子，而群体其他粒子的信息却没有被利用。Kennedy 和 Mendes 认为标准粒子群算法中的粒子不应只是简单受到最优粒子的作用，他们研究了群体拓扑结构对于搜索性能的影响，强调了粒子群拓扑结构的重要性，提出了全信息粒子群(the fully informed PSO, FIPS)算法，在该算法中一个粒子的状态受到其多个甚至是所有邻居粒子的影响。

FIPS 算法中，某个粒子的速度信息更新得益于该粒子的多个邻居粒子的共同作用，速度更新方程如下：

$$V_{i,j}(t+1)=\chi\left[V_{i,j}(t)+\frac{1}{K_i}\sum_{k=1}^{K_i}r_{k,i,j}(t)(p_{k,j}(t)-X_{i,j}(t))\right] \tag{3.26}$$

式中，K_i 是粒子 i 的邻居个数，$p_{k,j}(t)$是粒子 j 的第 k 个邻居的个体最优位置，$r_{k,i,j}(t)$是[0,1]区间的随机数。选用合适参数的 FIPS 算法可以取得较好的优化效果，但是优化效果受群体结果影响较大。邻居节点数量的增加会破坏群体的优化能力；最差性能的 FIPS 算法是采用全连接结构的拓扑模型，即单个粒子是群体中所有其他粒子；最优性能的 FIPS 算法采用的是环形和方形结构，它们的邻居节点数量分别为 3 和 5。

3.2.3 混合粒子群算法

混合粒子群算法通过添加额外的数据处理过程增强局部搜索能力，可以使用多种方法与粒子群算法进行联合求解，常见的方法有遗传算法、混沌方法、协同求解等，本节依次对遗传粒子群算法、混沌粒子群算法、协同粒子群算法进行说明。

1. 遗传粒子群算法

1) 基于选择的方法

Angeline[3]提出第一种将遗传算法(GA)理论与粒子群算法相结合的方法，他发现通过增加进化算法中的选择操作，粒子群算法的性能可以在某类问题上得到较大提高。如表 3.1 所示，选择过程在速度更新前执行。

表 3.1 基于选择的粒子群算法

算法 3.1 基于选择的粒子群算法

```
计算所有粒子的适应度值
for 每个粒子 i=1,…,n_s do
   随机选择 n_ts 个粒子；
   基于粒子 i 与 n_ts 随机选择的粒子性能打分；
end
基于性能评分对整个群体分类；
将最差的一半粒子用最好的那一半代替，但个体最优位置保持不变。
```

尽管一半较差的粒子被替换掉，但它们的个体最优位置不变，因此其搜索过程仍然是在以前搜索结果的基础上进行的。Angeline 通过实验发现，基于选择的粒子群算法具有较好的局部搜索能力。然而，这个方法却极大地降低了群体的多样性。因为一半的粒子被另一半所代替，群体的多样性在每一代下降 50%，即选择压力过大。

多样性可以通过用最优个体变异后的个体来代替较差个体来提高。进一步，当新加入的粒子能够提高被删除粒子适应度值时才执行代替操作，则基于选择的粒子群算法的性能可以得到较大提高。这个方法是 Koay 和 Srinivasan 提出的，其中每个粒子都利用变异产生自己的后代。

2）利用繁殖的方法

繁殖粒子群算法的粒子被赋予一个杂交概率。在每次迭代中，根据杂交概率选择一定数量的粒子进入杂交池中，池中的粒子随机地两两杂交，产生相同数目的子代，并用子代粒子取代父代粒子，以保证种群的粒子数目不变。假设粒子 i 与粒子 j 被选择来进行杂交操作，相应的位置被下面的后代取代：

$$\begin{aligned} x_i(t+1)&=r(t)x_i(t)+(1-r(t))x_j(t) \\ x_j(t+1)&=r(t)x_j(t)+(1-r(t))x_i(t) \end{aligned} \tag{3.27}$$

对应的速度为

$$\begin{aligned} v_i(t+1)&=\frac{v_i(t)+v_j(t)}{\| v_i(t)+v_j(t) \|}\| v_i(t) \| \\ v_j(t+1)&=\frac{v_i(t)+v_j(t)}{\| v_i(t)+v_j(t) \|}\| v_j(t) \| \end{aligned} \tag{3.28}$$

式(3.27)中，$r(t)$在每一维上服从均匀分布 $U(0,1)$。

粒子以用户定义的杂交概率进行繁殖，假定此概率小于 1，那么不是所有粒子都会被后代替代。可能同一个粒子会在每次迭代中多次参与交叉操作。粒子被随机选择为父粒子，而不依赖于其适应度值，这样防止了最优粒子影响下种群陷入局部最优的问题。实验发现，使用一个较低的杂交概率如 0.2 可以得到较好的结果。

2. 混沌粒子群算法

高鹰等[4]将混沌优化思想引入了粒子群算法，提出了混沌粒子群(chaos particle swarm optimization，Ch-PSO)算法。在混沌粒子群算法中，为防止某些粒子在迭代中出现停滞，算法将利用混沌变量的遍历性，以粒子群当前搜索到的全局最优位置为基础迭代产生一个混沌序列，然后将序列中的最优粒子位置随机替代当前粒子群中某一粒子的位置并进行迭代。从而解决因粒子停滞导致的算法早熟问题。

Ch-PSO算法的具体步骤如下：

确定算法参数，随机产生 N 个粒子的种群，初始化粒子。

按照标准粒子群算法更新粒子速度与位置：

$$v_{ij}(t+1)=\omega v_{ij}(t)+c_1 r_{1j}(t)(x_{ij}^{\text{pbest}}(t)-x_{ij}(t))+c_2 r_{2j}(t)(x_j^{\text{gbest}}(t)-x_{ij}(t)) \tag{3.29}$$

$$x_{ij}(t+1)=x_{ij}(t)+v_{ij}(t+1) \tag{3.30}$$

(1) 对粒子群最优位置 x^{gbest} 进行混沌优化。

(2) 将 x^{gbest} 映射到 Logistic 方程的定义域[0,1]上，即

$$y_1=\frac{x^{\text{gbest}}-R_{\min}}{R_{\max}-R_{\min}} \tag{3.31}$$

① 对 y_1 通过 Logistic 方程 $y_{n+1}=\mu y_n(1-y_n)$ 进行 M 次迭代，得到混沌序列 $(y_1,y_2,\cdots,y_n)$。

② 将混沌序列通过式(3.32)逆映射回原解空间：

$$x_n^{\text{ch}}=R_{\min}+(R_{\max}-R_{\min})y_n,\quad n=1,2,\cdots,M \tag{3.32}$$

从而产生一个混沌变量可行解序列$(x_1^{\text{ch}},x_2^{\text{ch}},\cdots,x_M^{\text{ch}})$。

③ 计算可行解序列中每个可行解矢量的适应值，并保留适应值最优时对应的可行解矢量，记作 x^{ch}。

(3) 从当前粒子群中随机选择一个粒子，并用 x^{ch} 的位置矢量代替选出粒子的位置矢量。

(4) 转至步骤(2)直到算法到达最大迭代次数或得到足够满意的解。

3. 协同粒子群算法

协同粒子群(cooperative particle swarm optimization，Co-PSO)算法是对粒子群采用协同架构后的一种优化方法。在文献[5]中，协同粒子群算法在搜索质量、鲁棒性等性能方面有了重要的性能提升。协同粒子群算法概念如图 3.1 所示。在图 3.1 中，有两组粒子群，一组是主粒子群，另一组是子粒子群。主粒子群主要控制循环迭代，子粒子群主要与主粒子群进行迭代优化。

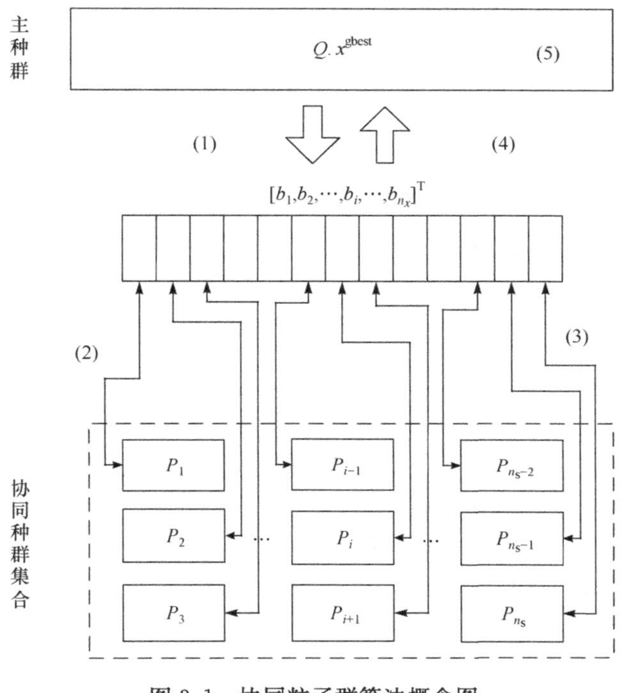

图 3.1　协同粒子群算法概念图

Co-PSO 算法步骤如下：

(1) 主粒子群迭代搜索可行的解，主粒子群每迭代 N 次，则共享 x^{gbest} 给子粒子群。

(2) 第一个子种群获得 x^{gbest} 作为其初始值，然后搜索状态变量的第一维。子种群的搜索是在一维的空间上进行，搜索完成后，第一个子种群发送第一维的结果到 x^{gbest} 相应的维度位置。

(3) 主粒子群发送新的 x^{gbest} 向量到第二个子种群，第二个子种群把获得的 x^{gbest} 向量作为初始值，然后进行第二维的搜索，搜索完成后，把第二维的结果发送到主粒子群 x^{gbest} 相应的维度位置。

(4) 子粒子群顺序地获得最新的 x^{gbest} 向量，经过搜索，把对应的最好的维度解发送给主粒子群。

(5) 所有的子种群均进行搜索后，主粒子群使用协同的 x^{gbest} 值进行搜索，主粒子群的搜索在 n_x 维空间内进行；然后重新进入步骤(1)，直至达到收敛条件。

3.3　粒子群算法在智能配电网中的应用

PSO 在智能配电网中的应用包括无功功率和电压控制、经济调度、可靠性和安全分析、电力系统识别与控制、发电扩展、状态估计、最优潮流、发电机维修与机组调度、短期负荷预测、电机与电力系统设计、电网规划等[6-17]。随着电力系统的快速发展与新问题的不断出现，PSO在电力系统中的应用范围仍在不断扩大。

3.3.1 智能配电网优化分析数学模型

智能配电网优化分析的数学模型为

$$\begin{cases}\min f(x) \\ \text{s. t. } g_i(x)=0, \quad i=1,2,\cdots,m \\ \qquad h_i(x)\geqslant 0, \quad i=1,2,\cdots,r\end{cases} \tag{3.33}$$

式中，x 为控制变量，$f(x)$为目标函数，$g_i(x)=0$ 为等式约束，$h_i(x)\geqslant 0$ 为不等式约束，m 为等式约束数量，r 为不等式约束数量。对于智能配电网优化分析，当 x 同时包含连续变量与离散变量，$g_i(x)$、$h_i(x)$中包含非线性函数时，该数学模型描述的是一个混合整数非线性规划问题。

3.3.2 智能配电网优化建模方法

1. 控制变量的选择

配电网运行状态可以由网络结构、设备参数、用户用电情况和控制设备工作状态三个因素确定。在智能配电网优化分析中，配电网作为一个用户驱动的实时系统，用户用电情况一般不受电网侧控制，网络结构与设备参数也通常在一段时间内保持不变，因此网络结构与设备参数、用户用电情况一般反映在 $f(x)$、$g_i(x)$和 $h_i(x)$中。电网侧一般通过调节控制设备工作状态进行配电网运行优化，控制变量 x 通常有两种选择方法：

(1) 以控制设备工作状态为控制变量，常见的控制设备工作状态包括无功补偿装置投入组数、分接头位置、开关状态、可控有功功率等；

(2) 以控制设备工作状态和配电网状态变量一起作为控制变量，配电网状态变量一般是节点电压，但也可以是支路电流、节点注入电流等，甚至是多种类型的混合组成。

方法(2)的控制变量能够较为直观地反映配电网的运行状态，中间计算复杂度较低，因此数学方法求解配电网优化问题一般使用这种方法；但控制变量维度较高。方法(1)的控制变量维度较低；但不能较为直观地反映配电网运行状态，中间计算复杂度可能较高。一般情况下，粒子群算法对两种方法选出的控制变量都能进行计算，但该算法也存在维数灾难的问题，配电网具有三相不平衡的特征，计算过程中需要进行相计算，容易造成状态变量维度较高，使用方法(1)有利于降低控制变量维度。

2. 目标函数的确立

配电网运行优化可以有多种目标，常见的优化目标包括网损、电压质量、三相不平衡度、投切费用、分布式电源利用率、发电成本等。不同于数学方法，粒子群算法仅对目标函数值感兴趣，目标函数的计算不会对程序实现产生严重影响，因此粒子群算法具有较强的灵活性与鲁棒性。

3. 约束条件的处理

1）等式约束函数

配电网等式约束函数主要包括两种类型，一种是基尔霍夫电压/电流定律的网络方程，另一种是设备特征的电压电流关系支路方程。若仅以控制设备工作状态为控制变量，则适合基于控制变量进行潮流计算，进而计算目标函数值；此时等式约束函数反映在潮流计算程序中，优化模型不用再进行处理。若结合状态变量为控制变量，则可以使用罚函数法对等式约束进行处理，将有约束问题转化成无约束问题后再进行处理。值得一提的是，大量的等式约束会对惩罚因子、控制变量初始化产生较高的要求，并为优化计算过程带来不良影响，同时可能造成计算结果精度降低。

2）不等式约束函数

不等式约束函数是设备特征、用户用电需求、电网侧供电需求的体现，种类多样、形式多变。常见的不等式约束有分布式电源有功出力限制、无功补偿装置组数、分接头刻度范围、开关开合状态、电压合格范围、三相不平衡度限制等。对于粒子群算法，不等式约束处理的困难程度取决于控制变量与不等式约束函数之间的对应关系，仅以控制设备运行状态为控制变量容易造成两者之间的控制困难。当不等式约束函数直接对控制变量进行限制时，宜将不等式约束函数反映到粒子速度钳制中。当不等式约束函数作为罚因子反映到目标函数中时，在粒子初始化、粒子群参数设置等方面都应尽量防止不等式约束函数越限。

3.4 粒子群算法的程序实现

各种粒子群算法的程序实现具有共性，标准粒子群算法变体以标准粒子群算法为基础，通过改变编码、增加简单的数据处理过程得以实现；混合粒子群算法则通过添加相对独立的数据处理过程，通过过程之间的协同交互增强搜索性能。

3.4.1 标准粒子群算法

标准粒子群算法的计算流程如表3.2所示。

表 3.2 标准粒子群算法

算法 3.2 标准粒子群算法

创建和初始化一个 n_x 维的粒子群体 S；
repeat
  for 每个粒子 $i=1,\cdots,n_s$ **do**
  //设置个体最优位置
  if $f(S.x_i)<f(S.y_i)$ **then**
    $S.y_i=S.x_i$；
  end
  //设置全局最优位置
  if $f(S.y_i)<f(S.Y)$ **then**
    $S.Y=S.y_i$
  end
  for 每个粒子 $i=1,\cdots,n_s$ **do**
    利用式(3.2)更新速度；
    利用式(3.1)更新位置；
  end
until 终止条件满足

标准粒子群算法步骤如下：

(1) 随机初始化所有粒子的速度和位置，每个粒子的最优位置设为初始位置，种群的最优位置设置为初始粒子的全局最优位置。

(2) 将每个粒子的当前位置与其历史最优位置进行比较，若优于历史最优位置，则将当前位置作为个体的最优位置，否则沿用历史最优位置。

(3) 将每个粒子的个体最优位置与种群最优位置进行比较，若优于群体最优位置则替代之，否则群体最优位置保持不变。

(4) 根据式(3.2)和式(3.1)依次调整当前粒子的速度和位置。

(5) 检查算法终止条件，若条件满足，则终止迭代，否则返回步骤(2)。

3.4.2 标准粒子群算法变体

二进制、速度钳制、惯性权重、收缩系数、全信息等标准粒子群算法变体程序流程与标准粒子群算法十分接近，可以通过增加存储、改变编码、添加参数及处理过程、替换计算过程等较为简单的方式实现，在此不再赘述。

3.4.3 混合粒子群算法

混合粒子群算法程序流程具有共性：将混合的数据处理过程作为一个相对独立的模块嵌入粒子群算法中，混合模块是粒子群算法的子过程，粒子群算法与混合模块之间通过数据交互提升算法整体寻优能力。现以协同粒子群算法为例进行说明。协同粒子群算法的程序流程如图 3.2 所示。

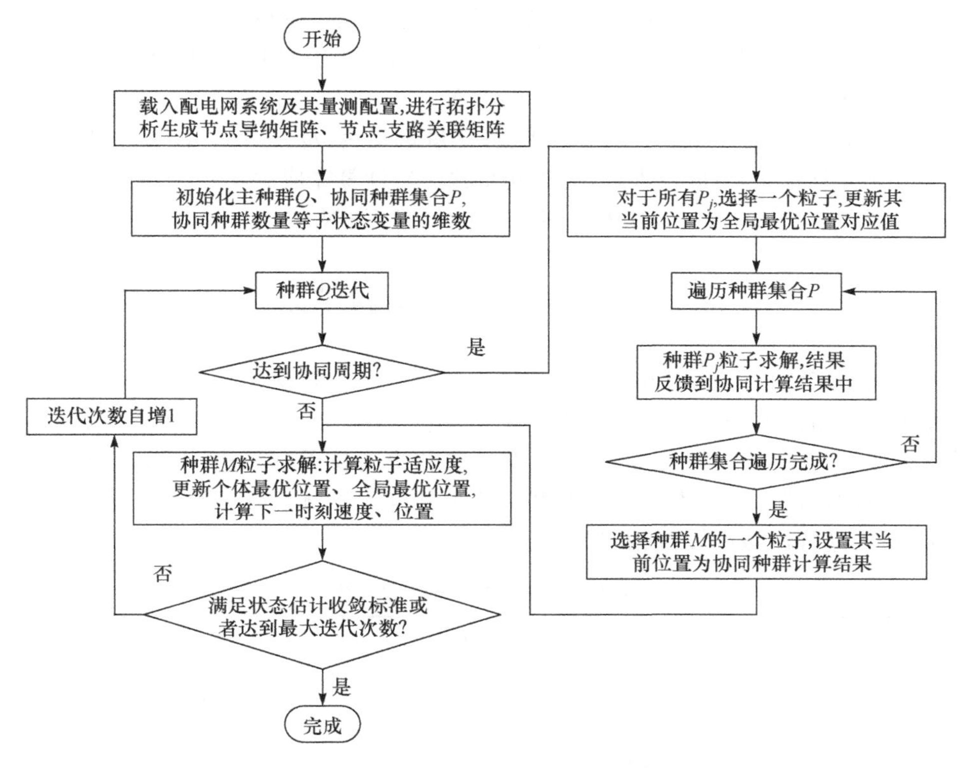

图 3.2 协同粒子群算法流程图

协同粒子群算法步骤如下：

(1) 数据载入与预处理。载入配电网系统及其量测配置;进行拓扑分析,确定搜索方向,进行节点编号,生成节点导纳矩阵与节点-支路关联矩阵。

(2) 初始化主种群 Q、协同种群集合 P。

(3) 判断是否满足协同条件;若不满足协作条件,转步骤(4),否则转步骤(6)。

协同条件为

$$\mathrm{mod(it,ci)}==\mathrm{ci}$$

式中,it 为当前迭代次数,ci 为协同间隔,mod 为求取余数函数,符号==表示“等于”。

(4) 种群 Q 粒子求解。基于潮流算法计算各粒子适应度,分别依据式(3.3)和式(3.4)更新个体最优位置 y_i、全局最优位置 $\hat{y}$;根据式(3.2)计算下一时刻速度 $v(t+1)$;根据式(3.1)计算下一时刻粒子位置 $x(t+1)$。

(5) 判断是否满足收敛条件,若收敛,则状态估计结束,否则转步骤(3)。

收敛条件为迭代次数超过最大次数限制，或目标函数值小于给定的阈值：

$$\text{it}>\text{it\_lim} \parallel F(M.\hat{y})<\varepsilon \tag{3.34}$$

式中，it_lim 为迭代次数限制，ε 为收敛标准，符号 $\parallel$ 表示逻辑关系“或”。

(6) 种群集合 P 求解。更新种群集合 P。对于所有种群 P_j 中的某一个粒子 k，$P_j.x_k=Q.\hat{y}_j$，其中 $k\sim U(1,n_s/2)$ 且 $k\in\mathbf{N}$。

定义中间变量 $b=Q.\hat{y}$，种群 P_j 状态变量定义为$[b_1,\cdots,b_{j-1},C_j.x_k,b_{j+1},\cdots,b_n]$；对每一个种群 P_j 进行求解，过程同步骤(4)，计算完成后 $b_j=P_j.\hat{y}$。

更新种群 Q：$Q.x_k=b$，其中 $k\sim U(1,n_s/2)$ 且 $k\in\mathbf{N}$。

3.5 粒子群算法实验结果

针对 IEEE 13-bus 配电系统标准算例使用粒子群算法进行优化，所有计算中均使用速度钳制方法以保证算法的有效性。参与比较的算法有遗传算法、标准粒子群算法、遗传粒子群算法、混沌粒子群算法和协同粒子群算法，本节着重讨论其精度与收敛性能。各种类型粒子群算法的主种群大小、惯性因子、认知因子、社会因子、最大迭代次数的设置相同，如表 3.3 所示。

表 3.3 粒子群算法参数设置

主种群大小	惯性因子	认知因子	社会因子	最大迭代次数
20	0.7298	1.49618	1.49618	100

3.5.1 智能配电网优化算例

常见的配电网算例有很多，在此仅以 IEEE 13-bus 配电系统标准算例为基础进行优化仿真。IEEE 13-bus 配电系统标准算例由 13 个节点、12 条支路组成，支路中单相、两相、三相线路共存，其中 9 条架空线路、1 条地下电缆、1 个开关、1 台配变，连接有 2 台无功补偿装置、8 个点负荷、1 个分布式负荷；另外，主变及其调压器也可在计算中使用。

对 IEEE 13-bus 配电系统标准算例进行自定义，如图 3.3 所示，图中分布式电源、无功补偿装置、调压器为可控设备，其中调压器的档位范围为[－16,16]，电压调节范围为[－10%,10%]，最小调节刻度为 0.625%；675 与 671 节点的无功补偿装置总容量同标准算例，其总容量被等分为 10 部分；分布式电源最大有功出力为 1.5MW，其 24h 有功出力曲线如图 3.4 所示，并配备其容量 20%的无功补偿装置，该无功补偿装置同样等分为 10 部分。同时，将负荷标准数据乘以给定乘子，所有负荷被分为 4 种类型，每种类型对应一条乘子曲线，各种类型负荷的乘子曲线如图 3.5 所示。

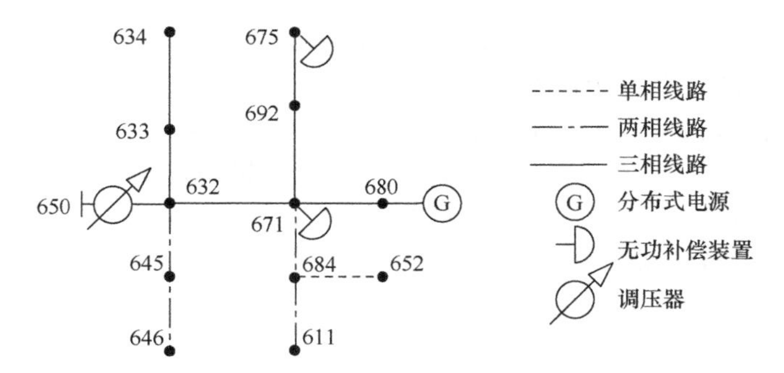

图 3.3　IEEE 13-bus 配电系统标准算例网架图

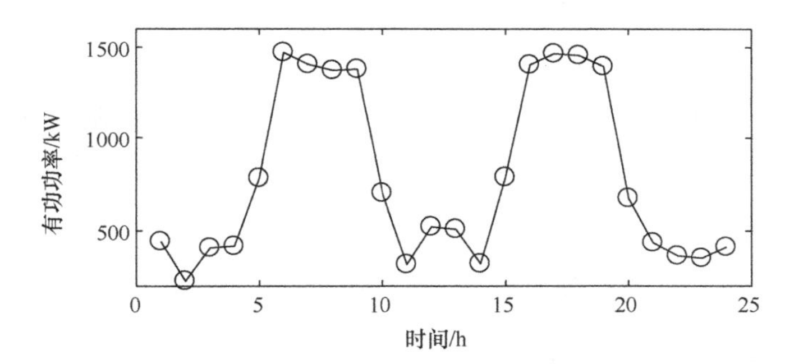

图 3.4　分布式电源有功功率曲线图

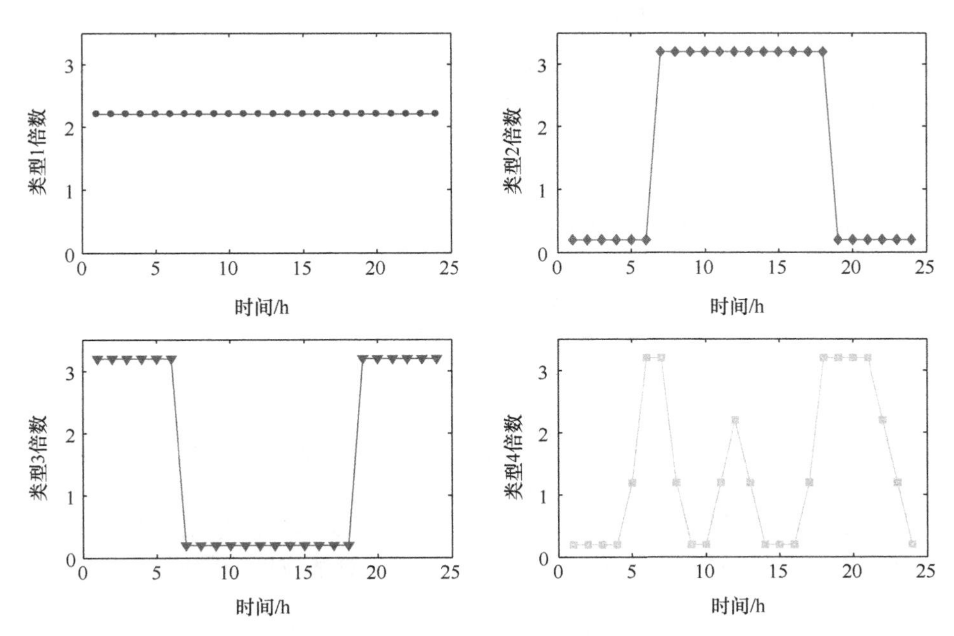

图 3.5　负荷乘子曲线图

本章以 IEEE 13-bus 配电系统标准算例未来 24h 的运行状态最优为优化目标,其目标函数的数学表达式为

$$\min f(x)=\omega_1 f_{\text{loss}}(x)+\omega_2 f_{\text{cost}}(x)+\omega_3 f_{\text{waste}}(x)+\omega_4 f_{\text{quality}}(x) \tag{3.35}$$

式中,x 为控制变量,$f_{\text{loss}}(x)$为线损函数,$f_{\text{cost}}(x)$为投切费用函数,$f_{\text{waste}}(x)$为分布式电源浪费函数,$f_{\text{quality}}(x)$为电压偏差指标函数;ω_1、ω_2、ω_3 和 ω_4 为权重因子。

线损函数的表达式为

$$f_{\text{loss}}(x)=\sum_{h=1}^{24} P_{\text{loss}}^h \tag{3.36}$$

式中,P_{loss}^h为时刻 h 的有功功率损耗。

投切费用函数的表达式为

$$f_{\text{cost}}(x)=\sum_{h=1}^{24} C_{\text{c}}^T \mid x_{\text{c}}^h - x_{\text{c}}^{h-1} \mid \tag{3.37}$$

式中,C_{c}^T 为每一次的投切费用,x_{c}^h 为时刻 h 的无功补偿装置控制变量。

分布式电源浪费函数的表达式为

$$f_{\text{waste}}(x)=\sum_{h=1}^{24} (P_{\text{d}}^h - x_{\text{d,p}}^h) \tag{3.38}$$

式中,P_{d}^h 为时刻 h 的最大有功出力,$x_{\text{d,p}}^h$为时刻 h 分布式电源有功出力的控制变量。

电压偏差指标函数的表达式为

$$f_{\text{quality}}(x)=\sum_{h=1}^{24} (V_{\text{N}} - V_{\text{n}}^h)^2 \tag{3.39}$$

式中,V_{N} 为额定电压向量,V_{n}^h 为时刻 h 的节点电压向量。

配电网物理电气关系的等式约束为

$$I_{\text{n}}=YV_{\text{n}} \tag{3.40}$$

$$S_{\text{n}}=V_{\text{n}}I_{\text{n}}^* \tag{3.41}$$

式中,I_{n} 为节点注入电流,Y 为节点导纳矩阵,V_{n} 为节点电压,S_{n} 为节点注入功率。

无功补偿装置、分布式电压有功功率、分接头位置需要满足的不等式约束为

$$Q_{\text{c}}^{\min}\leqslant x_{\text{c}}^h\leqslant Q_{\text{c}}^{\max} \tag{3.42}$$

$$0\leqslant x_{\text{d,p}}^h\leqslant P_{\text{d}}^h \tag{3.43}$$

$$x_{\text{t}}^{\min}\leqslant x_{\text{t}}^h\leqslant x_{\text{t}}^{\max} \tag{3.44}$$

式中,$Q_{\text{c}}^{\min}$、$Q_{\text{c}}^{\max}$ 分别为无功补偿装置最小、最大无功限制,x_{t}^h 为时刻 h 的分接头位置,$x_{\text{t}}^{\min}$、$x_{\text{t}}^{\max}$ 分别为分接头的最小、最大刻度值。

为降低控制变量维度,等式约束通过潮流计算实现,不等式约束条件通过罚函数法被添加到目标函数中,基于控制变量 X 可以计算适应度函数值:

$$F(X)=f(X)+k_f\sum_{i=1}^{N_{\text{ieq}}}(\max(0,-g_i(X)))$$

$$g_i(X) < 0, \quad i = 1,2,3,\cdots,N_{\text{ieq}} \tag{3.45}$$

式中，$f(X)$为目标函数；N_{ieq}为不等式约束函数；$g_i(X)$为不等式约束函数；k_f 为惩罚因子，默认值为1000。控制变量的结构形式为

$$X=[x^1,x^2,\cdots,x^h,\cdots,x^{24}] \tag{3.46}$$

式中，x^h 为时刻h 的控制变量，根据优化数学模型有

$$x^h=[x_{\text{c}}^h,x_{\text{d,p}}^h,x_{\text{t}}^h] \tag{3.47}$$

为考察粒子群算法在智能配电网中的应用效果，本章算法均对以上模型进行计算。

3.5.2　计算结果分析

各算法分别进行了5次计算，其中适应度函数$F(x)$值最小时的结果如表3.4所示。由于使用了速度钳制，使适应度函数中的惩罚项总为0，适应度函数与目标函数值相同。遗传算法种群数量为20，但计算结果精度总体低于粒子群系列算法，计算时间也明显多于标准粒子群。标准粒子群总体性能较好，因计算过程最少，数据结构最简单，其计算时间最少。遗传粒子群的适应度函数值在粒子群系列中最大，其选择过程使得种群多样性迅速降低，容易陷入局部最优，而较高的控制变量维度又使其繁殖过程的收益很小，导致计算时间增加而计算结果不如标准粒子群。混沌粒子群与遗传粒子群相似，其混沌过程也受控制变量高维度的影响而性能不佳，同时混沌过程计算时间复杂度较高，使得混沌粒子群计算时间最长。协同粒子群协同过程寻优能力较强，优化效果较好；若分接头位置、无功补偿装置组数不可简单枚举，则该高维问题的求解时间可能成倍增加。

表3.4　粒子群算法计算结果

算法	$F(x)$	$f(x)$	$f_{\text{loss}}(x)$	$f_{\text{cost}}(x)$	$f_{\text{waste}}(x)$	$f_{\text{quality}}(x)$	计算时间/s
GA	1.38×10^4	1.38×10^4	6.29×10^3	0	30.91	37.21	1889
PSO	8.83×10^3	8.83×10^3	5.36×10^3	0	0	17.32	1439
GA-PSO	1.07×10^4	1.07×10^4	6.99×10^3	1	0	18.43	2074
Ch-PSO	9.18×10^3	9.18×10^3	5.25×10^3	0	1.49	19.62	5727
Co-PSO	7.56×10^3	7.56×10^3	5.15×10^3	0	0	12.03	2089

适应度函数值最小的协同粒子群计算结果如图3.6～图3.8所示。图3.6中，无功补偿装置675A、675B、675C、611A、680A、680B、680C的投入组数均为10组；无功补偿装置得到了最大程度上的利用，同时也表明系统无功配置容量仍有待提高。图3.7中，调压器的位置各不相同，表明目标电网受负荷及线路不平衡的影响较大。图3.8中，分布式电源出力平衡且均达到了最大值，分布式电源发出的电能得到了较好的利用。

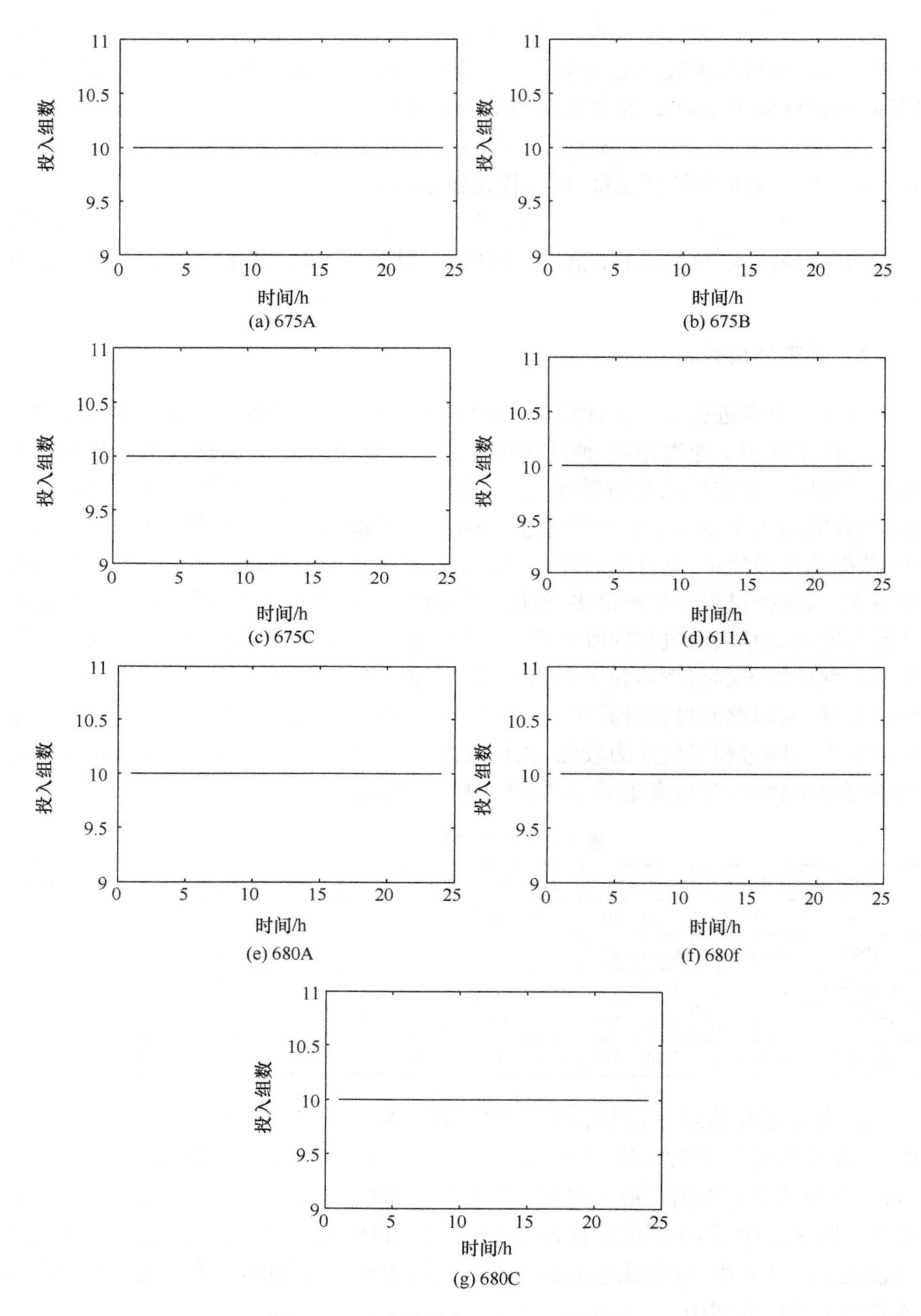

图 3.6　无功补偿装置投入组数曲线图

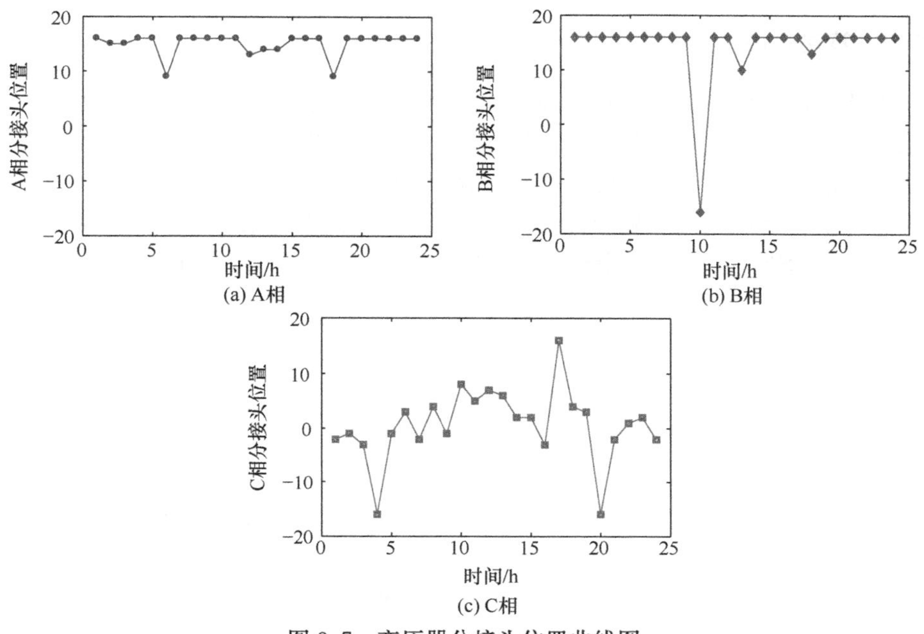

图 3.7　变压器分接头位置曲线图

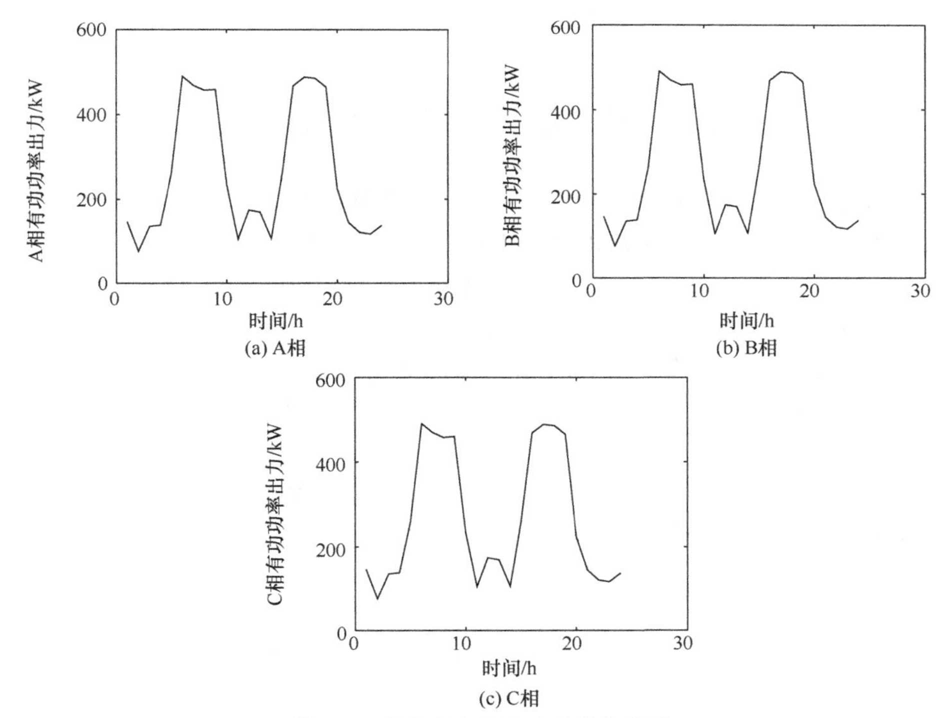

图 3.8　分布式电源有功功率曲线图

3.5.3　算法收敛性分析

遗传算法、标准粒子群算法、遗传粒子群算法、混沌粒子群算法和协同粒子群算法的适应度函数值曲线如图 3.9 所示，可见其收敛能力大致关系为：协同粒子群算法＞标准粒子群算法＞混沌粒子群算法＞遗传粒子群算法＞遗传算法。使用进化算法求解智能配电网问题总能得出一个参考解，这是进化算法鲁棒性的具体体现，是相较于数学方法的一个优点；但对于该参考解的实际价值，则仍需进一步考察。

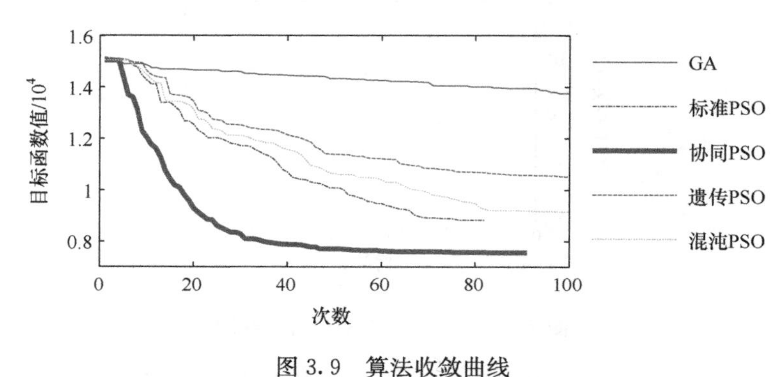

图 3.9　算法收敛曲线

3.6　粒子群算法的分析与讨论

粒子群算法适用于处理智能配电网中的混合整数非线性问题，应用范围十分广泛。使用粒子群算法求解配电网优化问题时需要注意以下几点：

(1) 对于能够使用解析方法的问题，不建议在应用中使用粒子群算法；

(2) 粒子群算法不能保证得到全局最优解；

(3) 粒子群算法计算时间相对解析算法较长；

(4) 求解问题的维度对粒子群算法有着重要影响，特别是计算精度与计算速度的影响；

(5) 不同种类的粒子群算法有不同的适用范围，需要根据配电网特征及其求解问题的具体情况进行分析。

参考文献

[1] Kennedy J, Eberhart R. Particle swarm optimization[C]. IEEE International Conference, 1995:1942-1948.

[2] Brits R, Engelbrecht A P. A niching particle swarm optimizer[C]. Proceedings of the 4th

Asia-Pacific Conference on Simulated Evolution and Learning,2002:692-696.
[3] Angeline P J. Using selection to improve particle swarm optimization[C]. Proceedings of the IEEE Congress on Evolutionary Computation,1998:84-89.
[4] 高鹰,谢胜利. 混沌粒子群优化算法[J]. 计算机科学,2004,31(8):13-15.
[5] Bergh F,Engelbrecht A P. A cooperative approach to particle swarm optimization[J]. IEEE Transactions on Evolutionary Computation,2004,8(3):1-15.
[6] Zhao B,Guo C,Cao Y J. A multiagent-based particle swarm optimization approach for optimal reactive power dispatch[J]. IEEE Transactions on Power Systems,2005,20(2):1070-1078.
[7] Yoshida H,Kawata K,Fukuyama Y,et al. A particle swarm optimization for reactive power and voltage control considering voltage security assessment[J]. IEEE Transactions on Power Systems,2001,15(4):1232-1239.
[8] Gaing Z L. Particle swarm optimization to solving the economic dispatch considering the generator constraints[J]. IEEE Transactions on Power Systems,2003,18(3):1187-1195.
[9] Park J,Lee K,Shin J. A particle swarm optimization for economic dispatch with nonsmooth cost functions[J]. IEEE Transactions on Power Systems,2005,20(1):34-42.
[10] Kassabalidis I N,El-Sharkawi M A,Marks L S. Dynamic security border identification using enhanced particle swarm optimization[J]. IEEE Transactions on Power Systems,2002,22(6):723-729.
[11] Juang C F. A hybrid of genetic algorithm and particle swarm optimization for recurrent network design[J]. IEEE Transactions on Systems,Man,and Cybernetics,Part B:Cybernetics,2004,34(2):997-1006.
[12] 胡家声,郭创新,曹一家. 基于扩展粒子群优化算法的同步发电机参数辨识[J]. 电力系统自动化,2004,28(6):32-35.
[13] Kannan S,Slochanal S,Padhy N. Application and comparison of metaheuristic techniques to generation expansion planning problem[J]. IEEE Transactions on Power Systems,2005,20(1):466-475.
[14] Abido M A. Optimal power flow using particle swarm optimization[J]. International Journal of Electrical Power & Energy Systems,2002,24(7):563-571.
[15] 俞俊霞,赵波. 基于改进粒子群优化算法的最优潮流计算[J]. 电力系统及其自动化学报,2005,17(4):83-88.
[16] 符杨,徐自力,曹家麟. 混合粒子群优化算法在电网规划中的应用[J]. 电网技术,2008,32(15):31-35.
[17] 刘科研,何开元,盛万兴. 基于协同粒子群优化算法的配电网三相不平衡状态估计[J]. 电网技术,2014,38(4):1026-1031.

第 4 章　进化规划算法

4.1　引　　言

进化规划(evolutionary programming,EP)[1]是进化计算的一个分支,起源于20 世纪 60 年代,是通过模拟自然进化过程得到的一种随机搜索方法。在最初的发展中,EP 并没有得到足够重视。直到 90 年代,D. B. Fogel 将 EP 思想拓展到实数空间,使其能够用来求解实数空间中的优化计算问题,并在变异运算中引入正态分布技术,从而使 EP 成为一种优化搜索算法,并作为进化计算的一个分支在实际领域中得到了广泛的应用。EP 可应用于求解组合优化问题和非线性优化问题,它只要求所求问题是可计算的,使用范围比较广。

EP 进化过程的基本流程为:种群初始化(随机分布个体)、变异(更新个体)、适应度计算(评价个体)、选择(群体更新)。

作为进化计算的一个重要分支,EP 具有进化计算的一般流程。在 EP 中,不使用平均变异方法,而大多使用高斯变异算子,实现种群内个体的变异,保持种群中丰富的多样性。高斯变异算子根据个体适应度获得高斯变异的标准差,适应度差的个体变异范围大,会扩大搜索的范围;适应度高的个体变异范围小,表明只需在当前位置处进行局部小范围的搜索,以实现变异操作。在选择操作上,EP 采用父代与子代一同竞争的方式,采用锦标赛选择算子,最终选择适应度较高的个体。

与其他进化计算相比,EP 也有其自己的特点。虽然同为进化算法,都是对生物进化过程的模拟,但是在 EP 中,不使用交叉、重组之类体现个体之间相互作用的算子,而变异操作是最重要的操作。

4.2　进化规划算法理论基础

EP 的基本思想是源于对自然界中生物进化过程的一种模仿,主要构成要素包括染色体构造、适应度评价、变异算子、选择算子、停止条件。其中染色体构造、适应度评价和停止条件与遗传算法中的类似,这里不再赘述。

4.2.1　标准进化规划

EP 用传统的十进制实数表达问题。在标准进化规划(标准 EP)中,个体的表达形式为

$$x_i' = x_i + \sqrt{f(X)}N_i(0,1) \tag{4.1}$$

式中，x_i 为父代个体目标变量 X 的第 i 个分量，x_i'为子代个体目标变量 X'的第 i 个分量，$f(X)$为父代个体 X 的适应度，$N_i(0,1)$为针对第 i 分量产生的服从标准正态分布的随机数。

式(4.1)表明，子代个体是在父代个体的基础上添加一个随机数，添加值的大小与个体的适应度有关：适应度大的个体添加值也大，反之亦然。

根据这种表达方式，EP 首先产生 μ 个初始个体，也就是突变。接着从 μ 个父代个体及 μ 个子代个体(2μ 个个体)中根据适应度挑选出 μ 个个体组成新群体。如此反复迭代，直至得到满意结果。EP 的工作流程类似于其他进化算法，同样经历产生初始群体-突变-计算个体适应度-选择-组成新群体，然后反复迭代，一代一代地进化，直至达到最优解。

应该指出，EP 没有重组或交换这类算子，它的进化主要依赖于突变。在标准 EP 中这种突变十分简单，其只需参照个体适应度添加一个随机数。很明显，标准 EP 在进化过程中的自适应调整功能主要依靠适应度 $f(X)$来实现。

4.2.2　元进化规划

为了增加 EP 在进化过程中的自适应调整功能，人们在突变中添加了方差的概念。在 EP 中个体的表达采用下述方式：

$$\begin{cases} x_i' = x_i + \sqrt{\sigma_i}N_i(0,1) \\ \sigma_i' = \sigma_i + \sqrt{\sigma_i}N_i(0,1) \end{cases} \tag{4.2}$$

式中，x_i 为父代个体目标变量 X 的第 i 个分量，x_i'为子代个体目标变量 X'的第 i 个分量，σ_i为父代个体第 i 个分量的标准差，σ_i'为子代个体第 i 个分量的标准差，$N_i(0,1)$为针对第 i 分量产生的服从标准正态分布的随机数。

从式(4.2)可以看出，子代个体也是在父代个体的基础上添加一个随机数，该添加量取决于个体的方差，而方差在每次进化中又有自适应调整。这种进化方式已成为 EP 的主要手段，因此在 EP 前冠以“元”这个术语以表示其为基本方法。

元进化规划(元 EP)首先计算子代个体的目标变量 x_i'，计算中沿用父代个体的标准差 σ_i；其次才计算子代个体的标准差 σ_i'，新的标准差留待下次进化时使用。

4.2.3　自适应进化规划

自适应进化规划(自适应 EP)中个体的表达采用下述方式：

$$\begin{cases} x_i' = x_i + \sigma_i N_i(0,1) \\ \sigma_i' = \sigma_i \exp(\tau' N(0,1) + \tau N_i(0,1)) \end{cases} \tag{4.3}$$

式中，x_i 为父代个体目标变量 X 的第 i 个分量，x_i'为子代个体目标变量 X'的第 i

个分量，σ_i 为父代个体第 i 个分量的标准差，σ_i'为子代个体第 i 个分量的标准差，$N(0,1)$为服从标准正态分布的随机数，$N_i(0,1)$为针对第 i 分量产生的服从标准正态分布的随机数，τ 设为$(\sqrt{2\sqrt{n}})^{-1}$，τ'设为$(\sqrt{2n})^{-1}$。

4.2.4 柯西变异进化规划

影响进化规划性能的一个因素是变异算子所使用的随机分布函数。传统进化规划算法通常采用高斯(Gaussian)分布的随机函数对目标变量进行调整和修改，由于高斯分布产生的随机数分布范围有限，采用高斯变异操作对目标变量的调整量不大，导致进化速度缓慢，进化进程加长。柯西变异进化规划(柯西变异 EP)用柯西(Cauchy)分布的随机函数代替高斯分布能够使算子具有更好的变异性能。

一维分布的柯西概率密度函数以原点为中心，其定义为

$$f_t(x)=\frac{1}{\pi}\frac{t}{t^2+x^2}, \quad -\infty<x<+\infty \tag{4.4}$$

式中，$t>0$ 为比例系数，相应的分布函数定义为

$$F_t(x)=\frac{1}{2}+\frac{1}{\pi}\arctan\left(\frac{x}{t}\right) \tag{4.5}$$

柯西分布类似于高斯分布，其差异主要表现在：柯西分布在垂直方向上略小于高斯分布，而柯西分布在水平方向上越接近水平轴，变化幅度改变越缓慢，因此柯西分布可以看成无限的。由于柯西分布具有较高的两翼概率特性，所以更容易产生一个远离原点的随机数，即以更高的概率允许幅值较大的变异发生，这种特性有利于帮助算法脱离局部最优解，防止早熟。但采用柯西分布的变异算子也有一定的弱点，其中央部分较小，这就意味着采用柯西变异得到的子代个体不能保证全在可行域内，尤其是在进化的初始阶段，会产生大量非法解，直接影响进化求解效率。

用柯西分布代替高斯分布就得到柯西变异算子，如式(4.6)所示：

$$\begin{cases}x_i'=x_i+\sigma_i C_i\\ \sigma_i'=\sigma_i\exp(\tau' N(0,1)+\tau N_i(0,1))\end{cases} \tag{4.6}$$

式中，C_i 是一个 $t=1$ 的柯西分布函数，表示在每一代对每个个体的每位控制变量进行变异时都以柯西分布函数重新产生一次随机数。

总体来说，基于柯西分布的进化规划算法比较善于粗略的大范围搜索，能够较好地避免早熟；而基于高斯分布的进化规划算法相对更善于细致的小范围搜索，能够有效加快收敛速度。在实际应用中应使进化规划方法在进化过程的不同阶段根据分布特性自适应地选择不同的随机分布函数。

4.2.5　单点变异进化规划

单点变异进化规划(单点变异 EP)中个体的表达采用下述方式：

$$\begin{cases} x_i' = x_i + \sigma_i N_i(0,1) \\ \sigma_i' = \sigma_i \exp(-\alpha) \end{cases} \tag{4.7}$$

式中，α 为参数默认值为 1.01。

单点变异 EP 仅在随机的第 i 个分量上进行改变，其他分量表示不变。单点变异 EP 求解高维多模函数问题具有明显的优越性，该算法也具有很好的稳定性。单点变异 EP 在每次迭代中，仅对每个父代个体中的一个分量执行变异操作，大大减少了计算所需的时间。

4.2.6　混合策略进化规划

混合策略进化规划(混合策略 EP)中每个父代个体都产生两个后代，一个由高斯变异算子产生，另一个由单点变异算子产生，则对于高斯变异，有

$$\begin{cases} x_i' = x_i + \sigma_i N_i(0,1) \\ \sigma_i' = \sigma_i \exp(\tau' N(0,1) + \tau N_i(0,1)) \end{cases} \tag{4.8}$$

对于单点变异，有

$$\begin{cases} x_i' = x_i + \sigma_i N_i(0,1) \\ \sigma_i' = \sigma_i \exp(-\alpha) \end{cases} \tag{4.9}$$

所以，应计算两个后代的适应度函数值，选择适应度函数值较好的一个作为唯一的后代。

4.2.7　博弈进化规划

博弈进化规划(博弈 EP)将进化博弈论的思想运用到个体的进化过程中。个体通过变异和选择进行进化博弈，并通过调整进化策略来获得更好的结果。混合策略 EP 使用变异算子集合与混合策略向量，变异算子集合与混合策略向量一一对应，变异算子集合的元素可以是自适应 EP、柯西变异 EP、单点变异 EP 或 Levy 变异进化规划等。进化过程中，每个个体根据混合策略向量的值选取变异算子，并对混合策略向量进行更新。

Levy 变异进化规划中个体的表达采用下述方式：

$$\begin{cases} x_i' = x_i + \sigma_i L_i(\beta) \\ \sigma_i' = \sigma_i \exp(\tau' N(0,1) + \tau N_i(0,1)) \end{cases} \tag{4.10}$$

式中，$L_i(\beta)$为符合 Levy 分布的随机数，参数 $\beta=0.8$。

4.2.8 多群竞争进化规划

多群竞争进化规划(多群竞争 EP)将整个种群按照对环境的适应能力划分为多个子群。进化在多个子群间并行进行,子群之间通过竞争决定其变异能力,对环境适应能力强的子群使用小的变异,对环境适应能力弱的子群使用大的变异。子群间的个体交流与信息交流通过子群重组来实现。就好像有多个镜头的显微镜,同时使用多个不同粗细的镜头对目标观察,粗镜头用来在大范围内对目标进行大略的搜索,而细镜头用来对粗镜头发现的感兴趣部位进行详细的观察,而粗镜头发现的目标转入细镜头的过程就是一个信息传递的过程。

4.3 进化规划在配电网无功优化中的应用

EP 在配电网中有许多应用,包括网络重构[2-5]、规划[5,6]、分布式电源优化[7-9]、经济调度[10,11]、无功优化[12-20]等,本节以配电网无功优化为代表进行说明。配电网无功优化是一种同时具有连续变量和离散变量以及非线性目标函数、非线性等式和不等式约束的复杂优化问题,其模型和求解方法可参考最优潮流。欲求解配电网无功优化问题,首先要提出反映配电网实际情况的精确数学模型,然后使用具有良好收敛性能的求解方法对数学模型进行优化计算。本章考虑电力系统各类约束条件和无功调节手段,根据不同优化目标,建立全面的无功优化模型,并使用 EP 进行计算。

4.3.1 配电网无功优化数学模型

1. 目标函数

由于实际运行中,配电网各节点的负荷每时每刻都在发生变化,在不同的时刻进行以网损最小为目标的无功优化,所得到的方案不尽相同。如果考虑各节点的负荷变化特性,将最小化每一时刻的网损作为目标函数,则需要频繁地对电容器进行投切操作,无论在经济上还是技术上这都是不可行的。因此,以某给定时间(时间点、一日、一周或一季度)的网损最小为目标函数。例如,以一日的各小时段作为基本分析单位,认为各个时间段的负荷功率保持恒定,以全天系统网损最小为目标函数。通常以并联补偿电容器的电纳值和变压器分接头位置作为控制变量,以节点电压的幅值和相角作为状态变量。

(1) 单目标优化时的网损。单目标优化的情况下,配电网无功运行优化的目标函数通常为在满足潮流约束和电压水平约束等前提下,使得全天的有功网损最小,即

$$\begin{cases}\min f(u)=\min\sum_{h=1}^{24}P_{\mathrm{loss}}^{h}\\ P_{\mathrm{loss}}^{h}=\sum_{(i,j)\in N_{\mathrm{b}}}g_{ij}\left[(V_i^h)^2+(V_j^h)^2-2V_i^hV_j^h\cos\theta_{ij}^h\right]\end{cases}\tag{4.11}$$

式中，P_{loss}^{h}表示h时刻的有功网损，N_{b}表示支路节点集合，(i,j)表示支路的首末节点，g_{ij}表示节点i、j之间的支路导纳，V_i^h和V_j^h分别表示h时刻支路首末节点电压幅值，θ_{ij}^h表示h时刻支路首末节点电压相角差。其中控制变量u可以表示为

$$u=\{u^1,u^2,\cdots,u^h,\cdots,u^{24}\}\tag{4.12}$$

式中，u^h为h时刻的控制变量。用Q_{ck}^h和T_{rl}^h表示h时刻的电容器补偿容量和变压器变比，电容器补偿点数目为N_{c}，变压器台数为N_{r}，则h时刻控制变量u^h可以表示为

$$u^h=(Q_{\mathrm{c1}}^h,Q_{\mathrm{c2}}^h,\cdots,Q_{ck}^h,\cdots,Q_{\mathrm{c}N_{\mathrm{c}}}^h,T_{\mathrm{r1}}^h,T_{\mathrm{r2}}^h,\cdots,T_{\mathrm{r}l}^h,\cdots,T_{\mathrm{r}N_{\mathrm{r}}}^h)\tag{4.13}$$

多目标优化的情况下，目标函数通常包含有功网损最小、电压稳定裕度最佳以及电压偏差最小。

(2) 多目标优化时的目标函数为

$$\min f_{\mathrm{m}}(u)=\omega_1 f(u)+\omega_2 F_{\mathrm{stab}}+\omega_3 F_{\mathrm{dev}}\tag{4.14}$$

式中，$f(u)$为网损，F_{stab}为电压稳定性，F_{dev}为节点电压偏差；ω_1、ω_2、ω_3为权重系数。

① 网损。配电网有功功率网损$f(u)$的函数表达式见式(4.11)。

② 电压稳定性。伴随着用电负荷的增加，高峰期用电负荷增加将会影响电压稳定性和造成电压波动，从而影响到配电网运行安全。节点i和j之间支路电压稳定性系数的L_{ij}^h定义为

$$L_{ij}^h=\frac{4\left[(P_j^hX_{ij}^h-Q_j^hR_{ij}^h)^2+(P_j^hR_{ij}^h+Q_j^hX_{ij}^h)(V_i^h)^2\right]}{(V_i^h)^4}\tag{4.15}$$

式中，P_j^h和Q_j^h表示h时刻节点i到j流过的有功功率和无功功率；R_{ij}^h和X_{ij}^h分别表示支路电阻和电抗；V_i^h表示首节点电压；电压稳定性系数L_{ij}^h描述了节点电压的波动程度，电压稳定性系数越小，表明电压越稳定。对于整个配电网，电压稳定性系数可以用节点电压最差的情况表示，即电压稳定系数的最大值表示：

$$L_{\mathrm{stab}}=\max_{(i,j)\in C}(L_{ij}^h),\quad h=1,2,\cdots,24\tag{4.16}$$

当电压稳定性系数$L_{\mathrm{stab}}=1$时，系统处于临界稳定状态，电压稳定裕度系数$M=1-L_{\mathrm{stab}}$。若要获得较高的电压稳定裕度，需要保证电压稳定系数较小。因此，可以定义电压稳定性目标函数为

$$F_{\mathrm{stab}}=L_{\mathrm{stab}}\tag{4.17}$$

③ 电压偏差。节点电压水平是衡量电能质量的重要标准，节点电压偏差可以

定义为

$$F_{\mathrm{dev}}=\sum_{h=1}^{24}\sum_{i=1}^{N}\left(\frac{V_i^h-V_i^{\mathrm{desi}}}{V_i^{\max}-V_i^{\min}}\right)^2 \tag{4.18}$$

式中，V_i^{desi} 表示节点 i 的期望电压，$V_i^{\max}$、$V_i^{\min}$ 分别表示节点 i 的电压幅值上、下限。电压偏差越小，表明电压越稳定。

2. 约束条件

(1) 潮流约束条件为

$$\begin{cases} P_{\mathrm{DG}i}-P_{\mathrm{d}i}=V_i\sum_{j=1}^{N}V_j(G_{ij}\cos\theta_{ij}+B_{ij}\sin\theta_{ij}) \\ Q_{\mathrm{DG}i}-Q_{\mathrm{d}i}=V_i\sum_{j=1}^{N}V_j(G_{ij}\sin\theta_{ij}-B_{ij}\cos\theta_{ij}) \end{cases} \tag{4.19}$$

式中，$P_{\mathrm{DG}i}$和$Q_{\mathrm{DG}i}$分别表示电源输出有功功率和无功功率，$P_{\mathrm{d}i}$和$Q_{\mathrm{d}i}$分别表示节点i负荷的有功功率和无功功率；V_i、V_j 分别表示节点 i、j 的电压幅值，θ_{ij}表示节点 i、j 之间的电压相角差；G_{ij}为节点导纳矩阵第 i 行、j 列元素电导，B_{ij}为节点导纳矩阵第 i 行、j 列元素电纳。

(2) 不等式约束。不等式约束主要包括补偿电容器组容量约束、有载调压变压器调节范围约束和节点电压变化范围约束。

电容器组的容量约束为

$$Q_{\mathrm{c}}^{\min}\leqslant Q_{\mathrm{c}k}^{h}\leqslant Q_{\mathrm{c}}^{\max} \tag{4.20}$$

式中，$Q_{\mathrm{c}}^{\max}$、$Q_{\mathrm{c}}^{\min}$ 分别为补偿电容器组投入容量上、下限，时刻 $h=1,2,\cdots,24$。

变压器调节范围约束为

$$T_{\mathrm{r}}^{\min}\leqslant T_{\mathrm{r}l}^{h}\leqslant T_{\mathrm{r}}^{\max} \tag{4.21}$$

式中，$T_{\mathrm{r}}^{\max}$、$T_{\mathrm{r}}^{\min}$ 分别为补偿电容器组投入容量上、下限。

节点电压约束为

$$V^{\min}\leqslant V_i^h\leqslant V^{\max} \tag{4.22}$$

式中，$V^{\max}$和$V^{\min}$分别为节点电压幅值上下限。

考虑到电容器组和有载调压变压器分接头投切动作对设备使用寿命的影响，通常限制设备动作次数上限值。$C_{Q\mathrm{c}}$、$C_{T\mathrm{r}}$分别为电容器组动作上限和有载调压变压器调节上限，则控制变量动作次数约束如下。

电容器组动作次数约束为

$$\sum_{h=1}^{24}\left|Q_{\mathrm{c}}^{h+1}-Q_{\mathrm{c}}^{h}\right|\leqslant C_{Q\mathrm{c}} \tag{4.23}$$

式中，Q_{c}^{h} 和 Q_{c}^{h+1} 分别为 h、$h+1$ 时刻的电容器投入组数。

变压器动作次数约束为

$$\sum_{h=1}^{24} | T_{\mathrm{r}}^{h+1} - T_{\mathrm{r}}^{h} | \leqslant C_{T\mathrm{r}} \tag{4.24}$$

式中，T_{r}^{h}、T_{r}^{h+1} 分别为 h、$h+1$ 时刻的变压器分接头位置。

4.3.2　配电网无功优化进化规划建模

1) 表达方法

EP 是一种反复迭代、不断进化的过程，每个个体的目标变量 X 可以有 n 个分量，即

$$X=(x_1, x_2, \cdots, x_i, \cdots, x_n) \tag{4.25}$$

相应地，每个个体的控制因子 σ_i 和 x_i 是一一对应的，n 个 x_i 要有 n 个 σ_i。

由 X 和 σ 组成的二元组 (X,σ) 是 EP 最常用的表达形式。

2) 产生初始群体

EP 从可行解中随机选择 μ 个个体作为进化计算的出发点。

3) 计算适应度

EP 适应度的计算参考目标函数的数学模型。

4) 变异

变异是 EP 产生新群体的唯一方法，它不采用重组或交换算子，EP 的变异算子如 4.2 节所述。

5) 选择

在 EP 中，选择机制的作用是根据适应度函数值从父代和子代集合的 2μ 个个体中选择 μ 个较好的个体组成下一代种群，其形式化表示为 $s: I^{2\mu} \rightarrow I^{\mu}$。选择操作是按照一种随机竞争的方式进行的。EP 中选择算子主要有概率选择、锦标赛选择和精英选择三种。锦标赛选择方法是 EP 中比较常用的方法。

基于锦标赛的选择操作的具体过程如下。

(1) 将 μ 个父代个体组成的种群 $P(t)$ 和 $P(t)$ 经过一次变异运算后产生的 μ 个子代个体组成的种群 $P'(t)$ 合并在一起，组成一个共含有 2μ 个个体的 $P(t) \cup P'(t)$ 集合，记为 I。

(2) 对每个个体 $x_i \in I$，从 I 中随机选择 q 个个体，并将 q 个个体的适应度函数值 $F_j(j \in (1,2,\cdots,q))$ 与 x_i 的适应度函数值相比较，计算出这 q 个个体中适应度值比 x_i 的适应度差的个体的数目 s_i，并把 s_i 作为 x_i 的得分，其中 $s_i \in (1,2,\cdots,q)$。

(3) 在所有的 2μ 个个体都经过这个比较过程后，按每个个体的得分 s_i 进行排序，选择 μ 个具有最高得分的个体作为下一代种群。

需要注意的是，$q \geqslant 1$ 是选择算法的参数。为了使锦标赛选择算子更好地发挥作用，需要设定适当的用于比较的个体数 q。q 的取值较大时，偏向于确定性选择，

当 $q=2\mu$ 时，确定地从 2μ 个个体中将适应度值较高的 μ 个个体选出，容易带来早熟等弊端；相反，q 的取值较小时，偏向于随机性选择，使得适应度的控制能力下降，导致大量低适应度的个体被选出，造成种群退化。因此，为了既能保持种群的先进性，又可以避免确定性选择带来早熟的弊端，需要依据具体问题，合适地选取 q 值。

从上面的选择操作过程可知，在进化过程中，每代种群中相对较好的个体被赋予较大的得分，能够被保留到下一代的群体中。

6）终止

EP 在进化过程中，每代都执行突变、计算适应度、选择等操作，不断反复执行，使群体素质得到改进，直至取得满意的结果。

EP 根据最大进化次数、最优个体与期望值的偏差、适应度的变化趋势以及最优适应度与最差适应度之差等四个判据判断收敛情况。

EP 以 n 维实数空间上的优化问题为主要处理对象，对生物进化过程的模拟主要着眼于物种的进化过程，主要的个体操作算子是变异算子，所以它不使用交叉算子等个体重组方面的操作算子。相比遗传算法，由于只使用变异算子，不用交叉算子，EP 不注重个体之间的信息交互，而是着眼于依据自身信息进行的个体更新，所以变异算子的选择显得尤为重要。对应平时使用的均匀变异算子在这里不能达到很好的效果，因为它属于完全随机的一种变异行为，没有考虑到自身信息，容易丧失个体的先进性，不利于算法的快速收敛。所以，标准 EP 中常采用高斯变异算子，它是在个体的某个（或多个）基因位上加上一个服从高斯变异的随机数，而其方差的确定与个体本身的适应度相关。在充分考虑到自身优劣性的信息后，高斯变异算子使得适应度较差的个体变异范围较大，而相对靠近全局最优解的优秀个体则采用较小的变异，保证其先进性。EP 直接以问题的可行解作为个体的表现形式，无须再对个体进行编码处理，也无须再考虑随机扰动因素对个体的影响，更便于 EP 在实际中的应用。

在遗传算法中，选择算子的对象是父代经过交叉变异后生成的子代个体，在生成子代后，父代个体即被抛弃。由于是随机搜索的一类智能算法，通过交叉、变异后的个体，不可避免地会出现一些退化现象，而相对较为优秀的父代个体的信息将无法得到保留，这影响了算法的收敛。

相比遗传算法，EP 将父代和子代一同加入选择，使得父代中的优秀个体也有可能得到保留，继续进行。而参与竞争个体数目的合理设定，则平衡了选择的确定性与随机性，使得选择既能保留群体中的优秀信息，又能将一小部分适应度差的个体被选中，用来扩充种群的多样性。EP 中的选择运算着重于群体中各个体之间的竞争选择，但当竞争数目 q 较大时，这种选择就类似于进化策略中的确定选择过程，而当竞争数目 q 较小时，这种选择又趋向于随机选择，难以保证群体的优化。

进化规划方法通过从不同起始点出发，沿多条随机路径搜索前进，理论上能以极大的概率收敛到全局最优解，并且在处理离散控制变量和不可行问题方面具有明显优势。不仅如此，进化规划与其他进化算法相比也表现出极大的优越性。但传统的进化规划方法在实用中存在一定问题：

算法在收敛性方面存在不足。进化规划是通过模拟生物进化过程来求解优化问题，随着进化的深入，那些平均适应度高于群体平均适应度的个体将在下一代中得以增多，而平均适应度低于群体平均适应度的个体将在下一代中减少。可以预见，当群体经过若干代的进化后，以指数增长的具有较高平均适应度的个体将占据种群中绝大多数的位置，而其他模式将迅速消失。虽然这与自然界中优胜劣汰的模式十分相似，但当这种进程在某种情况下不加控制地延续下去时，会造成群体中模式的种类迅速趋于单一，使得群体内部近亲繁殖，导致即使后续迭代次数再多也不能找到更好的解，进化过早陷入局部极值点。这种现象被称为“早熟收敛”(premature convergence)，简称“早熟”。

导致早熟的直接原因是模式多样性的丧失，当解群中某种模式的个体浓度减少到一定程度时，算法搜索的全局性将受到严重影响。而导致模式单调化的原因：可能是种群太小不能提供足够的优化空间中的采样点；也可能是因为变异算子的变异概率过小，难以进行大范围搜索；还可能是单纯追求适应度最好个体的过度选择方式减小了某些模式的个体浓度等。

过度关注于解决早熟的问题有可能陷入另一个极端——导致算法收敛速度缓慢。例如，加大种群规模尽管可增加优化信息从而阻止早熟收敛的发生，但无疑会增加计算量，使收敛时间变长；增大变异算子的变异概率可能导致发散、收敛速度变慢甚至出现不收敛的情况；单纯选择最优个体的选择方式容易陷入局部最优，但如果在经选择得到的新一代群体中，优秀个体的数量太少，又势必影响到后续进化的进行，使整个进化过程变得冗长。

总而言之，影响进化规划方法实用化的主要原因包括：进化参数设置不当，适应度函数设置不合理，变异算子的变异方式僵化且变异效率不高，选择算子计算量大且全局搜索性不强。在这些原因中，变异算子和选择算子的结构缺陷属于决定性因素。

应用进化规划方法求解智能配电网优化问题，需要解决好早熟和收敛速度这一对矛盾，使进化计算能快速、准确地收敛到全局最优解。要达到这一目的，需要对传统进化规划方法进行改进：以经验和试探法确定合理的进化控制参数；引入自适应概念和其他智能思想，以此为指导增强变异效能；采取更高效的选择方式，达到增加解群模式种类、降低单一模式浓度的目的，使算法能在合适的群体规模下迅速找到全局最优解。从而使进化规划方法能有效避免早熟且保证收敛效率。

4.4　进化规划的程序实现

各种 EP 的程序实现具有共性，元 EP、自适应 EP、柯西变异 EP、单点变异 EP 以标准 EP 为基础，通过改变编码、增加简单的数据处理过程得以实现；混合策略 EP、多群竞争 EP 则通过添加相对独立的数据处理过程，通过过程之间的协同交互增强搜索性能。

4.4.1　标准进化规划

EP 的基本流程如下：

(1) 初始化种群，假设其种群规模为 μ。

(2) 进入迭代操作。

(3) 通过高斯变异算子，生成 μ 个子代个体。

(4) 计算父代与子代个体的适应度值。

(5) 令父代与子代个体(共 2μ 个)一同参加锦标赛选择，最后依据积分和排名选择较好的 μ 个个体，组成下一代的种群。

(6) 记录种群中的最优解。

(7) 判断是否满足停止条件，如果是，则输出最优解，并退出；反之，则跳转到步骤(3)继续迭代。

EP 的工作流程如图 4.1 所示。

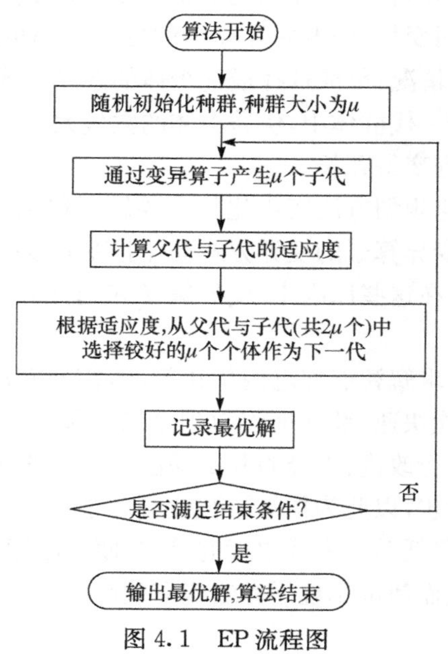

图 4.1　EP 流程图

元 EP、自适应 EP、柯西变异 EP、单点变异 EP、混合策略 EP 程序实现与标准 EP 类似，在此不再赘述。

4.4.2 博弈进化规划

博弈进化规划(博弈 EP)的具体方法和步骤如下：

(1) 初始化。随机产生一个由 μ 个个体组成的种群，每个个体用一个向量 (x_i, σ_i) 表示，其中 $i \in (1,2,\cdots,\mu)$，x_i 为目标变量，σ_i 为标准差，则

$$\begin{cases} x_i = (x_i(1), x_i(2), \cdots, x_i(n)) \\ \sigma_i = (\sigma_i(1), \sigma_i(2), \cdots, \sigma_i(n)) \end{cases}, \quad i=1,2,\cdots,\mu \tag{4.26}$$

对每个混合策略向量 $\rho_i = (\rho_i(1), \rho_i(2), \rho_i(3), \rho_i(4))$ 进行初始化，其中 1、2、3、4 分别对应自适应、柯西、单点和 Levy 变异方式。

(2) 变异。每个个体 i 根据混合策略向量 $(\rho_i(1), \rho_i(2), \rho_i(3), \rho_i(4))$ 的值从四种变异方法中选择一种变异方法，然后使用选择的变异方法产生一个后代个体。将父代种群记做 $I(t)$，产生的子代个体组成的种群记做 $\Gamma(t)$。

(3) 计算适应度函数值。计算所有的父代个体和子代个体的适应度函数值 $f_1, f_2, \cdots, f_{2\mu}$。

(4) 选择。从所有的 2μ 个父代和子代个体中随机选择 μ 个个体。

4.4.3 多群竞争进化规划

多群竞争进化规划(多群竞争 EP)的具体方法和步骤如下：

(1) 参数初始化。设置环境容纳的个体数目为 N，子群数目为 M(其中 N 为 M 的整数倍，并且 $P=N/M$)，随机竞争个体数目为 q，最大进化代数为 $k_{\max}$，高斯变异算子标准差为 σ_0，其中 $\sigma_0 = [\sigma_1^{(0)}, \sigma_2^{(0)}, \cdots, \sigma_M^{(0)}]$，种群进化代数 $k=0$。

(2) 种群初始化。在问题的可行解空间中随机产生 N 个个体作为初始种群 $X^{(0)}$，使用随机 q 竞争法则对个体排序，按照排序结果将整个物种划分为 M 个子群，即排在前 P 个的个体组成子群 $X_1^{(k)}$，排在最后 P 个的个体组成子群 $X_M^{(k)}$。

(3) 终止进化判断。如果满足，则停止进化并输出计算结果，否则转步骤(4)。

(4) 子群竞争。计算子群 $X_i^{(k)}$ 中每个个体的适应度 $\mathrm{Fit}(x_{ij}^{(k)})$，其中 $j \in [1,P]$，$i \in [1,M]$，则第 i 个子群 $X_i^{(k)}$ 的适应度 $\mathrm{Fit}(X_i^{(k)})$ 为

$$\mathrm{Fit}(X_i^{(k)}) = \sum_{j=1}^{P_i^{(k)}} \mathrm{Fit}(x_{ij}^{(k)})/P \tag{4.27}$$

不同子群之间相互竞争，因其适应环境能力不同而获得不同的变异能力，所以第 i 个子群所使用的变异算子标准差为

$$\sigma_i^{(k)} = \sigma_i^{(k-1)} \exp\left(-\frac{M\mathrm{Fit}(X_i^{(k)}) - \sum_{i=1}^{M}\mathrm{Fit}(X_i^{(k)})}{\mathrm{Fit}(X_{\max}) - \mathrm{Fit}(X_{\min})}\right) \tag{4.28}$$

$$\mathrm{Fit}(X_{\max}) = \max(\mathrm{Fit}(X_1^{(k)}), \mathrm{Fit}(X_2^{(k)}), \cdots, \mathrm{Fit}(X_M^{(k)})) \tag{4.29}$$

$$\mathrm{Fit}(X_{\min}) = \min(\mathrm{Fit}(X_1^{(k)}), \mathrm{Fit}(X_2^{(k)}), \cdots, \mathrm{Fit}(X_M^{(k)})) \tag{4.30}$$

(5) 种群繁殖。不同的子群使用不同的变异算子来繁殖后代:

$$x_{ij}^{(k)\prime} = x_{ij}^{(k)} + \delta_i^{(k)} \tag{4.31}$$

式中,$\delta_i^{(k)}$ 为服从 $N(0, \sigma_i^{(k)2})$ 分布的高斯白噪声,$X^{(k)}$ 的元素 $x_{ij}^{(k)}$ 经变异产生 $x_{ij}^{(k)\prime}$ 后组成子代。

(6) 种群重组。在 $X^{(k)}$ 和 $X^{(k)\prime}$ 组成的临时种群中,计算每个个体的适应度并排序,排在前 N 个的个体组成下一代种群 $X^{(k)}$,使用随机 q 竞争法则对个体排序,按照排序结果将整个种群划分为 M 个子群,排在前 P 个的个体组成子群 $X_1^{(k)}$,排在最后 P 个的个体组成子群 $X_M^{(k)}$。

(7) $k=k+1$,转步骤(3)。

4.5 进化规划实验结果

为比较 EP 在智能配电网中的应用效果,使用遗传算法(GA)、标准 EP、元 EP、自适应 EP、柯西变异 EP、单点变异 EP、混合策略 EP、博弈 EP、多群竞争 EP 对以上模型进行计算,其中控制变量的特征为连续可调,优化目标为单目标优化时的网损最小,优化时间为一个时间点。算法的精度与收敛特征如下所述。

4.5.1 配电网无功优化算例

本章对 IEEE 13-bus 配电系统标准算例进行自定义,其网架结构可参考图 3.3,图中分布式电源、无功补偿装置、调压器为可控设备,其中调压器的电压调节范围为[−10%,10%];675 与 671 节点的无功补偿装置总容量同标准算例;分布式电源最大有功出力为 1.5MW,并配备其容量 20%的无功补偿装置。为比较 EP 在智能配电网中的应用效果,本章算法均对以上模型进行计算,控制变量的特征为连续可调,优化目标为单目标优化时的网损最小,优化时间为一个时间点。

4.5.2 计算结果分析

各算法种群数量均为 20,分别进行了 5 次计算,其中适应度函数 $F(x)$ 值最小时的计算结果如表 4.1 所示。从目标函数的终值来看,各种算法的计算精度大小关系为:博弈 EP>多群竞争 EP>元 EP>混合策略 EP>柯西变异 EP>标准 EP>自适应 EP>GA>单点变异 EP,其中博弈 EP 精度最高,单点变异 EP 最低。从计算速度来看,各算法的实时性关系为:元 EP>标准 EP>GA>多群竞争 EP>柯西变异 EP>博弈 EP>单点变异 EP>自适应 EP>混合策略 EP，其中元 EP 速度最快，混合策略 EP 速度最慢。

表 4.1　进化规划计算性能指标

算法	$F(x)$	计算时间/s
GA	73.9310	34.67
标准 EP	72.3027	34.02
元 EP	72.2499	33.51
自适应 EP	72.5090	38.98
柯西变异 EP	72.2525	35.62
单点变异 EP	90.6441	37.15
混合策略 EP	72.2513	113.81
博弈 EP	72.2386	37.10
多群竞争 EP	72.2419	34.78

综合来说，GA 相较于 EP 系列算法计算速度较快，但计算精度较低。博弈 EP 计算精度较高，计算速度一般。元 EP 计算速度、计算精度均较高。对于目标函数值，除去单点变异 EP，其他算法计算结果基本一致。对于计算时间，混合策略 EP 计算时间略长，其他算法变异操作均较为简单，所以消耗时间相差较小。因博弈 EP 适应度函数值最小，故在此将其计算结果列举如表 4.2 所示。

表 4.2　进化规划计算结果

类型	位置	数值
无功补偿装置容量/kvar	675A	0
	675B	164.78
	675C	116.46
	611A	199.07
	680A	64.96
	680B	84.10
	680C	96.02
调压器变比	650-632A	1.1
	650-632B	1.1
	650-632C	1.1
分布式电源有功功率/kW	680A	500
	680B	415.43
	680C	500

4.5.3　算法收敛性分析

GA、标准 EP、元 EP、自适应 EP、柯西变异 EP、单点变异 EP、混合策略 EP、博弈 EP、多群竞争 EP 的目标函数值曲线如图 4.2 所示。图中曲线有以下几个特点:①因未使用参考值,且控制变量初始化时使用了随机函数,所以各目标函数的初值有所差别,但计算中使用了较多的迭代次数,各算法在计算后期目标函数值均趋于稳定,因此可忽略初始化不同造成的影响;②GA 不同于 EP 系列算法,因使用了交叉算子,其适应度函数值较为平缓,而 EP 系列算法的突变性则比较强;③单点变异 EP 强调控制变量一维上的变异,在此产生的效果不明显;④EP 系列算法在初期一般种群进化速度较快,可能产生早熟收敛的问题。

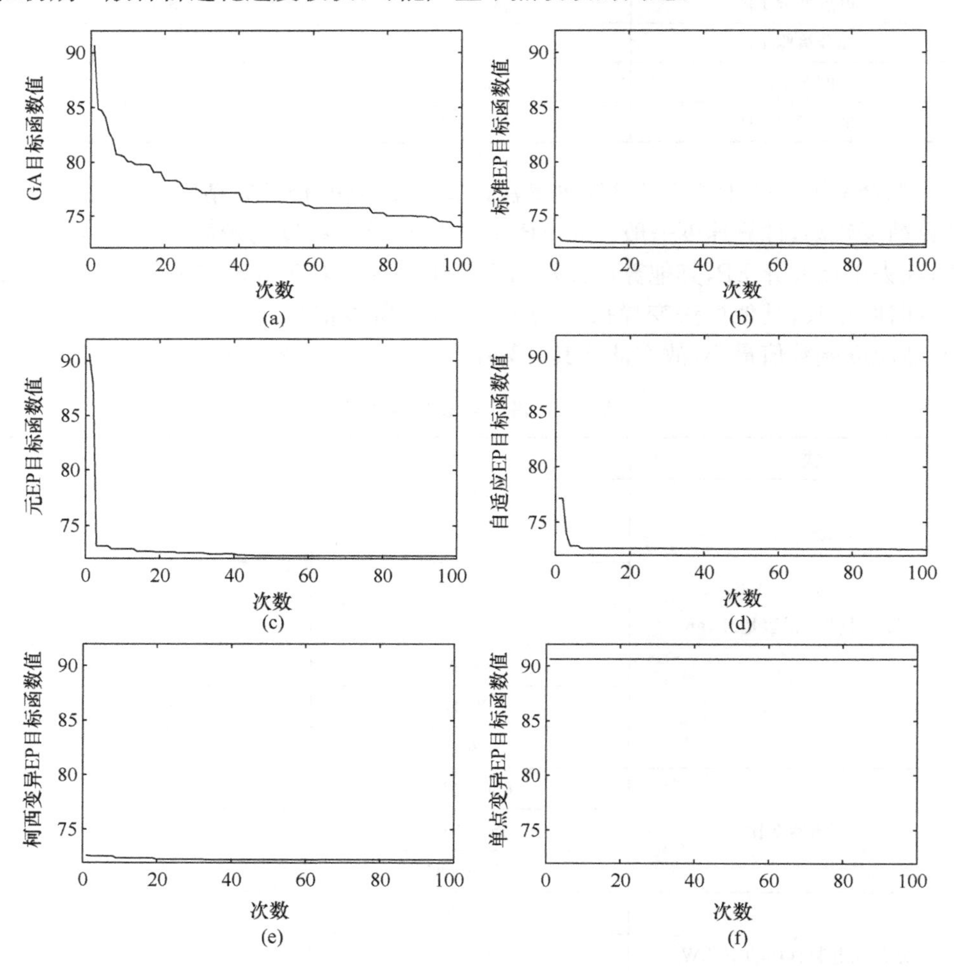

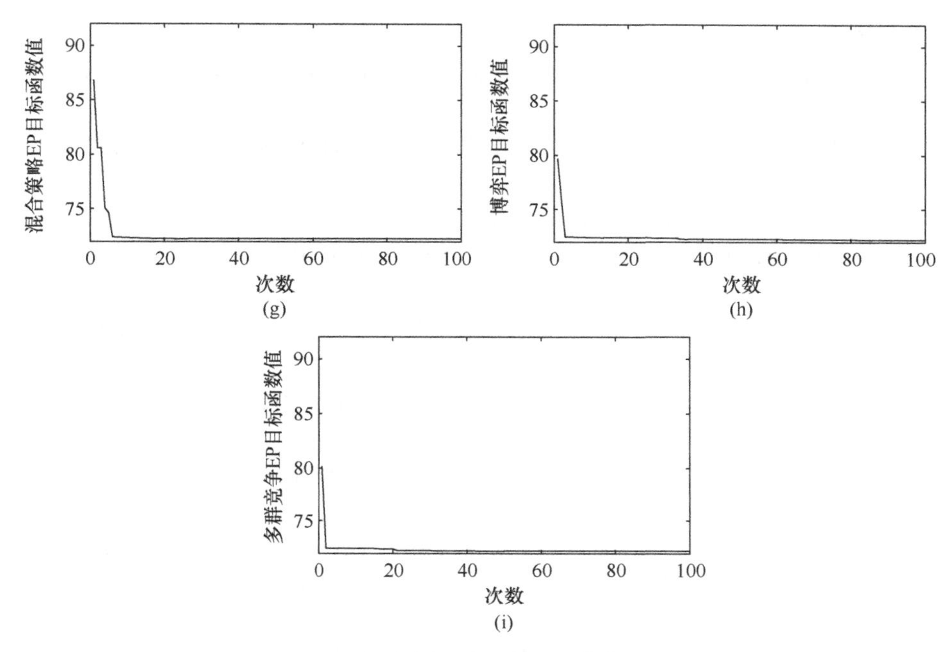

图 4.2　进化规划适应度函数曲线图

4.6　进化规划的分析与讨论

EP 在智能配电网应用中存在易早熟和收敛速度慢的缺点，导致这些不足的原因主要包括：进化参数设置不当，适应度函数设置不合理，变异算子的变异方式僵化且变异效率不高，选择算子计算量大且导致解群模式多样性不强等。其中后两者属于影响进化规划方法实用化的主要问题。易早熟和收敛慢这两个问题属于一对矛盾，只有引入自适应和智能思想加以改进，使之在进化的不同阶段有侧重点地解决某一类问题，才能使算法的整体性能得到提高。EP 是进化算法的一个重要方向，但相对于其他方向研究较少，EP 在智能配电网应用也需要进一步研究。

参 考 文 献

[1] Engelbrecht A P. 计算群体智能基础[M]. 北京：清华大学出版社，2009.

[2] 张炳达，刘洋. 应用进化规划变异算子的配电网重构算法[J]. 电网技术，2012，36(4)：202-206.

[3] Meza J L，Yildirim M B，Masud A S M. A multiobjective evolutionary programming algorithm and its applications to power generation expansion planning[J]. IEEE Transactions on Systems，Man，and Cybernetics—Part A：Systems and Humans，2009，39(5)：1086-1096.

[4] 李瑾，李善波，欧阳金鑫. 基于进化规划算法的配电网运行方式定制方法[J]. 电力系统保护

与控制,2015,43(21):48-53.

[5] 王秀丽,李淑慧,陈皓勇.基于非支配遗传算法及协同进化算法的多目标多区域电网规划[J].中国电机工程学报,2006,26(12):11-15.

[6] 黄映,李扬,高赐威.基于非支配排序差分进化算法的多目标电网规划[J].电网技术,2011,35(3):85-89.

[7] Khatod D K,Pant V,Sharma J. Evolutionary programming based optimal placement of renewable distributed generators[J]. IEEE Transactions on Power Systems,2013,28(2):683-695.

[8] 于青,刘刚,刘自发.基于量子微分进化算法的分布式电源多目标优化规划[J].电力系统保护与控制,2013,41(14):66-72.

[9] 韩天雄,熊家伟,赵宪.进化规划算法在分布式电源选址和定容中的应用[J].电力学报,2013,28(5):370-373.

[10] 叶彬,张鹏翔,赵波.多目标混合进化算法及其在经济调度中的应用[J].电力系统及其自动化学报,2007,19(2):66-72.

[11] Tsai M S,Hsu F Y. Application of grey correlation analysis in evolutionary programming for distribution system feeder reconfiguration[J]. IEEE Transactions on Power Systems,2010,25(2):1126-1133.

[12] 梁才浩,钟志勇,黄杰波.一种改进的进化规划方法及其在电力系统无功优化中的应用[J].电网技术,2006,30(4):16-20.

[13] 郝文波,于继来.配电网络电容器优化投切的制约进化策略[J].电力系统自动化,2006,30(12):47-52.

[14] 颜伟,孙渝江,罗春雷.基于专家经验的进化规划方法及其在无功优化中的应用[J].中国电机工程学报,2003,23(7):76-80.

[15] 刘一民,李智欢,段献忠.进化规划方法的综合改进及其在电力系统无功优化中的应用[J].电网技术,2007,31(8):47-51.

[16] 颜伟,高峰,王芳.考虑区域负荷无功裕度的无功电压优化分区方法[J].电力系统自动化,2015,39(2):61-66.

[17] 颜伟,熊小伏,徐国禹.基于进化规划方法的新型电压无功优化模型和算法[J].电网技术,2002,26(6):14-17.

[18] Chung C Y,Liang C H,Wong K P. Hybrid algorithm of differential evolution and evolutionary programming for optimal reactive power flow[J]. IET Generation,Transmission & Distribution,2010,4(1):84-93.

[19] Liang C H,Chung C Y,Wong K P. Comparison and improvement of evolutionary programming techniques for power system optimal reactive power flow[J]. IEE Proceedings—Generation,Transmission and Distribution,2006,153(2):228-236.

[20] Jiang C,Wang C. Improved evolutionary programming with dynamic mutation and metropolis criteria for multi-objective reactive power optimization[J]. IEE Proceedings—Generation,Transmission and Distribution,2005,152(2):291-294.

第 5 章　多目标进化算法

5.1 引　　言

20 世纪 90 年代以后，各国学者相继提出了不同的进化多目标优化算法，第一代进化多目标优化算法的特点是采用基于 Pareto 等级的个体选择方法和基于适应度共享机制的种群多样性保持策略[1]。1999～2002 年，以精英保留机制为特征的第二代进化多目标优化算法被相继提出，1999 年，Zitzler 和 Thiele 提出了强度 Pareto 进化算法（strength Pareto evolutionary algorithm，SPEA），三年之后他们又提出了改进的版本 SPEA2。2000 年，Zitzler 和 Deb 提出了 Pareto 归档集进化策略（Pareto archived evolution strategy，PAES），很快他们也提出了改进版本 PESA-II 算法[2]。2002 年，Deb、Pratap、Agarwal 等通过对 NSGA 进行改进，提出了非常经典的 NSGA-II 算法[3]。

2003 年至今，进化多目标优化前沿领域的研究呈现出了新的特点，为了更有效地求解高维多目标优化问题，一些区别于传统 Pareto 占优的新型占优机制相继被提出。Laumanns 和 Deb 等提出了 ε 占优的概念，Brockoff 和 Zitzler 研究了部分占优，Hernandez-Diaz 和 Coello Coello 等提出了 Pareto 自适应 ε 占优，Zitzler 和 Laumanns 用主分量分析、相关熵主分量分析等方法结合进化计算来解决高维多目标问题[4]。而且对多目标优化问题本身的研究也在逐步深入，不同性质的多目标优化测试问题被提出。同时，一些新的进化机制也被引入进化多目标优化领域，如 Wang 等基于粒子群优化提出的多目标粒子群算法，Zhang 等将传统的数学规划方法与进化算法结合起来提出的多目标进化算法[5]。

本章首先介绍多目标优化的相关概念，然后分析多目标进化算法的研究现状，并提出改进型的多目标优化算法 NSGA-II，并在此基础上实现配电网中的应用。

5.2 多目标优化理论基础

在多目标优化问题中，多个目标函数需要同时进行优化。由于目标不一致，导致不一定存在对所有目标都是最优的解。某一个解可能在一个目标上是最优的，但在另一个目标上是最差的。因此，多目标优化问题的解是一个最优解的集合，即 Pareto 最优解集或非支配解集。

下面首先给出多目标优化和非分配解的定义。

5.2.1 多目标优化方法的定义

通常在多目标优化领域被普遍接受并且广泛采用的多目标优化(multi-objective optimization,MOP)问题定义如下[5]。

定义 5.1 多目标优化问题的数学描述:一般 MOP 由 n 个决策变量、k 个目标函数和 m 个约束条件组成,最优化目标如下:

$$\begin{aligned} &\min\ y=f(x)=[f_1(x),f_2(x),\cdots,f_k(x)] \\ &\text{s.t. } e(x)=[e_1(x),e_2(x),\cdots,e_m(x)]\leqslant 0 \\ &\qquad x=(x_1,x_2,\cdots,x_n)\in X \\ &\qquad y=(y_1,y_2,\cdots,y_n)\in Y \end{aligned} \tag{5.1}$$

式中,x 为决策向量;$y=(y_1,y_2,\cdots,y_n)\in Y$ 为目标向量;X 为决策向量 x 形成的决策空间;Y 为目标向量 y 形成的目标空间;约束条件 $e(x)\leqslant 0$ 可确定决策向量的可行取值范围。

5.2.2 非支配解

当求解多目标优化问题时,由于问题有多个目标并且目标之间存在无法比较的现象,要使所有的目标函数同时达到最大(或最小)是不可能的,多目标进化算法的核心就是协调各目标函数之间的关系,找到使各目标函数能尽量达到比较大(或比较小)的最优解集,一个解可能在其中某个上是最好的,但在其他目标上是最差的,不一定有在所有目标上都是最优的解。通常这种解被称为非支配解或 Pareto 最优解,它是由 Vilfredo Pareto 在 1896 年提出的[6,7]。

定义 5.2 对于目标向量 p 和 q,按照如下规则进行分类:

$p=q$:当且仅当 $\forall i\in\{1,2,\cdots,k\}$,$p_i=q_i$。

$p>q$:当且仅当 $\forall i\in\{1,2,\cdots,k\}$,$p_i>q_i$。

$p<q$:当且仅当 $\forall i\in\{1,2,\cdots,k\}$,$p_i<q_i$。

根据定义 5.2,在图 5.1 中 $B>C$,$C>D$,则 $B>D$。但是无法比较 B 和 E 的大小关系。对于单目标的优化问题,目标函数可行解是全序的,对于两个解 a 和 b,要么 $f(a)\geqslant f(b)$,要么 $f(a)\leqslant f(b)$;对于多目标的优化问题,目标函数可行集是偏序的,对于两个解 a 和 b,$f(a)$ 和 $f(b)$ 并不一定存在有序的关系。例如,产品的质量和价格这两个目标问题,高价的高质量产品和低价的低质量产品没有优劣的序的关系。

定义 5.3 (Pareto 优胜) 对于决策变量 a、b,按照如下规则进行比较:

a 优于 b:当且仅当 $f(a)>f(b)$;

a 弱优于 b:当且仅当 $f(a)<f(b)$;

a 无差别于 b:当且仅当 $f(a)=f(b)$。

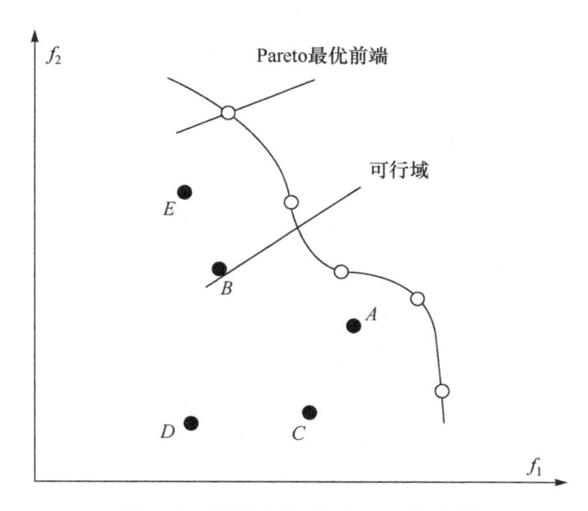

图 5.1　目标空间的 Pareto 最优解

依照定义 5.3，在图 5.1 中 B、C、D、E 之间 A 点是唯一的，其相应的自变量 a 没有被任何其他自变量向量所支配。也就是说，a 点是最优的，在任何目标上它都不能被其他个体所支配。这些解称为 Pareto 最优解，即非劣最优解。

定义 5.4（Pareto 支配关系）　对于解 x_0 和 x_1，当且仅当：

$$f_i(x_0)>f_i(x_1),\quad \exists i\in\{1,2,\cdots,M\}$$

在图 5.1 中白色的点表示 Pareto 最优解，它们互不相同。这一点与单目标问题是大不相同的：它不存在一个单独的最优解，而是一个最优折中解的集合。在这些解中，没有一个绝对的解比另一个解更好，除非加入一些偏好信息。

5.3　强度 Pareto 进化算法

进化算法(evolutionary algorithms，EA)是一种随机搜索算法，它具有隐含并行性和全局搜索性两大特点，其核心内容是参数编码、初始种群设定、适应度函数设计、进化算子设计、控制参数设定。进化算法以一个种群中的所有个体为对象，利用随机化技术指导，对一个被编码的参数空间进行高效搜索。进化算法具有很强的计算能力，而求解过程却很简单，因此成为现代智能计算中的主要算法之一。

强度 Pareto 进化算法是多目标进化算法(MOEA)发展过程中非常重要的算法，SPEA2 是其改进版本，下面分别对这两种算法进行描述。

强度 Pareto 进化算法具体步骤如下：

(1) 产生初始种群 P 和空的外部非劣解集 NP。

(2) 将种群 P 中的非劣个体复制到非劣解集 NP。

(3) 剔除集合 NP 中受种群 P 中个体支配的解。

(4) 如果保留在集合 NP 中的非劣解的个数超过事先给定的最大值，则通过聚类分析对集合 NP 进行修剪，剔除多余的解。

(5) 计算种群 P 和集合 NP 中的每个个体的适应度值。

(6) 利用二元锦标赛方法从 $P\cup$NP 中选择个体进入下一代。

(7) 对个体实施交叉和变异操作。

(8) 如果达到最大代数，停止搜索；否则，转到步骤(2)。

下面详细介绍适应度赋值和聚类分析的具体实现过程。

(1) 适应度赋值。整个适应度赋值分两个阶段，首先对非劣解集 NP 中的个体进行赋值，然后对种群中的个体进行赋值，具体操作如下：

① 对于每个解 x，赋予一个强度值 $s^i\in[0,1)$，$s^i=h_i/(N+1)$，其中 s^i 表示种群中受个体支配的个体数，N 为种群规模。个体 x 的适应度值 $f_i=s^i$。

② 每个个体 x 的适应度值 $f_i=1+\sum\limits_{i,x^i>x^j}s^i$，即所有支配 x^j 的解 x^i 的强度之和再加 1。

如图 5.2 所示，三个非劣解所覆盖的目标空间分成了许多长方形区域，其中区域 A、F 的个体受 NP 中较少的解所支配，而区域 $B\sim E$ 的个体受较多 NP 中的解的支配。

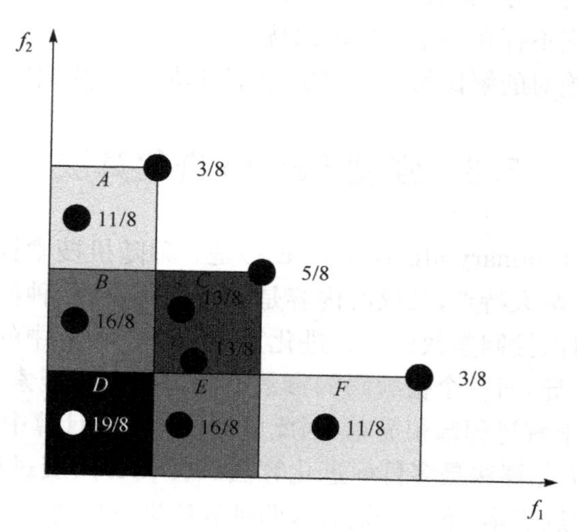

图 5.2　适应度值计算

(2) 聚类分析。通常情况下，非劣解集的大小必须受到限制，为其规定最大规模，即保留在其中的解的最大个数，主要原因是：

① 多目标优化的非劣解集的大小可能非常大，甚至是无穷大；

② 实现算法的计算资源有限；

③ 档案维护的复杂性会随档案的规模变大而显著增加；

④ 进化漂移可能会出现，因为在均匀采样过程中过度代表的区域总是优先被选中。

所以，前三点表明必须对档案进行限制，第四点说明对档案的合理维护有利于算法的性能。

SPEA 算法采用如下聚类分析方法对非劣解进行修剪：

(1) 初始化聚类解集 C，该集合由非劣解集 NP 构成，每个解对应一个聚类；

(2) 如果 $|C| \leqslant \overline{N}$，则转到步骤(5)，否则转到步骤(3)，其中 $\overline{N}$ 为外部非劣解集的最大值；

(3) 计算所有聚类之间的距离，两个聚类 $c_1, c_2 \in C$ 之间的距离 $d = \frac{1}{|c_1|+|c_2|}\sum \| i_1 - i_2 \|$，其中 $\| i_1 - i_2 \|$ 表示两个个体在目标空间上的欧几里得距离；

(4) 确定具有最小距离的两个聚类 $c_1, c_2 \in C$，然后调整聚类集 $C = C/\{c_1, c_2\} \cup \{c_1 \cup c_2\}$，转到步骤(2)；

(5) 确定每个聚类的代表个体，通常选择和同一聚类的其他个体之间的平均距离最小的个体作为该聚类的代表。

SPEA 算法存在的劣势：

(1) 根据 SPEA 算法的适应度赋值过程，被相同档案成员支配的种群个体适应度值是相同的，这意味着当外部档案只包含一个成员时，无论种群个体之间是否存在着支配关系，所有种群个体都具有相同的适应度值，这种情况下 SPEA 算法与随机搜索方法类似。

(2) 聚类分析能够减少非劣解集的大小，但其可能错误地删掉一些必须保存在非劣解集中的个体，影响算法的多样性。

针对 SPEA 算法的上述缺陷，Zitzler 等在适应度赋值、个体密度值计算方法和外部档案维护三个方面对 SPEA 算法进行了改进，SPEA2 算法通过裁减操作控制外部种群的数量并获得分布均匀的 Pareto 前沿，在性能上比 SPEA 和 NSGA-II 等算法均有较大程度的提高，以其运算速度快、稳健性强、解集分散等特点，被认为是目前比较成功的多目标进化算法，已成功应用于许多工程优化设计问题。原始适应度值计算如图 5.3 所示。

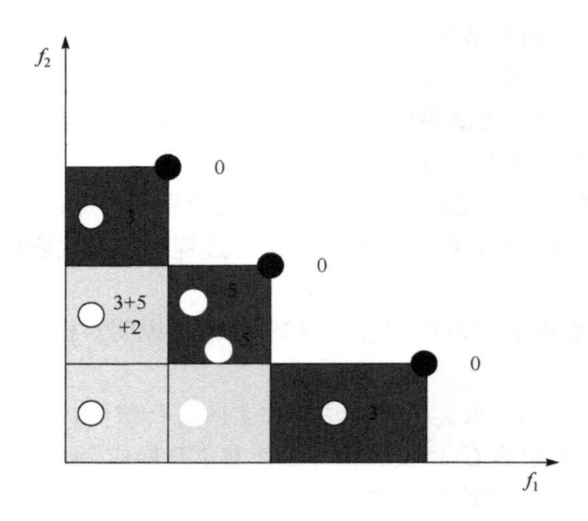

图 5.3 原始适应度值计算

(1) 初始设置。设置内部种群规模 N 与外部附属种群 $\overline{N}$ 的规模，以及种群最大迭代次数 T。

① 令 $t=0$，随机生成初始群体 P_0，建立一个空的外部附属种群 P'_0。

② 计算内部种群 P_t 与外部附属种群 P'_0 中个体的适应值。

③ 将内部种群 P_t 与外部附属种群 P'_t 中的所有非支配个体复制到新一代外部附属种群 P'_{t+1} 中。如果外部附属种群 P'_{t+1} 中个体的数量超过了 $\overline{N}$，则对外部附属种群中的个体进行种群裁减操作以减少个体的数量；如果外部附属种群 P'_{t+1} 中个体的数量都小于 $\overline{N}$，则将内部种群 P_t 与外部附属种群 P'_t 中的优良个体添加到新的外部附属种群 P'_{t+1} 中。

④ 检查是否达到最大循环代数($t \geqslant T$)。若没有达到，则继续进行步骤⑤；若达到则终止运算，获得 Pareto 最优前沿，并输出结果。

⑤ 通过复制外部附属种群 P'_{t+1} 生成新的内部种群 P_{t+1}。根据预先设定的交叉与变异概率对 P_{t+1} 中的个体进行交叉、变异操作，并令 $t=t+1$，转到步骤②。

(2) 外部档案的维护。SPEA2 的档案维护过程与 SPEA 有两点差异：档案大小适中是一个常数；档案维护避免了边界解被从档案中移除。具体流程如图 5.4 所示。

① 将种群 P_t 和外部档案 P'_t 的所有非劣解复制到 P'_{t+1} 中，如果 P'_{t+1} 的大小刚好等于 $\overline{N}$，则接受。

② 如果 $|P'_{t+1}|<\overline{N}$，则将 P_t 和 A_t 中最好的 $\overline{N}-|P'_{t+1}|$ 个受支配解加入 P'_{t+1} 中。

③ 如果 $|P'_{t+1}|<\overline{N}$，则不断地将档案 P'_{t+1} 中的解移去直到 $\overline{N}=|P'_{t+1}|$，在修剪

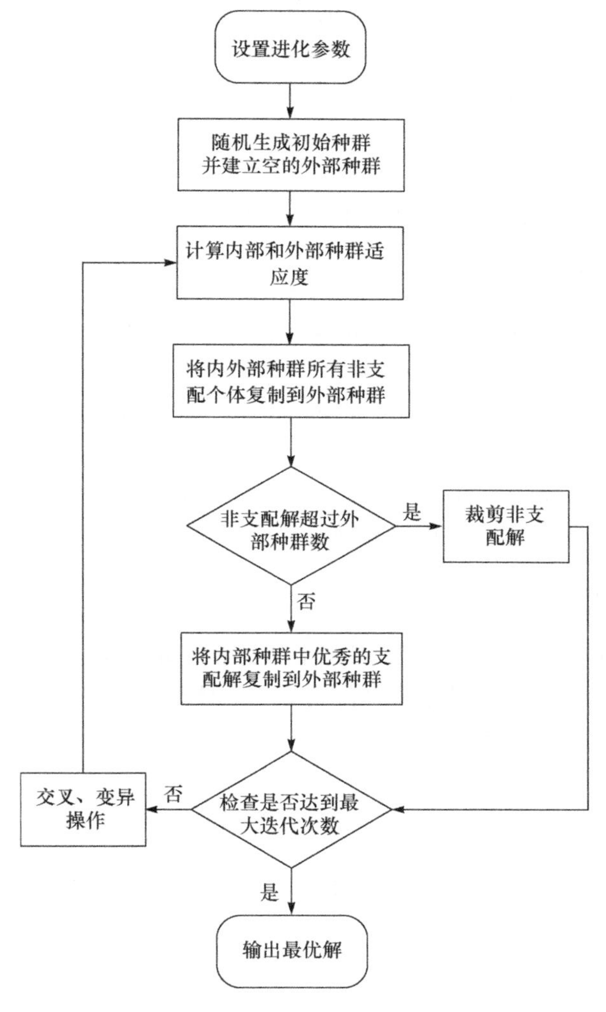

图 5.4　SPEA2 算法流程图

档案过程中，根据如下原则决定哪一个解将从档案中移除，如果个体 i 满足如下条件则将其剔除：对所有个体 j，$i<d_j$，其中 $i<d_j$ 当且仅当对于 $\forall\, 0<k<|P_{t+1}|$，$\sigma_i^k=\sigma_j^k$，或 $\forall\, 0<k<|P_{t+1}|$，$\sigma_i^k<\sigma_j^k$，且对于 $\forall\, 0<l<k$，$\sigma_i^l=\sigma_j^l$。

SPEA2 算法主要特点：

(1) 另外设置一个非支配集(non-dominated set，NDSet)，且其随种群的不断进化而更新；

(2) 用个体强度和个体间距离来对个体进行适应度赋值；

(3) 采用支配关系来维持群体的多样性；

(4) 采用聚类过程来降低 NDSet 的大小,并维持群体的多样性。

SPEA2 算法的优点在于可以取得一个分布度很好的解集,特别是在高维问题的求解上,这一点很明显。缺点在于其聚类过程保持多样性时间耗费很大,运行的效率不高。

5.4 改进型非支配排序遗传算法

5.4.1 经典的 NSGA-II 算法

NSGA-II 算法利用非支配排序策略和密度估计策略构造个体比较运算符,采用模拟二进制交叉和多项式变异算子进行交叉变异操作,通过选择截断策略淘汰劣势个体,将优势个体演化到下一代种群之中。NSGA-II 算法在进化终止时获得一个 Pareto 解集[3,8]。

本节所提出的 NSGA-II 算法对非支配排序策略、选择截断策略和交叉变异策略进行改进,用于提高算法优化解的搜索和分布性能。

5.4.2 改进的排序策略

本节提出的改进排序策略同时考虑个体的非支配排序层级及其周围的密度信息。首先,依据经典非支配排序策略得到每个个体的非支配排序层级 $r(i)$;其次,将每个个体的非支配排序层级和支配该个体的个体数目 $n(i)$ 相加,如式(5.2)所示:

$$m(i)=r(i)+n(i) \tag{5.2}$$

重新对加和后的数值 $m(i)$ 进行排序,得到每个个体的改进后非支配排序层级,如式(5.3)所示:

$$R(i)=\text{rank}\{m(1),\cdots,m(i),\cdots,m(\text{NP})\},\quad i=1,2,\cdots,\text{NP} \tag{5.3}$$

式中,$R(i)$ 为个体 i 的改进后非支配排序层级,rank() 为排序函数,NP 为种群规模。

以两目标优化问题为例,个体分布如图 5.5 所示,依据经典非支配排序策略,个体 a~e 位于第一层级,个体 A~C 位于第二层级。由图可知,个体 A 被个体 a、b 和 c 支配,个体 B 被个体 c、d 支配,个体 C 被个体 e 支配,利用改进排序策略可得个体 A、B、C 的改进排序值分别为 4、3、2。依据改进排序结果,个体周围密度最小的个体 C 比个体 A、B 具有更大的概率繁殖后代,说明改进排序策略有利于维持种群多样性。

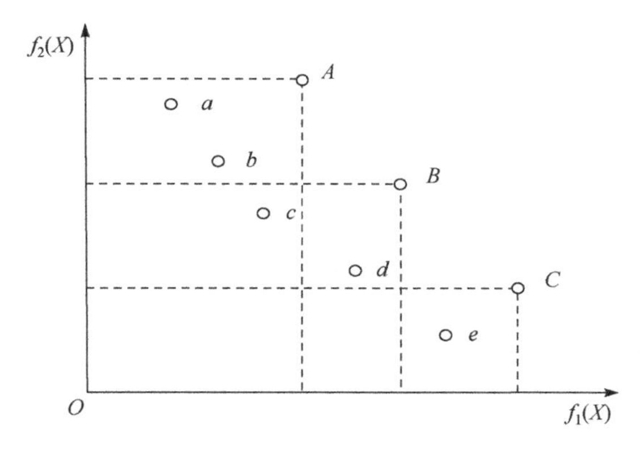

图 5.5　个体分布示意图

5.4.3　改进的选择截断策略

将第 t 代规模为 NP 的种群与规模为 NP/2 的新生成种群合并，对合并后规模为 3NP/2 的种群中所有个体运用改进排序策略，形成一系列集合 $F=F_1\cup F_2\cup\cdots\cup F_n$，$n$ 为排序层级数目，然后将规模为 3NP/2 的集合 F 进行选择截断，保留上半部分规模为 NP 的个体集，将其中个体演化到第 $t+1$ 代，与此同时，淘汰下半部分规模为 NP/2 的个体集。

经典 NSGA-II 算法中，定义比较运算符 $\prec$ 如下：

$$\text{If}(i_{\text{rank}}\prec j_{\text{rank}}) \text{ or } (i_{\text{rank}}=j_{\text{rank}} \text{ and } i_{\text{distance}}\succ j_{\text{distance}}) \quad \text{Then } i\prec j \tag{5.4}$$

其含义可描述为假定每个个体具有两个属性，即排序层级和拥挤距离，只要下面任意一个条件成立，则个体 i 占优：

(1) 个体 i 所处排序层级优于个体 j 所处排序层级；

(2) 两者具有相同的排序层级，且个体 i 较个体 j 拥有更大的拥挤距离。

将上述比较运算符用于选择截断过程，如图 5.6 所示，非支配排序层级较小的个体集可依次全部保存到下一代种群(过程 1)，而当保存某一层级的全部个体会发生下一代种群规模溢出时，将该层级中个体按照拥挤距离排序，并依次由大到小的顺序保存到下一代种群直至达到种群规模上限(过程 2)。按照拥挤距离排序的目的是保证层级中个体的多样性分布，但可能会导致密集分布的个体全部丢失。以两目标优化问题为例，个体分布如图 5.6 所示，假定个体 $a\sim i$ 全部位于同一层级，且只能保留 5 个个体。若按照经典选择截断方法，依据拥挤度排序，个体 a、b、g、h 和 i 将被保留，这些个体皆位于该层级的两端，这会导致被选择个体分布不均，影响种群多样性。

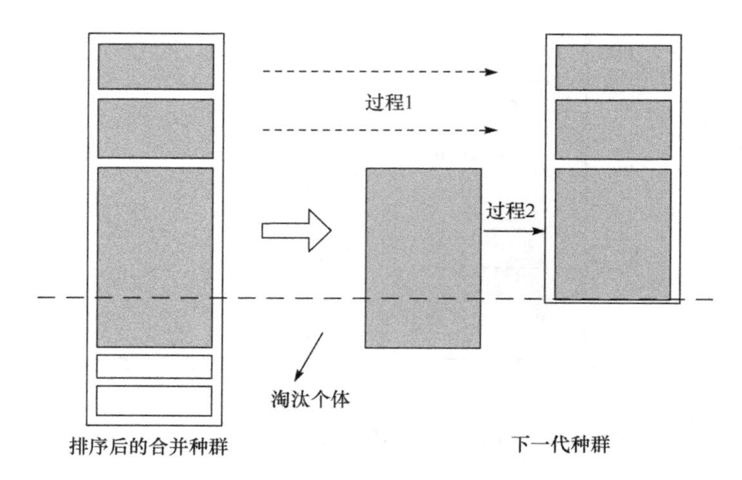

图 5.6　选择截断策略示意图

本章将凝聚层次聚类(hierarchical agglomerative clustering,HAC)方法加入改进的选择截断策略中,对上述被截断层级中的个体进行聚类,然后从不同的聚类集合中选择拥挤距离最大的个体进入下一代。由于聚类划分的结果就是同一类之间个体具有较大的相似性,不同的类之间个体具有较大的差异性,所以使用此种方法能更好地保持种群的多样性。本节中选用空间距离来衡量两个个体之间的相似性,距离度量方法选用欧氏距离。依据基于 HAC 的改进选择截断策略,以图 5.7 所示两目标优化问题为例,从同一层级个体 a~i 中选择保留 5 个个体。如图 5.7 所示,该层级个体被划分为 5 个类(Ⅰ~Ⅴ),从每个类中选择拥挤距离最大的个体,则个体 a、b、e、g 和 i 将被选择并保留到下一代种群。较之经典的选择截断策略,改进后的策略具有更均匀的分布性能[9-11]。

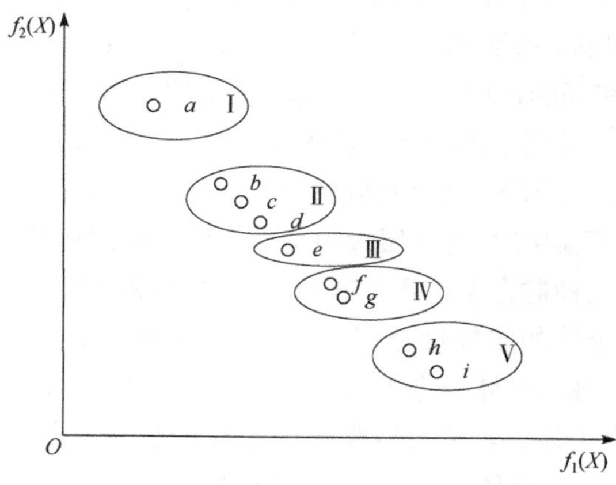

图 5.7　基于 HAC 的选择截断策略示意图

5.4.4　改进的变异与交叉策略

智能搜索算法的发展产生了多种变异交叉策略，为算法设计提供了多种思路，现分别对本节应用的变异和交叉操作进行说明。

1）变异操作

假设个体 i 由染色体矢量 $x_i=[u_{i1},u_{i2},\cdots,u_{iN_c}]^T$ 构成，其中 N_c 为每个个体中染色体的数目，则针对每个个体 $i(i=1,2,\cdots,NP)$，从种群中随机选择另外三组互不相同的染色体矢量 x_{r1}、x_{r2} 和 x_{r3}，并依据式(5.5)进行变异操作：

$$x_i'=x_{r1}+F\times(x_{r3}-x_{r2}) \tag{5.5}$$

式中，x_i'为个体 i 变异后的染色体矢量，变异因子 $F\in[0,2]$。

2）交叉操作

假设个体 i 由染色体矢量 $x_i=[u_{i1},u_{i2},\cdots,u_{iN_c}]^T$ 构成，变异后的个体 i 由 $x'=[u_{i1}',u_{i2}',\cdots,u_{iN_c}']^T$ 构成，交叉后的个体 i 由 $x''=[u_{i1}'',u_{i2}'',\cdots,u_{iN_c}'']^T$ 构成，则交叉操作可描述为

$$u_{ij}''=\begin{cases}u_{ij}, & \text{rand}(j)\geqslant CR\\ u_{ij}', & 其他\end{cases},\quad j=1,2,\cdots,N_c \tag{5.6}$$

式中，rand(j)为$[0,1]$区间的随机数，交叉因子 $CR\in[0,1]$。

5.4.5　最优解的选取

通过 NSGA-II 算法得到了 Pareto 解集之后，还需要根据决策者的偏好选取最优解。本节将模糊集理论应用于 Pareto 解集的每个目标值来获取模糊隶属度，通过隶属度大小反映决策者对该目标优化的满意程度，再综合各目标函数的模糊隶属度求取最优解。

首先，遍历 Pareto 解集，针对每个目标函数选取其最大值 $F_i^{\max}$ 和最小值 $F_i^{\min}$；其次，利用式(5.7)计算 Pareto 解集中第 k 个解针对第 i 个目标的隶属度 μ_i^k，即

$$\mu_i^k=\begin{cases}1, & F_i=F_i^{\min}\\ \dfrac{F_i^{\max}-F_i}{F_i^{\max}-F_i^{\min}}, & F_i^{\min}<F_i<F_i^{\max}\\ 0, & F_i=F_i^{\max}\end{cases} \tag{5.7}$$

最后，多目标优化的最优解可由各单个优化目标值的隶属度值加权得到。考虑三个目标等权重，则式(5.8)中 μ^k 所得的最大值所对应 Pareto 解，即该次优化的最优解。

$$\mu^k = \frac{\sum_{i=1}^{N_{\text{obj}}} \mu_i^k}{\sum_{k=1}^{\text{NP}} \sum_{i=1}^{N_{\text{obj}}} \mu_i^k}, \quad k = 1,2,\cdots,\text{NP} \tag{5.8}$$

式中，N_{obj}为优化目标个数，NP 为 Pareto 解集中解的数目。

5.5 应用案例

5.5.1 基于 NSGA-II 算法的分布式电源选址定容优化

分布式电源(DG)以其能源种类多样、成本低廉、有利于提高系统稳定性等优点，成为现代配电系统的重要组成部分。在接入 DG 的同时，配电网络的潮流分布、短路电流和线路损耗等网络运行参数和性能指标会因 DG 的接入而发生改变，其改变的程度取决于 DG 的安装位置与容量。随着我国电力需求的不断增长和电能质量要求的不断提升，现代配电网将会有大量 DG 接入。因此，对接入配电网的 DG 进行优化选址与定容，研究配电网在接入 DG 后的网络重构所引起的运行参数和性能指标的变化，对保证配电网经济与安全运行具有重要意义。

DG 的选址定容优化问题在数学角度上是一个组合优化问题，具有变量离散、非线性等特点。与解析算法相比，智能算法对解决控制变量离散的优化问题具有优势，其扩展性和适用性更为优秀，适用于解决 DG 选址定容等规划期问题。

本节首先研究配电网 DG 选址定容优化模型，其次提出基于 NSGA-II 算法的配电网 DG 选址定容优化求解方法。NSGA-II 算法是一种经典的多目标进化算法(multi-objective evolutionary algorithm，MOEA)，其对 NSGA 进行了改进，增加了精英保留策略，引入了拥挤距离作为密度估计策略并提出快速非支配排序策略，解决了 NSGA 参数选取困难和运行效率低等缺点。为了提高种群收敛性、加强全局搜索能力，本节提出一种改进的 NSGA-II 算法，并把该算法用于 DG 选址定容的问题求解中。

1. DG 选址定容问题模型

从配电网络经济性、安全性以及电压质量多方面考虑，本节建立包含配电网有功损耗最小、电压稳定裕度最大及节点电压偏差最小的多目标 DG 优化配置模型。

1) 网络有功损耗最小

系统有功损耗最小的表达式为

$$\min F_1(x) = \min P_{\text{Loss}} = \sum_{k=1}^{N_b} (V_i^2 + V_j^2 - 2V_iV_j\cos\theta_{ij})g_{ij} \tag{5.9}$$

式中，V_i、V_j 为线路两端电压幅值，θ_{ij} 为线路两端电压相角差，g_{ij} 为线路导纳的实部，N_b 为系统支路数目。

2）电压稳定裕度最大

随着配电网负荷的增大，高峰负荷会造成系统电压不稳定，极大地影响配电网的安全运行。可定义配电网支路 b_{ij} 的电压稳定指标 L_{ij}：

$$L_{ij}=4[(P_jX_{ij}-Q_jR_{ij})^2+(P_jR_{ij}+Q_jX_{ij})V_i^2]/V_i^4 \tag{5.10}$$

式中，P_j、Q_j 分别为线路末端流经的有功、无功功率，R_{ij}、X_{ij} 分别线路电阻、电抗，V_i 为首端节点电压幅值。L_{ij} 值描述支路电压的不稳定程度，整个配电系统稳定指标可取值为系统中最恶劣的支路电压稳定指标：

$$L=\max(L_1,L_2,\cdots,L_{N_b}) \tag{5.11}$$

当 $L=1$ 时，系统处于临界崩溃状态，利用 L 与 1.0 的距离来度量系统电压稳定裕度，其可定义为

$$M=1-L \tag{5.12}$$

由上述推导可知，系统电压稳定裕度最大等价于系统电压稳定指标最小，故电压稳定裕度最大可描述为

$$\min F_2(x)=\min L \tag{5.13}$$

3）节点电压偏差最小

节点电压是衡量配电网电能质量的重要指标，电压偏差目标函数可描述为

$$\min F_3(x)=\sum_{i=1}^{N}\left(\frac{V_i-V_i^{\text{spec}}}{V_i^{\max}-V_i^{\min}}\right)^2 \tag{5.14}$$

式中，V_i^{spec} 为节点 i 期望电压幅值，$V_i^{\max}$ 和 $V_i^{\min}$ 分别为节点 i 的电压上限和下限，V_i 为节点 i 的实际电压幅值，N 为配电系统节点数目。

2. 优化问题模型建立

结合目标函数和约束，DG 选址定容优化问题可描述为

$$\min[F_1(x),F_2(x),F_3(x)] \tag{5.15}$$

$$\text{s.t.}\ h_i(x)=0,\quad i=1,\cdots,n_e \tag{5.16}$$

$$g_i(x)\leqslant 0,\quad i=1,\cdots,n_{\text{ine}} \tag{5.17}$$

式中，n_e 为等式约束数目，n_{ine} 为不等式约束数目，x 为优化问题的独立控制变量。此处 DG 采用具有稳定输出功率的 PQ 型电源，功率因数一定，独立控制变量为各 DG 的接入位置及接入容量。其中，接入位置采用整数编码，接入容量采用实数编码，控制变量混合编码方案可表达为

$$x^{\mathrm{T}}=[\mathrm{Loc}_{\mathrm{DG}_1},P_{\mathrm{DG}_1},\cdots,\mathrm{Loc}_{\mathrm{DG}_{\mathrm{N\_DG}}},P_{\mathrm{DG}_{\mathrm{N\_DG}}}] \tag{5.18}$$

式中，N_DG 为系统允许接入 DG 的最大数目。

等式约束可通过潮流计算来保证，不等式约束中 DG 出力约束通过控制变量的上下限限定来保证，其他约束可通过罚函数的形式引入前面所述的各目标函数

中得到新的目标函数值 F'_k，其可表达为

$$\min F'_k(x) = F_k(x) + \omega_1 \sum_{i=1}^{N} \left(\frac{\Delta V_i}{V_i^{\max} - V_i^{\min}}\right)^2 + \omega_2 \sum_{i=1}^{N_b} \left(\frac{\Delta S_i}{S_i^{\max} - 0}\right)^2 + \omega_3 \left(\frac{\Delta P_{DG}}{0.25 \sum S_{load} - 0}\right)^2, \quad k = 1,2,3 \tag{5.19}$$

式中，ΔV_i、ΔS_i 和 ΔP_{DG}分别为节点电压、线路功率和 DG 接入有功容量的越限值，ω_1、ω_2 和 ω_3 分别为其越界惩罚系数。

3. 算例分析与比较

以 IEEE 33-bus 配电系统为例进行 DG 优化配置。DG 待选安装节点编号为 1～32，共 32 个节点，DG 最大接入数目为 2 个，单个 DG 接入有功容量范围为 0.2～1.0MW，DG 采用具有稳定输出功率的 PQ 型电源，功率因数为 0.95，配电网最大渗透率设置为 25%。利用 MATLAB 编写程序，运行环境为 Intel i5 3210M 2.5GHz 处理器，4GB RAM。

INSGA-II 算法参数设置如下：种群规模 NP＝200，最大进化代数 $T_{\max}$＝100，变异因子 F＝0.8，交叉因子 CR＝0.8，惩罚因子 ω_1＝50、ω_2＝50 和 ω_3＝50。优化计算后可得 IEEE 33-bus 配电系统 DG 选址定容优化结果如图 5.8 所示。

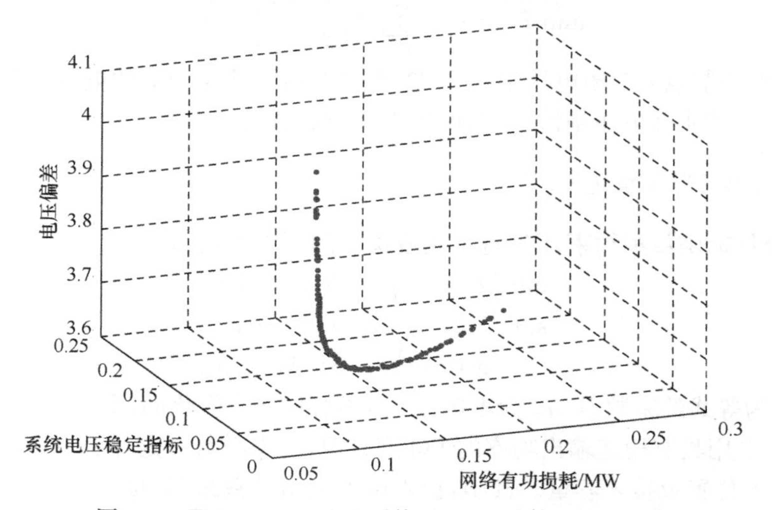

图 5.8　IEEE-33-bus 配电系统 INSGA-II 算法优化解集

从不同角度观察优化解集分布，可得目标函数两两之间的关系，如图 5.9 所示。网络损耗和系统电压稳定指标优化结果呈斜率为正的直线，说明网络损耗最小化和系统电压稳定指标最小化具有协同关系。当某个解对应的网络损耗具有较低的数值时，其对应的系统电压稳定指标也较低。由图 5.9 可知，最小化网络损耗

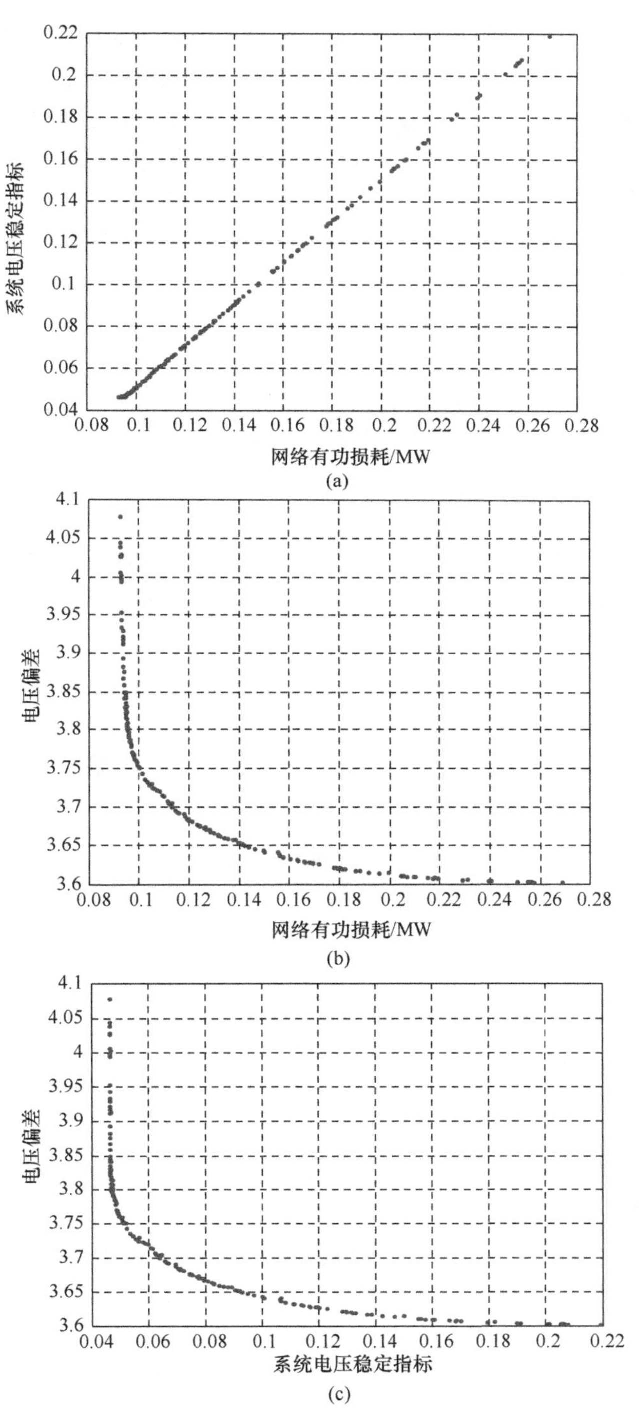

图 5.9　优化结果目标函数之间的关系

和最小化电压偏差两个目标具有互斥关系。当某个解对应的网络损耗具有较低的数值时,其对应的电压偏差较大,意味着追求一方面的优化需要以另一方面为代价。系统电压稳定指标与电压偏差也具有互斥的关系。通过分析优化结果目标函数之间的关系可知,决策者需要根据DG接入配电网的实际情况,通过目标函数偏好设置,从优化解集中选择适当的妥协解,作为最终的DG选址定容优化方案。

为了研究不同优化方案对电网的影响,选取以下5个方案进行比较:

(1) 初始情况,即无DG接入;

(2) 以系统有功损耗最小为优化目标;

(3) 以电压稳定裕度最大为优化目标;

(4) 以电压偏差最小为优化目标;

(5) 综合考虑各优化目标获得最佳妥协解。

分别按照方案1～5进行DG选址定容优化求解,其DG规划方案和相应的目标函数值如表5.1所示。未接入DG时,三个目标函数都呈现较高的数值。当考虑单个优化目标值最小时,方案2～4中有功网损、电压稳定指标和电压偏差值分别可以取得0.0925MW、0.0463和3.6032,但方案2和3中电压偏差比方案4中电压偏差增长12.4%,方案4中有功网损比未接入DG时还要恶劣,比方案2中有功网损增长192.4%。方案5综合考虑各优化目标,利用模糊隶属度获得最佳妥协解,其三个目标函数值分别比最小值增长10.0%、14.1%和3.5%,且分别比未接入DG时减少49.3%、27.7%和68.1%,实现了三个目标的统筹规划。

表5.1 DG规划方案及优化结果

编号	DG规划方案				有功网损/MW	电压稳定指标	电压偏差
	位置1	容量/MW	位置2	容量/MW			
1	—	—	—	—	0.2027	0.0746	11.7102
2	15	0.4152	31	0.5140	0.0925	0.0463	4.0501
3	15	0.4152	31	0.5140	0.0925	0.0463	4.0501
4	17	0.6024	32	0.3794	0.2704	0.2209	3.6032
5	17	0.5161	32	0.4232	0.1028	0.0539	3.7347

图5.10显示了按照方案1～5所得配置方案接入DG后,IEEE 33-bus配电系统各节点电压幅值变化情况。由图可知,DG接入可以有效提高电压质量较差节点处电压的幅值。方案2和3所得优化结果在节点5～17处电压幅值低于方案4,在节点26～32处电压幅值高于方案4。而方案5优化结果电压幅值介于方案2、3和4所得结果之间,体现了该方案折中的意义。

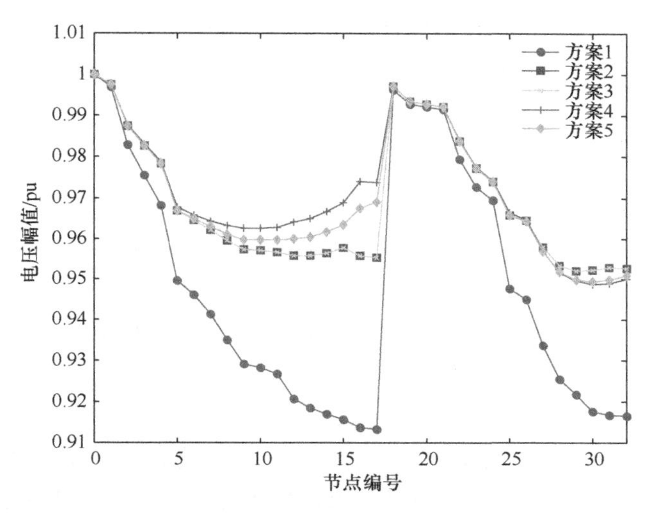

图 5.10　IEEE 33-bus 配电系统电压幅值

为了比较多目标优化算法的性能，将其他几种广泛应用的多目标进化算法 SPEA2、NSGA-II、DEMO 与本章提出的 INSGA-II 算法同时应用于 IEEE 33-bus 配电系统算例。各算法种群规模和最大迭代次数设置与 INSGA-II 算法一致。各算法独立运行 30 次，每个算法可以获得 30 组优化解集。对不同算法获得的 Pareto 解集从 C 指标和外部解两个方面进行比较。

1）C 指标

C 指标描述了两个 Pareto 解集之间的相对覆盖率，对于两个解集 X' 和 X''，C 指标计算公式为

$$C(X',X'')=\frac{|\{a''\in X'';\exists a'\in X':a'\prec a''\}|}{|X''|} \tag{5.20}$$

$C(X',X'')$ 描述 X'' 中有多少比例的解被 X' 支配，若 $C(X',X'')\geqslant C(X'',X')$，则称解集 X' 占优。本节实验中，任意选择两个算法，将第一个算法获得的 30 组优化解集依次与第二个算法获得的 30 组优化解集进行比较，统计其 C 指标，再分别统计两个算法所得解集 C 指标的占优比例。统计结果如表 5.2 所示，本章提出的 INSGA-II 算法相对于 NSGA-II、DEMO 和 SPEA2 三种算法 C 指标占优的比例分别为 58%、63% 和 85%，可知 INSGA-II 算法所得解集相对于其他三种算法所得解集具有更强的支配能力，说明其具有更好的寻优能力，所得优化解集具有更佳的 Pareto 前沿。四种多目标进化算法按照 C 指标统计结果排序，其优劣顺序先后为 INSGA-II、NSGA-II、DEMO 和 SPEA2。

表 5.2　MOEA 算法 C 指标占优比例统计

算法	INSGA-II	NSGA-II	DEMO	SPEA2
INSGA-II	—	58%	63%	85%
NSGA-II	41%	—	53%	96%
DEMO	36%	46%	—	82%
SPEA2	15%	4%	18%	—

2）外部解

外部解为 Pareto 前沿中某一目标分量为最优值的解，第 k 代对应于第 l 个目标分量的外部解 $s_l^{(k)}$ 可描述为

$$s_l^{(k)}=\{x_i \mid \forall x_j \in X^{(k)}: f_l(x_i) \leqslant f_l(x_j)\} \tag{5.21}$$

式中，$X^{(k)}$ 为第 k 代优化解集，$f_l(x_i)$ 为解 x_i 对应的第 l 个目标分量的值。分析外部解的进化过程和最终代目标函数值，可以比较算法之间的寻优速度和鲁棒性。

各优化算法独立运算 30 次得到的电压偏差外部解平均值的进化过程如图 5.11 所示。由图可知，四种算法在进化 35 代后都收敛到相同的最小值，说明四种算法都不存在早熟现象。在进化过程 1～5 代时，INSGA-II 算法外部解对应目标函数值下降速度最快，体现了最好的寻优能力；在进化过程 5～10 代时，NSGA-II 算法表现更为出色；而在进化过程 10～30 代，INSGA-II 算法再次体现出最佳寻优能力。易知，INSGA-II 算法在寻优速度上具有优势。

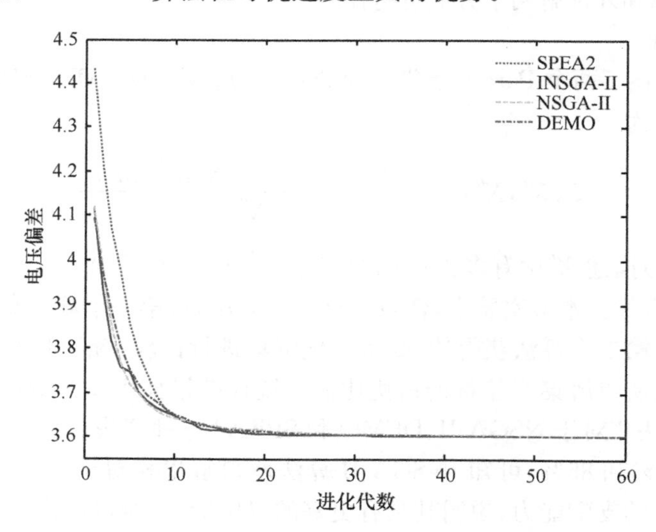

图 5.11　电压偏差外部解的进化过程

统计四种算法各运行 30 次获得的优化解集中各目标函数分量上的最终代外部解对应的目标函数值，如图 5.12 所示，其分布结果可用盒须图描述。盒须图是

用来反映样本分布情况的常用图例，由中心线、矩形、延伸线和异常值构成。其中矩形覆盖的部分分布着 50%的样本，矩形的上下边沿分别表示样本分布的上下四分位数，中心线表示样本的中位数，延伸线的末端表示除异常值之外样本最大及最小值。由图 5.12 可知，SPEA2 算法具有最小的中位值和最温和的异常值。其他三种算法具有相似的中位值，其中 NSGA-II 算法具有较温和的异常值。图 5.12(b)显示了四种算法求取电压稳定指标最终代外部解的性能，由图可知，NSGA-II 算法在中位值和异常点两方面都表现较差。图 5.12 显示了四种算法求取电压偏差最终代外部解的性能，由图可知，NSGA-II 算法结果分布较为集中且数值较小，有少量温和的异常值。

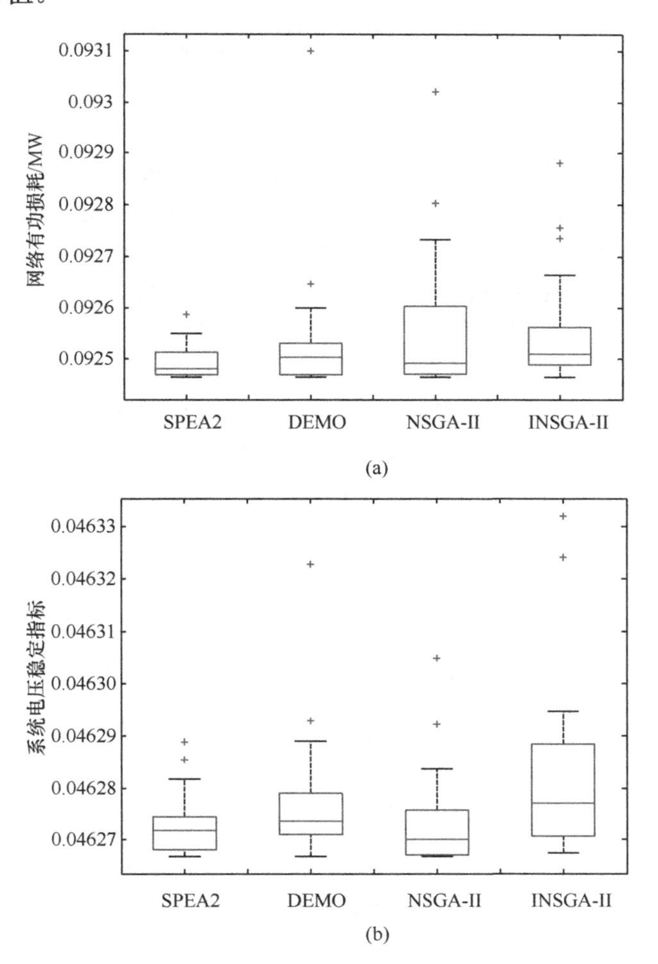

(a)

(b)

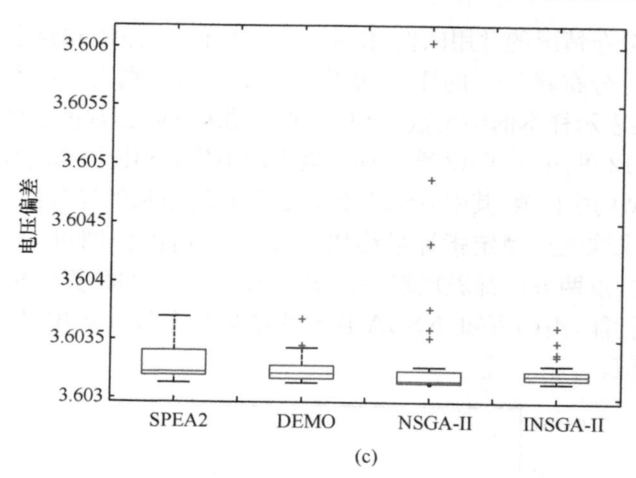

(c)

图 5.12 最终代外部解盒须图

为了体现多目标进化算法在多目标优化问题中的求解优势，现应用遗传算法(genetic algorithm，GA)和粒子群(partial swarm optimization，PSO)算法对 IEEE 33-bus 配电系统进行 DG 选址定容优化求解。首先将前文所述的三个目标函数利用模糊集理论进行模糊化，再等权重的累加为单目标函数，从而将多目标优化问题转化为单目标优化问题进行求解。遗传算法交叉概率为 0.9，变异概率为 0.25，PSO 算法社会因子 c_1 和认知因子 c_2 都取 1.49445，粒子速度权重 $\omega\in[0.4,0.9]$且随进化代数逐渐降低。两种算法种群规模都设置为 200，最大进化代数为 100。将优化结果与由 INSGA-II 算法得到的 Pareto 解集优化结果放置于同一个空间进行比较，如图 5.13 所示，两种算法优化结果都位于 Pareto 前沿上。

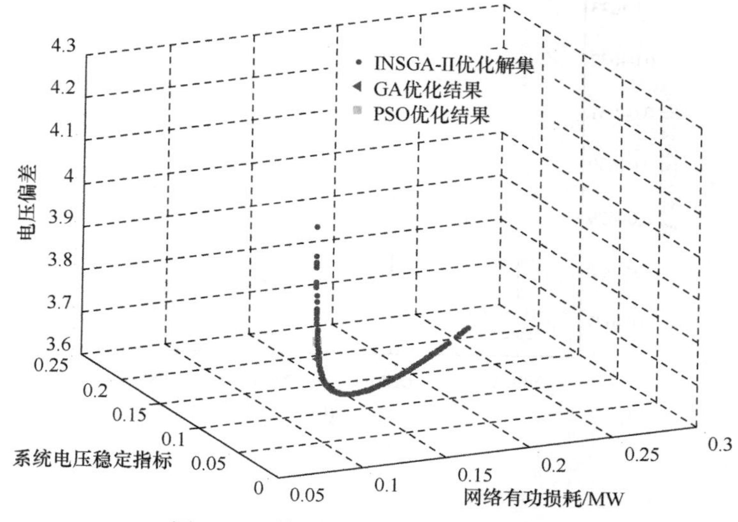

图 5.13 单/多目标优化算法结果对比

该实验结果一方面证实了 INSGA-II 算法得到的解集具有良好的非支配性，另一方面，也显示了利用 INSGA-II 算法获得 Pareto 解集求解优化问题的优越性。当各目标函数权重发生变化时，单目标优化算法需要调整目标函数重新进行优化，而多目标优化算法只需调整最优解选择策略，从 Pareto 解集中重新选取最优解即可，从而体现了 INSGA-II 算法解决 DG 选址定容问题的灵活性和方便性。

为了验证本章提出的 INSGA-II 算法在较大规模及弱环状配电网中的计算性能，现对 292、588 和 1180 节点弱环状配电系统进行 DG 选址定容优化计算，并针对 588 和 1180 节点系统使用不同种群规模和进化代数，用以测试算法性能。其详细参数及优化结果如表 5.3 所示。

表 5.3　较大规模配电网系统 DG 选址定容问题 INSGA-II 算法优化结果

案例	系统	系统有功负荷/MW	最大DG数目	种群规模	进化代数	优化时间/s	优化前后结果			
								网络损耗/MW	稳定指标	电压偏差
1	33节点	3.715	2	200	100	33.49	优化前	0.202	0.0746	11.70
							优化后	0.095	0.0462	3.74
2	292节点	11.2557	6	200	100	42.48	优化前	0.862	0.0177	73.48
							优化后	0.432	0.0131	31.57
3	588节点	15.8306	10	200	100	48.56	优化前	1.619	0.0116	250.09
							优化后	0.711	0.0078	90.27
4	588节点	15.8306	10	300	200	198.30	优化前	1.619	0.0116	250.09
							优化后	0.724	0.0079	92.49
5	1180节点	22.2064	15	200	100	73.99	优化前	3.094	0.0076	863.95
							优化后	1.040	0.0044	217.25
6	1180节点	22.2064	15	400	200	420.92	优化前	3.094	0.0076	863.95
							优化后	1.019	0.0043	206.54

分析案例 1～6 可知，优化后各个配电网在三个目标上较优化前都有显著改善，且随着系统规模的增大和 DG 接入数目的增加，优化效果体现得更加明显。分析案例 1、2、3 和 5 可知，对于相同的种群规模和进化代数，更大规模的系统，需要更多的计算时间，其增加的时间主要用于满足更大规模的潮流计算开销。分析案例 3、4 和案例 5、6 可知，种群规模的扩展和进化代数的增加对于优化结果并无明显影响，说明种群规模设置为 200、进化代数设置为 100 可以满足绝大部分配电网 DG 规划问题的求解需要，也说明本章所提的 INSGA-II 算法对于节点规模具有较强的鲁棒性。

5.5.2　基于 NSGA-II 算法的分布式电源与微电网分组协调优化

1. DG/MG 混合供电系统与典型运行模式

中、小容量的 DG 一般采用直接接入配电网的方式进行供电，DG 输出功率的波动取决于自然条件的变化，当 DG 渗透率较高时，对系统潮流分布、无功调节、电能质量等的影响可能会威胁配电网的安全稳定运行。同时，由于 DG 不具备离网独立运行能力，当主电网发生故障时，各 DG 必须退出运行，供电可靠性较低。

为了提高供电的可靠性，可增加储能设备，将 DG、负荷以及储能组成微电网，然后微电网并网，形成集中对外供电的模式。当主电网故障时，储能采用电压型控制策略，为孤岛系统提供电压和频率的支撑，使得系统在离网状态下具备独立运行的能力。但这种集中模式对于储能的容量、短时放电功率、爬坡率等指标要求较高，同时微电网的建设成本将大幅提高，系统的维护费用也相应增长，控制难度加大，二次故障停电风险较大。

基于此，本节提出 DG/MG 混合集成方案，将 DG 进行分组，一部分 DG 直接并入配电网，另一部分 DG、负荷和储能构成 MG 后接入配电网，如图 5.14 所示。混合集成模式的优势在于其在考虑 MG 供电可靠性高等优点的同时，考虑投资成本、控制难度等约束，维持适当规模的 DG、MG，可以合理分层分区配置风光资源及满足负荷需求，同时运行方式具有多样性、灵活性以及较强的适应性[12]。

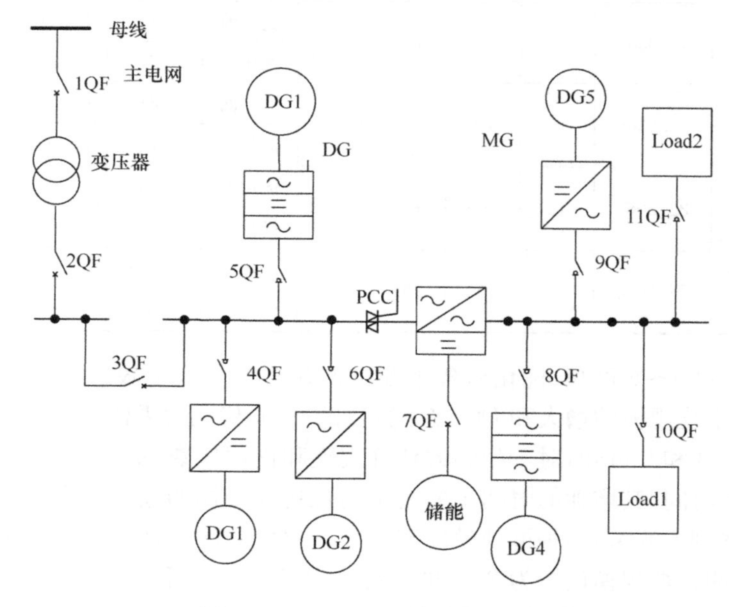

图 5.14　DG/MG 混合供电系统

根据运行时可能会遇到的故障及检修等不同情况，DG/MG 混合具有多种运行模式。根据运行场景划分，典型的供电模式如表 5.4 所示。从表中可看出，当故障发生在 MG 区内时，可以有限地断开公共连接点（point of common coupling, PCC），将 MG 区域停运，不至于大范围停电；当故障发生在 MG 区外时，MG 进入孤岛运行状态，保证 MG 内部供电。其他检修与储能主动充放电期间，不影响正常供电。

表 5.4　不同情况下典型运行模式

运行模式	运行情况	运行场景
1	主电网、DG、MG 均正常运行	主电网、MG、DG 正常
2	MG 外 DG 并网运行，MG 停运	MG 区内故障
3	MG 离网运行，MG 外 DG 并网运行	储能主动充放电
4	MG 离网运行	MG 外故障

2. DG/MG 混合供电系统配置优化模型

DG/MG 混合供电系统的核心问题在于合理配置 MG 区域内外的 DG、负荷以及储能，本节将该问题转化为满足约束条件的多目标优化数学模型进行求解。

由上述分析可知，DG 与 MG 在规划建设时主要的区别体现在投资成本与供电模式方面，MG 需要增加储能设备的投入，且储能的配置容量应与 MG 建设的容量成正比，同时 MG 建设需要增加额外的控制设备、无功补偿以及谐波治理单位，投资成本成为制约 DG 与 MG 规划时的重要考虑因素。同时，为了体现 MG 供电可靠性高的特点，本节引入了负荷失电期望值并将其作为目标函数之一。

1）目标函数

（1）投资成本 F_{m}。假设光伏的分组数为 N_{pv}，风力发电机的分组数为 N_{wind}，负荷的分组数为 N_{l}，储能点的个数为 N_{es}，则投资成本的数学表达式为

$$\min F_{\mathrm{m}} = \min\left[\sum_{p=1}^{N_{\mathrm{es}}} C_{\mathrm{ES}} P_{\mathrm{storage.}p} + \sum_{i=1}^{N_{\mathrm{pv}}} C_{\mathrm{PV}} P_{\mathrm{pv.}i} + \sum_{j=1}^{N_{\mathrm{wind}}} C_{\mathrm{wind}} P_{\mathrm{wind.}j} + C_{\mathrm{MG}}\right] \tag{5.22}$$

式中，C_{ES} 为单位容量储能的投资成本；$P_{\mathrm{storage.}p}$ 为第 p 组储能的容量；C_{PV} 为单位容量光伏的投资成本；$P_{\mathrm{pv.}i}$ 为第 i 组光伏的容量；C_{wind} 为单位容量风电的投资成本；$P_{\mathrm{wind.}j}$ 为第 j 组风电的容量；微电网建设成本用 $C_{\mathrm{MG}}=aS_{\mathrm{MG}}+b$ 表示，S_{MG} 为微电网的容量规模，包括负荷、DG 和储能的容量和，a 表示微电网建设容量与建设成本的比例，主要包含控制设备、无功补偿设备、谐波治理设备的综合单位成本，b 表示微电网建设的固定成本。

（2）系统电量不足期望 E_{m}。为了体现 MG 供电比 DG 直接供电在可靠性方

面的差别，从用户侧考虑，引入负荷失电期望值作为目标函数之一。

① 对于处于 MG 区域内的负荷，从表 5.4 中可以看出，只有在运行模式 2 下才会停(失)电，即微电网区域内负荷停电的条件为：MG 区内线路故障，或孤岛运行时储能故障。

假设微电网内部的线路概率为 $p_{\text{Line. in}}$，微电网运行于孤岛状态的概率为 p_{island}，储能设备的故障率为 p_{es}，则 MG 内负荷失电的概率可以表示为

$$p_{\text{in}}=p_{\text{Line. in}}+p_{\text{es}}\cdot p_{\text{island}} \tag{5.23}$$

② 对于处于 MG 区域外的负荷，在运行模式 4 的情形下会停(失)电，即微电网区域外负荷停电的条件为：MG 外线路发生故障，或主电网故障。

假设 MG 区外线路故障概率为 $p_{\text{Line. out}}$，主电网故障概率为 p_{system}，则 MG 区外负荷失电的概率为

$$p_{\text{out}}=p_{\text{Line. out}}+p_{\text{system}} \tag{5.24}$$

因此，负荷失电期望值目标函数为

$$\begin{aligned}\min E_{\text{m}}&=\min\{p_{\text{in}}\cdot P_{\text{L. MG}}+p_{\text{out}}\cdot(P_{\text{TL}}-P_{\text{L. MG}})\}\\&=\min\left\{p_{\text{in}}\cdot\sum_{x_{\text{L.}i}\geqslant x_{\text{ES}}}^{x_{\text{L.}N_1}}P_{\text{L.}i}+p_{\text{out}}\cdot\left(P_{\text{TL}}-\sum_{x_{\text{L.}i}\geqslant x_{\text{ES}}}^{x_{\text{L.}N_1}}P_{\text{L.}i}\right)\right\}\end{aligned} \tag{5.25}$$

式中，$P_{\text{L. MG}}$为接入 MG 区域内的负荷总量；P_{TL}为系统负荷总量；$x_{\text{L.}i}$为第 i 组负荷接入的节点位置；$P_{\text{L.}i}$为接入 $x_{\text{L.}i}$ 节点的负荷值；x_{ES}为储能接入的节点位置，N 为节点数目，$x_{\text{ES}}\sim N$ 区域为 MG 区域，$x_{\text{L.}i},x_{\text{ES}}\in[2,N]$。

(3) 网损 F_{loss}。为了使规划方案获得良好的运行性能，本节选取网损目标函数作为 DG/MG 容量比分配后，DG、负荷和储能接入位置的优化目标。

$$\min F_{\text{loss}}=\min\sum_{(i,j)\in[1,N]}G_{ij}(V_i^2+V_j^2-2V_iV_j\cos\theta_{ij}) \tag{5.26}$$

式中，G_{ij}为支路 ij 的导纳；V_i为节点 i 的电压；V_j为节点 j 的电压；θ_{ij}为电压相位差。

2) 约束条件

(1) 等式约束。

① 潮流方程为

$$\begin{cases}P_i=V_i\sum\limits_{j=1}^{n}V_j(G_{ij}\cos\theta_{ij}+B_{ij}\sin\theta_{ij})\\Q_i=V_i\sum\limits_{j=1}^{n}V_j(G_{ij}\sin\theta_{ij}-B_{ij}\cos\theta_{ij})\end{cases} \tag{5.27}$$

式中，P_i 和 Q_i 为 i 节点注入的有功和无功功率，V_i 和 V_j 分别为 i 和 j 节点的电压幅值，G_{ij} 和 B_{ij} 为线路导纳的实部和虚部。

② 分布式电源和负荷设计容量约束为

$$光伏设计容量:\sum_{i=1}^{N_{pv}} P_{pv.i} = P_{TPV} \tag{5.28}$$

$$风电设计容量:\sum_{j=1}^{N_{wind}} P_{wind.j} = P_{TW} \tag{5.29}$$

$$负荷设计容量:\sum_{d=1}^{N_L} P_{L.d} = P_{TL} \tag{5.30}$$

式中,P_{TPV}和 P_{TW}分别为光伏和风电的设计总量;$P_{L.d}$为第 d 组负荷容量;P_{TL}为负荷的设计总量。

(2) 不等式约束。

① 支路功率约束为

$$S_k \leqslant S_k^{max} \tag{5.31}$$

式中,S_k 为线路 k 的视在功率;S_k^{max} 为线路功率极限值;$k \in [1, N_b]$,N_b 为支路数目。

② 系统中 DG 渗透率约束为

$$\sum_{i=1}^{N_{pv}} P_{pv.i} + \sum_{j=1}^{N_{wind}} P_{wind.j} \leqslant \lambda \cdot S_{TL} \cdot \eta \tag{5.32}$$

式中,S_{TL}为系统短路容量;η 为功率因素;λ 为 DG 的渗透率取值,由于部分或全部 DG 以 MG 形式并网,所以可以适当提高渗透率 λ 的取值,此处取 0.25。

③ 微电网内储能配置容量约束为

$$\lambda' P_{L.MG} \leqslant P_{ES} \leqslant P_{ES}^{max} \tag{5.33}$$

式中,$P_{L.MG}$为接入微电网区域内的负荷总量,P_{ES}为接入储能的容量,λ'为储能配置容量下限比例系数,P_{ES}^{max}为储能容量上限。

④ 微电网内有功功率平衡约束为

$$P_{ES} + P_{pv.MG} + P_{wind.MG} - P_{L.MG} \geqslant \varepsilon \tag{5.34}$$

$$P_{pv.MG} = \sum_{x_{pv.i} \geqslant x_{ES}}^{x_{pv.N_{pv}}} P_{pv.i}, P_{wind.MG} = \sum_{x_{wind.i} \geqslant x_{ES}}^{x_{wind.N_{wind}}} P_{wind.i} \tag{5.35}$$

式中,$P_{pv.MG}$为微电网内光伏的总容量;$P_{wind.MG}$为微电网内的风电总容量;ε 为有功备用容量;$x_{pv.i}$ 为第 i 组光伏的接入节点位置,$P_{pv.i}$ 为节点 $x_{pv.i}$ 处光伏的容量;$x_{wind.i}$为第 i 组风电的接入节点位置,$P_{wind.i}$为节点 $x_{wind.i}$处风电的容量。

⑤ 分布式电源出力约束为

$$P_{DG.i}^{min} \leqslant P_{DG.i} \leqslant P_{DG.i}^{max} \tag{5.36}$$

$$Q_{DG.i}^{min} \leqslant Q_{DG.i} \leqslant Q_{DG.i}^{max} \tag{5.37}$$

式中,$P_{DG.i}$和 $Q_{DG.i}$分别为分布式电源 i 输出的有功和无功;P_{DG}^{max}、P_{DG}^{min} 和 Q_{DG}^{max}、Q_{DG}^{min}

分别为DG有功和无功出力的上、下限值。

⑥ 节点电压偏差约束为

$$V_i^{\min} \leqslant V_i \leqslant V_i^{\max} \tag{5.38}$$

式中，V_i 为节点 i 的电压；$V_i^{\min}$、$V_i^{\max}$ 为节点 i 电压幅值的上、下限值。

⑦ 分布式电源与负荷分组约束如下。

DG分组组数约束为

$$0 \leqslant N_{\mathrm{pv}} \leqslant N_{\mathrm{pv}}^{\max}, \quad 0 \leqslant N_{\mathrm{wind}} \leqslant N_{\mathrm{wind}}^{\max} \tag{5.39}$$

负荷分组组数约束为

$$0 < N_{\mathrm{l}} < N_{\mathrm{l}}^{\max} \tag{5.40}$$

式中，$N_{\mathrm{pv}}^{\max}$、$N_{\mathrm{wind}}^{\max}$、$N_{\mathrm{l}}^{\max}$ 分别为光伏、风电和负荷的最大分组数。

3. 基于NSGA-II算法的配置方案求解步骤

求解DG、负荷和储能的配置问题可以转化为求满足等式约束和不等式约束的目标函数最小值的优化模型，数学表达如下：

$$\begin{aligned} &\min f(x,r(x)) = \min\{f_1(x,r(x)), f_2(x,r(x)), f_3(x,r(x))\} \\ &\text{s. t. } h_l(x,u)=0, g_k(x,u) \geqslant 0 \end{aligned} \tag{5.41}$$

式中，$f(x,r(x))$ 为优化目标函数，$f_1(x,r(x))$、$f_2(x,r(x))$、$f_3(x,r(x))$ 分别为投资成本、电网电量不足期望值、网损等子目标函数；$h_l(x,u)$ 为 l 个等式约束条件，$g_k(x,u)$ 为 k 个不等式约束；x 为独立控制决策变量，$r(x)$ 为辅助决策变量，表示微电网组网策略：PCC靠近储能位置节点，同时约定MG区域靠近线路末端。

本节中独立控制变量 x 为各DG、负荷和储能的类型、接入位置及接入容量，其中类型和接入位置采用整数编码，接入容量采用实数连续编码，控制变量的混合编码方案可表达为

$$x = [T_{N_1}, L_{N_1}, P_{N_1}, T_{N_2}, L_{N_2}, P_{N_2}, \cdots, T_{N_{\mathrm{all}}}, L_{N_{\mathrm{all}}}, P_{N_{\mathrm{all}}}] \tag{5.42}$$

式中，T_N 为类型编码，表征该处接入的是光伏、风电、负荷或是储能；L_N 为接入的位置；P_N 为接入的容量；N_{all} 为DG、负荷和储能数目总和。

上述的优化模型属于混合非线性优化问题，NSGA-II算法因其较强的变量处理能力，最大限度地保持了各优化目标之间的独立性和较好的全局寻优能力，可有效求解这一问题。基本步骤如下：

(1) 输入配电网数据，初始化计算参数。

(2) 染色体编码，初始化种群 P_0。对NSGA-II算法中的种群染色体进行编码，染色体主要分为三个部分，代表染色体在搜索空间的位置、各个目标函数的值以及偏序信息。按式(5.43)随机产生种群 P_0：

$$x(i) = \mathrm{rand}(\mathrm{pop},1) \cdot (x_{\max}(i) - x_{\min}(i)) + \mathrm{ones}(\mathrm{pop},1) \cdot x_{\min}(i) \tag{5.43}$$

式中，rand()为随机数发生函数；ones()为数字1发生函数；pop为种群的个数，

$x_{\max}(i)$、$x_{\min}(i)$分别代表控制变量 x_i 取值的上、下限值。

(3) 计算 P_0 中多目标函数值,处理约束条件。在处理约束条件的过程中,潮流等式约束通过潮流计算保证;分组数及 DG 出力约束通过控制变量数目和上下限来保证;DG 与负荷设计容量等式约束及其余的不等式约束条件通过罚函数形式引入各目标函数中求得新的目标函数值,如式(5.44)所示:

$$
\begin{aligned}
\min f'_{N_{\text{obj}}}(x,r(x)) = & f_{N_{\text{obj}}}(x,r(x)) + w_1\left(\left|\sum_{d=1}^{N_l} P_{\text{L}.d} - P_{\text{TL}}\right| \Big/ P_{\text{TL}}\right) \\
& + w_2\left(\left|\sum_{i=1}^{N_{\text{pv}}} P_{\text{pv}.i} - P_{\text{TPV}}\right| \Big/ P_{\text{TPV}}\right) + w_3\left(\left|\sum_{j=1}^{N_{\text{wind}}} P_{\text{wind}.j} - P_{\text{TW}}\right| \Big/ P_{\text{TW}}\right) \\
& + w_4(\Delta S_{ij}/S_{ij}^{\max})^2 + w_5[\Delta P_{\text{DG}}/(\lambda S_{\text{system}}\eta)] + w_6\left[\Delta P_{\text{ES}} \Big/ \left(\frac{1}{3}P_{\text{TL}}\right)\right] \\
& + w_7(\Delta P_{\text{MG}}/P_{\text{TL}}) + w_8[\Delta V/(V_i^{\max} - V_i^{\min})]^2
\end{aligned}
\tag{5.44}
$$

式中

$$
\begin{aligned}
& \Delta S_{ij} = \max(S_{ij.t} - S_{ij}^{\max}, 0), \ \forall t \in [0, N_{\text{b}}] \\
& \Delta P_{\text{DG}} = \max\left(\sum_{i=1}^{N_{\text{pv}}} P_{\text{pv}.i} + \sum_{j=1}^{N_{\text{wind}}} P_{\text{wind}.j} - \lambda S_{\text{TL}}\eta, 0\right) \\
& \Delta P_{\text{ES}} = \max(P_{\text{ES}} - \lambda' P_{\text{L.MG}}, 0) \\
& \Delta P_{\text{MG}} = \max(P_{\text{L.MG}} - P_{\text{ES}} - P_{\text{pv.MG}} - P_{\text{wind.MG}}, 0) \\
& \Delta V = \max(V_i - V_i^{\max}, V_i^{\min} - V_i, 0), \quad \forall i \in [0, N] \\
& \Delta P_{\text{DG}} = \max\left(\sum_{i=1}^{N_{\text{pv}}} P_{\text{pv}.i} + \sum_{j=1}^{N_{\text{wind}}} P_{\text{wind}.j} - \lambda S_{\text{TL}}\eta, 0\right)
\end{aligned}
$$

式中,N_{obj}为目标函数,即 $N_{\text{obj}}=1,2,3$。

(4) 对 P_0 进行遗传操作,生成子代种群 Q_0。

(5) 根据 Q_0 中储能编码的位置与容量,计算微电网区大小和容量,据此计算多目标函数值并考虑约束条件。

(6) 对种群进行非支配排序,计算个体拥挤距离,并采用精英策略生成下一代种群。

其中,快速非支配排序时可建立种群的等级信息,利用拥挤距离对具有相同等级的种群个体进行选择性排序,并采用精英策略将父代与经过交叉变异的子代混合后进行非支配性排序,根据等级信息和拥挤距离挑选出优势个体。

(7) 采用步骤(5)的方法,计算目标函数值。

(8) 判断是否满足算法终止条件。算法终止条件设为遗传算法总的进化代数是否超过预置的最大进化代数。

(9) 根据决策偏好,确定最终的规划方案。算法收敛之后,可得到 Pareto 解集,此时须根据决策者的偏好选取最优解。本节根据模糊集理论来获取模糊隶属度，通过隶属度的大小反映决策者对该目标优化的满意程度，综合各目标函数的模糊隶属度来求取最优解。首先，遍历 Pareto 解集，利用式(5.45)计算 Pareto 解集中第 k 个解中第 $i(i=1,2,3)$ 各目标函数的隶属度。

$$u_i^k=\begin{cases}1, & F_i=F_i^{\min}\\ \dfrac{F_i^{\max}-F_i}{F_i^{\max}-F_i^{\min}}, & F_i^{\min}\leqslant F_i\leqslant F_i^{\max}\\ 0, & F_i=F_i^{\max}\end{cases} \tag{5.45}$$

然后根据决策者偏好设置权重值，计算多目标函数最优解的隶属度加权值。所得的最大值对应的 Pareto 解即最优解。本节中设置等权重，计算表达式如下：

$$u^k=\frac{\sum_{i=1}^{N_{\mathrm{obj}}}u_i^k}{\sum_{k=1}^{N_{\mathrm{p}}}\sum_{i=1}^{N_{\mathrm{obj}}}u_i^k},\quad k=1,2,\cdots,N_{\mathrm{p}} \tag{5.46}$$

根据步骤(1)～(9)，利用 MATLAB 2012a 编写相应的程序，形成 DG/MG 混合供电系统的配置方案。

4. 算例分析与比较

以 IEEE 33-bus 配电系统对本节中提出的规划模型进行验证。选取其中最长馈线作为 DG 与微电网分组研究的区域，即 5～17 节点所在的区域。DG 设计容量为 0.55MW 光伏、0.25MW 风电、1.0MW 负荷，具体参数取值见表 5.5。

表 5.5　计算时部分参数的取值

参数名	取值	参数名	取值
C_{ES}	130(万元/MW)	ε	0
C_{pv}	100(万元/MW)	λ	0.25
C_{wind}	100(万元/MW)	λ'	1/3
a	46.5(万元/MW)	$N_{l.\max}$	3
b	5(万元)	$N_{\mathrm{pv.max}}$, $N_{\mathrm{wind.max}}$	3
p_{in}	0.0013	p_{out}	0.01

1）优化结果与分析

本节采用的 NSGA-II 算法参数设置如下：种群规模为 250，最大进化代数为 100，变异因子取 0.8，交叉因子取 0.8，惩罚因子 ω_1、ω_2、ω_3 取 6.0×10^{-3}，ω_4、ω_5 取 1.0×10^{-3}，ω_6、ω_7 取 7×10^{-3}，ω_8 取 1.0×10^{-3}。根据优化计算进行非支配性排序，选出位于第一层级的优化结果作为 Pareto 解，Pareto 解集在空间构成的曲面如

图 5.15 所示，可以看到 Pareto 解集为空间的一个曲面，各解之间不存在支配关系，说明了 NSGA-II 算法具有很强的搜索能力与收敛性能。

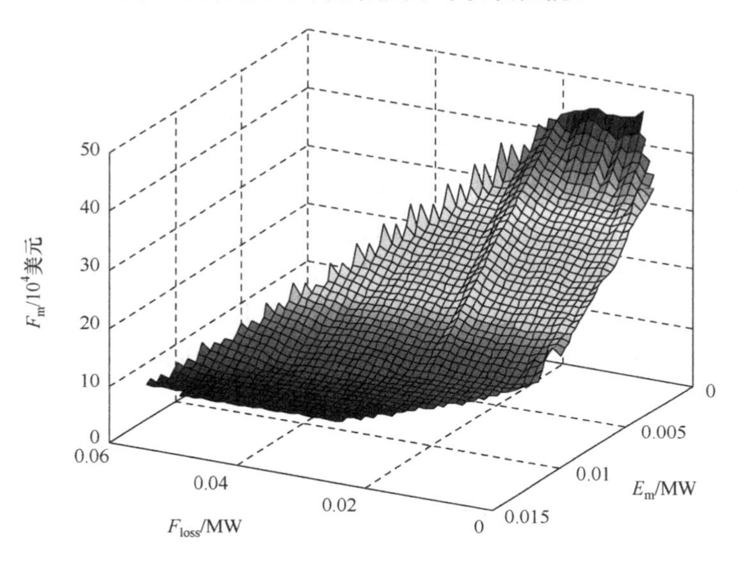

图 5.15 Pareto 解集

通过式(5.45)可以计算出隶属度函数值，从 Pareto 解集中选择适当的妥协解，作最优配置方案。DG、负荷、储能的位置与容量配置如表 5.6 所示。

表 5.6 优化配置结果

类型	接入点位置	容量/MW
光伏	6	0.4182
光伏	16	0.1413
风电	9	0.0162
风电	16	0.2306
负荷	16	0.3602
负荷	6	0.4117
负荷	11	0.2194
储能	10	0.1986

2) 不同供电方案

为了研究不同供电方案之间的不同差别，本节选取以下 4 个方案进行比较：

(1) DG 直接并网；

(2) MG 集中式供电方案；

(3) 电网电量期望目标函数的偏好明显高于另外两个目标函数，权重值设置为 0.3、0.4、0.3；

(4) DG/MG 混合供电系统为综合考虑各优化目标函数获得最佳妥协解。

测试结果如表 5.7 所示，方案 1 中 DG 直接并网，无 MG 区域，节省了储能费用和微电网建设费用，因此投资成本相对于方案 2～4 为低约 50%以上，但是负荷失电期望值也比方案 2～4 高出 1 倍以上。方案 3 与方案 4 相比，在决策者表现出对供电可靠性明显的偏好时，F_m、F_{loss} 的比值均变大，说明此时为获得更小的负荷失电期望值，付出了更多的投资成本和网损方面的代价，将这种决策推至极端即方案 2 中的情况，采用集中式供电方案，MG 区域最大，此时负荷失电期望值最小，投资成本与网损也达到了最大值。因此可以看出，DG 直接并网、MG 集中式供电和混合供电方案各具优点与不足，选取何种供电方案取决于投资者的偏好，同时可以看出混合供电方案能在投资成本与负荷失电期望值之间相互妥协，具有综合比较优势。

表 5.7　不同供电方案对比

方案	MG 容量/MW	F_m /10^4 万	E_m /10^{-4}MW	F_{loss} /10^{-4}MW
1	—	80	100	2.7
2	1.800	215	27	27
3	1.6613	196	33	12
4	1.1501	167	51	2.5

5.6　多目标进化算法的分析与讨论

多目标进化算法适用于处理智能配电网中的混合整数非线性问题，应用范围十分广泛。通过前面的分析可以看出，与传统算法比较，其优点在于：首先，进化搜索过程具有随机性，不易陷入局部最优；其次，多目标进化算法具有固有的并行性，能够同时进化寻找到多个解，适合多目标优化问题；再次，能够处理不连续、不可微和 Pareto 前沿非凸等问题，不需要过多先验知识。

参 考 文 献

[1] Van Veldhuizen D A, Lamont G B. Multiobjective evolutionary algorithms: Analyzing the state-of-the-art[J]. Evolutionary Computation, 2000, 8(2): 125-147.

[2] Zitzler E, Deb K, Thiele L. Comparison of multiobjective evolutionary algorithms: Empirical results[J]. Evolutionary Computation, 2000, 8(2): 173-195.

[3] Deb K, Pratap A, Agarwal S, et al. A fast and elitist multi-objective genetic algorithm: NS-

GA-II[J]. IEEE Transactions on Evolution Computation, 2002, 6(2): 182-197.

[4] Zitzler E, Laumanns M, Thiele L, et al. SPEA2: Improving the strength pareto evolutionary algorithm[R]. Zurich: Swiss Federal Institute of Technology, 2001.

[5] Wang Y R, Li F X, Wan Q L, et al. Reactive power planning based on fuzzy clustering, gray code, and simulated annealing[J]. IEEE Transactions on Power System, 2011, 26(4): 2246-2255.

[6] 张琪，董梁. 多目标进化算法收敛到 Pareto 最优解集的证明[J]. 系统工程与电子技术，2010, 8(5): 26-35.

[7] 吉根林. 遗传算法研究综述[J]. 计算机应用与软件，2004, 21(2): 69-73.

[8] 李亮，唐巍，白牧可，等. 考虑时序特性的多目标分布式电源选址定容规划[J]. 电力系统自动化，2013, 37(3): 58-63.

[9] 李智欢，段献忠. 多目标进化算法求解无功优化问题的对比分析[J]. 中国电机工程学报，2010, 4(5): 57-65.

[10] 王茜，张粒子. 采用 NSGA-II 混合智能算法的风电场多目标电网规划[J]. 中国电机工程学报，2011, 19: 17-24.

[11] 陈婕，熊盛武，林婉如. NSGA-II 算法的改进策略研究[J]. 计算机工程与应用，2011, 19: 42-45.

[12] Sheng W X, Liu K Y, Ye X S, et al. Research and practice on typical modes and optimal allocation method for PV-Wind-ES in microgrid[J]. Electric Power Systems Research, 2015, 3(120): 242-255.

第6章　差分进化算法

6.1 引　　言

在遗传、选择和变异作用下，自然界生物体优胜劣汰，不断由低级向高级进化和发展，人们注意到适者生存的进化规律可以形式化而构成一些优化算法，近年来发展的进化计算类算法受到了广泛关注[1]。由 Storn 和 Price 于 1995 年提出的差分进化(differential evolution，DE)算法[2]是一种随机的并行直接搜索算法，它可对非线性不可微连续空间函数进行最小化，以其易用性、稳健性和强大的全局寻优能力在多个领域取得了成功。在 1996 年举行的第一届国际 IEEE 进化优化竞赛上，对提出的各种方法进行了现场验证，DE 算法被证明是最快的进化算法之一，虽然它在速度上取得第三，比两个确定性方法落后，但这两种确定性方法应用范围有限。

DE 算法是一种新兴的进化计算技术。最初的设想是用于解决切比雪夫多项式问题，后来发现 DE 也是解决复杂优化问题的有效技术。DE 与人工生命，特别是进化算法有着极为特殊的联系。DE 和 PSO[3]一样，都是基于群体智能理论的优化算法，通过群体内个体间的合作与竞争产生的群体智能指导优化搜索。但相比于进化算法，DE 保留了基于种群的全局搜索策略，采用实数编码、基于差分的简单变异操作和一对一的竞争生存策略，降低了遗传操作的复杂性。同时，DE 特有的记忆能力使其可以动态跟踪当前的搜索情况，以调整其搜索策略，具有较强的全局收敛能力和鲁棒性，且不需要借助问题的特征信息，适于求解一些利用常规的数学规划方法所无法求解的复杂环境中的优化问题。因此，DE 作为一种高效的并行搜索算法，对其进行理论和应用研究具有重要的学术意义和工程价值。差分进化以其易用性、稳健性和强大的全局寻优能力在多个领域取得了成功，如人工神经网络、化工、电力、机械设计、机器人、信号处理、生物信息、经济学、现代农业、食品安全、环境保护和运筹学等。

本章首先介绍 DE 的算法原理、算法流程和控制参数选择，然后归纳改进 DE 算法以及 DE 的应用概况，最后对 DE 算法在各类智能配电网相关问题中的应用进行详细分析。

6.2 基本差分进化算法

DE 计算和其他进化计算算法一样，都是基于群体智能理论的优化算法，利用群体内个体之间的合作与竞争产生的群体智能模式来指导优化搜索的进行。与其他进化计算不同的是，DE 计算保留了基于种群的全局搜索策略，采用实数编码、基于差分的简单变异操作和一对一的竞争生存策略，降低了进化操作的复杂性。同时，DE 特有的记忆能力使其可以动态跟踪当前的搜索情况，以调整其搜索策略，具有较强的全局收敛能力和鲁棒性，且不需要借助问题的特征信息，适于求解一些利用常规的数学规划方法所无法求解的复杂环境中的优化问题。因此，DE 作为一种高效的并行搜索算法，对其进行理论和应用研究具有重要的学术意义和工程价值。

6.2.1 基本原理

基本 DE 算法（又称标准 DE 算法）是基于候选方案种群的算法，在整个搜索空间内进行方案的搜索，通过使用简单的数学公式对种群中的现有方案进行组合实现的。如果新的方案有所改进，则被接受，否则被丢弃，重复这一过程直到找到满意的方案。

设 f 为最小化适应度函数，适应度函数以实数向量的形式取一个候选方案作为参数，给出一个实数数值作为候选方案的输出适应值。其目的是在搜索空间的所有方案 p 中找到 m 使得 $f(m)\leqslant f(p)$。最大化是找到一个 m 使得 $f(m)\geqslant f(p)$。设 $X=(x_1,x_2,\cdots,x_n)\in\mathbf{R}^n$ 是种群中的一个个体，基本的差分进化算法如下所述：

(1) 在搜索空间中随机地初始化所有的个体。

(2) 对于种群中的每个个体：

① 随机地从种群中选择三个彼此不同的个体 a、b 和 c；

② 选择一个随机索引 $R\in\{1,\cdots,n\}$，n 是被优化问题的维数；

③ 通过对每个 $i\in\{1,\cdots,n\}$ 进行如下的迭代计算可能的新个体 $Y=[y_1,\cdots,y_n]$ 生成一个随机数 $r_i\sim U(0,1)$；

④ 如果 $i=R$ 或者 $r_i<\mathrm{CR}$，则 $y_i=a_i+F(b_i-c_i)$，否则 $y_i=x_i$；

⑤ 如果 $f(y_i)<f(x_i)$，则在种群中使用改进的新生成的 y_i 替换原来的 x_i，否则不变；

⑥ 选择具有最小适应度值的 x_i 作为搜索的结果。

(3) 判定是否已满足终止条件（最大迭代数或者找到满足适应值的个体），若满足，则结束迭代，输出结果；若不满足，则返回步骤(2)。

需要指出的是，$F\in[0,2]$ 称为变异因子，$\mathrm{CR}\in[0,1]$ 称为交叉因子，种群大小

NP>3。

DE 算法作为一种新出现的优化算法在实际应用中表现出了优异的性能，被广泛应用到不同的领域，已经成为近年来优化算法的研究热点之一。研究 DE 算法，探索提高 DE 算法性能的新方法，并将其应用到具体工程问题的解决中，具有重要的学术意义和应用价值。

6.2.2　基本要素

对于优化问题：

$$\begin{aligned}&\min f(x_1,x_2,\cdots,x_D)\\&\text{s.t.}\ x_j^{\mathrm{L}}\leqslant x_j\leqslant x_j^{\mathrm{U}},\quad j=1,2,\cdots,D\end{aligned}\tag{6.1}$$

式中，D 是解空间的维数，x_j^{L} 和 x_j^{U} 分别表示第 j 个分量 x_j 取值范围的上界和下界。DE 算法的基本要素如下。

1）初始化种群

初始种群$\{x_i(0)\mid x_{j,i}^{\mathrm{L}}\leqslant x_{j,i}(0)\leqslant x_{j,i}^{\mathrm{U}},i=1,2,\cdots,\mathrm{NP};j=1,2,\cdots,D\}$随机产生：

$$x_{j,i}(0)=x_{j,i}^{\mathrm{L}}+\mathrm{rand}(0,1)\cdot(x_{j,i}^{\mathrm{U}}-x_{j,i}^{\mathrm{L}})\tag{6.2}$$

式中，$x_i(0)$表示种群中第 0 代的第 i 条“染色体”(或个体)，$x_{j,i}(0)$表示第 0 代的第 i 条“染色体”的第 j 个“基因”，NP 表示种群大小，rand(0,1)表示在(0,1)区间均匀分布的随机数。

2）变异操作

DE 通过差分策略实现个体差异，这也是区别于遗传算法的重要标志。在 DE 中，常见的差分策略是随机选取种群中两个不同的个体，将其向量差缩放后与待变异个体进行向量合成，产生一个中间体，即

$$\begin{gathered}v_i(g+1)=x_{r_1}(g)+F\cdot(x_{r_2}(g)-x_{r_3}(g))\\i\neq r_1\neq r_2\neq r_3\end{gathered}\tag{6.3}$$

式中，F 为变异因子，$x_i(g)$表示第 g 代种群中第 i 个个体。

在进化过程中，为了保证解的有效性，必须判断“染色体”中各“基因”是否满足边界条件，如果不满足边界条件，则“基因”用随机方法重新生成(与初始种群的产生方法相同)。

3）交叉操作

对第 g 代种群 $x_i(g)$及其变异的中间体$v_i(g+1)$进行个体间的交叉操作：

$$u_{j,i}(g+1)=\begin{cases}v_{j,i}(g+1), & \mathrm{rand}(0,1)\leqslant \mathrm{CR}\ 或\ j=j_{\mathrm{rand}}\\x_{j,i}(g), & 其他\end{cases}\tag{6.4}$$

式中，CR 为交叉因子，j_{rand}为$[1,2,\cdots,D]$的随机整数。

4）选择操作

DE 采用贪婪算法来选择进入下一代种群的个体，即仅令优化效果优于上一

代“染色体”的个体进入下一代种群：

$$x_i(g+1)=\begin{cases}u_i(g+1), & f(u_i(g+1))\leqslant f(x_i(g))\\ x_i(g), & \text{其他}\end{cases} \tag{6.5}$$

6.2.3 基本流程

基本 DE 算法步骤如图 6.1 所示。

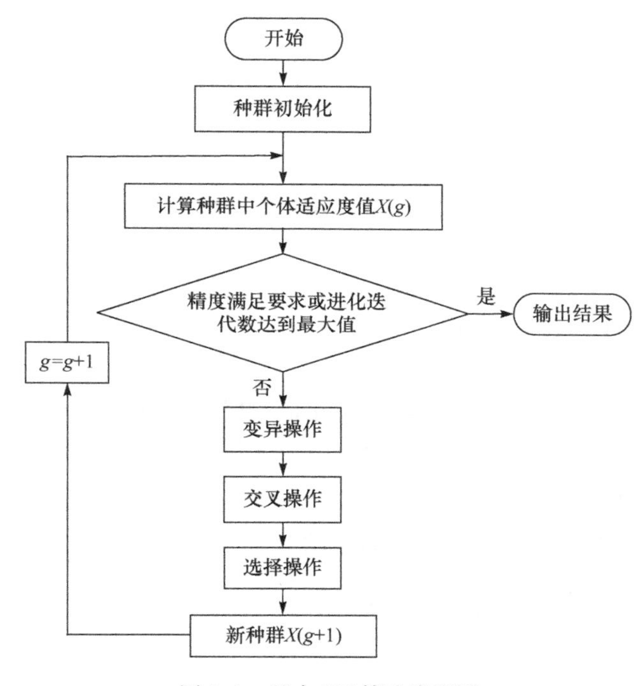

图 6.1　基本 DE 算法流程图

(1) 初始化种群 x_1，进入 DE 算法，确定 CR，将迭代步数 g 设为 1，同时设定最大迭代步数 g_{max}。

(2) 调用变异操作计算所有个体的变异个体。

(3) 调用交叉操作生成所有个体的实验个体。

(4) 调用选择操作，判断生成的实验个体是否比现存个体的适应度高，如果适应度高于现存个体，则令实验个体代替当前个体，否则保留当前个体生成下一代种群。

(5) 判断是否已经达到最优值或迭代步数是否已经超过最大迭代步数，如果是，转向步骤(6)，否则返回步骤(2)。

(6) 输出最优值点。

6.2.4 差分进化算法的其他形式

上面阐述的是DE的最基本要素，实际应用中还发展了DE的几个变形形式，并用符号DE/x/y/z加以区分，其中，x限定当前被变异的向量是“随机的”或“最佳的”；y是所利用的差向量的个数；z指示交叉程序的操作方法。上面叙述的交叉操作表示为“bin”。利用这个表示方法，前面叙述的基本DE策略可描述为DE/rand/1/bin。

还有如下其他形式。

(1) DE/best/1/bin，其中：

$$y_{i,G+1}=x_{\text{best},G}+F\cdot(x_{r_1,G}-x_{r_2,G}) \tag{6.6}$$

(2) DE/rand/1/bin，其中：

$$y_{i,G+1}=x_{\text{best},G}+\lambda\cdot(x_{\text{best},G}-x_{i,G})+F\cdot(x_{r_1,G}-x_{r_2,G}) \tag{6.7}$$

(3) DE/best/2/bin，其中：

$$y_{i,G+1}=x_{\text{best},G}+F\cdot(x_{r_1,G}-x_{r_2,G}+x_{r_3,G}-x_{r_4,G}) \tag{6.8}$$

(4) DE/rand/2/bin，其中：

$$y_{i,G+1}=x_{r_5,G}+F\cdot(x_{r_1,G}-x_{r_2,G}+x_{r_3,G}-x_{r_4,G}) \tag{6.9}$$

还有在交叉操作中利用指数交叉的情况，如DE/rand/l/exp、DE/best/l/exp、DE/rand-to-best/l/exp、DE/best/2/exp等。这几种形式的变异过程与上述相应方法相同，只是交叉操作不同。

6.2.5 差分进化计算的群体智能搜索策略分析

1. 个体行为及个体之间信息交互方法分析

DE的个体表示方式与其他进化计算相同，是模拟生物进化中的关键因素，即生物的染色体和基因，构造每个解的形式，构成算法的基础。一切寻优操作都是在个体的基础上进行的，最优个体是搜寻到的最优的解。

DE的个体行为主要体现在差分变异算子和交叉算子上。

1) 变异算子

在DE计算中，每个基因位的改变值取决于其他个体之间的差值，充分利用了群体中其他个体的信息，达到了扩充种群多样性的同时，也避免了单纯在个体内部进行变异操作所带来的随机性和盲目性，在随机向量差分进化方法中每个个体的变异取决于两个随机个体的向量差；采用最优解加随机向量差分法，每个个体由当前最优解决定，分布在当前最优解的邻域范围内，利用当前最优种群最优个体的信息，加速搜索速度，但同时如果种群分布密度高，可能会导致算法陷入局部最优解；采用最优解与随机向量差分法，用个体局部信息和群体全局信息指导算法进一步搜索的能力，较最优解加随机向量法降低了陷入局部最优解的危险。当向量偏差大时，导致个体的变异强度高；反之，个体的变异强度低。DE 计算与种群的分布密度相关，因此如果种群分布密度高，则个体的变异强度较低。

2）交叉算子

在 DE 计算中，进行交叉操作的主体是父代个体和由它经过差分变异操作后得到的新个体，虽然这种方法看似没有进行个体之间的信息交互，但由于新个体经过差分变异而来，本身保存有种群中其他个体的信息，因此 DE 的交叉算子同样具有个体之间信息交互的机制。

2. 群体进化分析

与其他进化计算相同，DE 计算模拟生物进化过程，使得种群的衍化向着更好的方向前进。通过每一代群体的变异、交叉操作产生新的种群，并通过贪婪选择的方式选择优秀的个体，组成下一代进化群体。这种方式可以保证群体的优良性，并加快寻优速度，但也有其不足，即容易陷入局部最优。

DE 计算的群体在寻优的过程中，具有协同搜索的特点，搜索能力强。最优解加随机向量差分法充分利用当前最优解来优化每个个体，利用个体局部信息和群体全局信息指导算法进一步搜索的能力。这两种方法的群体具有记忆个体最优解的能力。在进化过程中，要充分利用种群繁衍进程中产生的有用信息。

DE 计算作为一种模拟自然进化现象的随机搜索算法，虽然有可能实现全局最优搜索，但也有出现早熟的弊端。种群在开始时有较分散的随机配置，但是随着进化的进行，各代之间种群分布密度偏高，信息的交换逐渐减少，使得全局寻优能力逐渐下降。种群中各个个体的进化，采用贪婪选择操作，依靠适应者的高低做简单的好坏判断，缺乏深层的理性分析。

6.2.6　控制参数对算法性能的影响

从前文对基本差分进化算法的介绍可知，该算法参数较少，共有五个控制参数：种群大小 N、变异因子 F、交叉概率因子 CR、最大迭代次数 T 以及终止条件。

DE 算法的性能发挥极大地依赖于 DE 算法中操作算子的选取和相关参数的设置，为此针对具体问题需要通过反复实验来确定。Storn 等[4]指出种群 N 的大小合适范围位于 $5D$ 和 $10D$（D 代表问题的维数）之间，变异因子 F 的初始值设置为 0.5 为宜，而 F 的取值位于[0.4，1]区间时优化效果较为显著。Qin 等[5]提出了一种自适应的差分进化算法 SADE，其在一定程度上改善了变异操作策略的选取及相关参数的设置问题。该算法的思想是：通过建立由 DE 算法高效的变异操作算子来构成变异操作算子池，并且利用对进化过程中经验知识的概率学习，进而自适应地确定针对具体个体所采用的变异操作算子。

通常这些控制参数会影响算法搜寻最优解的收敛速度，为保证算法的性能和收敛速度,针对具体问题往往需要进行特定设置。各个参数对该算法的性能的影响分别如下。

(1) 种群大小 N 对算法性能的影响。群体规模 N 一般介于 $5D$ 与 $10D$ 之间,但不能少于 4,否则不能进行变异操作。N 越大,种群多样性越强,大规模的种群必然会增加种群中个体的多样性,相对也会扩大寻优空间的范围,提高获得最优解的概率;但大规模的种群必然会加大适应度函数的评价次数,从而提高算法运行的时间复杂度;而种群规模过小则使算法收敛速度加快,导致寻优空间过小,易导致局部最优或因算法早熟而使进化停止。

(2) 变异因子 F 对算法性能的影响。变异因子 F 是控制种群多样性和收敛性的重要参数,它决定偏差向量的放大比例,一般在[0,2]区间取值。F 取值较小会导致群体差异度减小,加速算法收敛,同样也会导致算法局部收敛;而较大的 F 值会加大算法跳出局部最优解的可能性,但也会导致收敛速度过慢。因此,F 值的最佳设置与具体问题有关,F 有规律的动态改变更有利于问题求解。

(3) 交叉概率 CR 对算法性能的影响。交叉因子 CR 可控制个体参数的各维对交叉的参与程度,以及全局与局部搜索能力的平衡,一般在[0,1]区间取值。不同的 CR 值设置对所求问题必然会产生较大的差异,对不同的问题应采用不同的 CR 设置。交叉因子 CR 越小,种群多样性越小,容易过早收敛;CR 越大,收敛速度越大,但过大可能会因扰动大于群体的差异度导致收敛变慢。根据文献,一般应选在 0.6~0.9。通常,如多模态问题,对 CR 设置较小的值即可取得较优的寻优结果;而对于单一极值点的优化问题,设置较大的 CR 所得到的优化效果较为突出。

(4) 最大迭代次数 T 对算法性能的影响。最大迭代次数一般作为算法运行结束条件的一个参数,表示 DE 算法运行到指定的进化代数后就停止运行。迭代次数越大,最优解越精确,但是计算时间会更长。所以,T 需要根据具体问题而定,一般取值范围为 100~200。

(5) 终止条件对算法性能的影响。除最大进化代数可作为 DE 的终止条件,还需要其他判定准则。一般当目标函数值小于阈值时程序终止,阈值常选为 10^{-6}。

这几个参数对 DE 算法的求解结果和求解效率都有一定的影响,因此要根据具体问题合理地设定这些参数才能获得较好的寻优效果。通常可通过对不同值做一些实验之后利用实验结果误差找到各参数的合适值。

6.3 差分进化算法的改进

6.3.1 传统差分进化算法存在的问题

尽管差分进化算法原理简单、容易实现,在处理非凸形、多峰、非线性函数、多变量函数等优化问题时表现出了较强的稳定性，且极易与其他算法混合，在解决具体问题时有利于构造出具有更优性能的算法，但是其自身的局限性也是不可回避的。

DE 算法的缺点之一是容易陷入局部最优和早熟收敛，因为算法的关键步骤是变异操作，它是利用基于群体差异向量信息来修正每个个体的值。随着迭代次数的增加，进化个体之间的差异化信息逐渐缩小，以至于进化后期收敛速度变慢，从而导致陷入局部最优。另外，DE 算法在优化过程中不断生成更优解，并对其进行繁殖操作，然后采用达尔文“适者生存”的生物进化思想进行择优保留。这样就导致被遗弃个体有效成分的缺失，从而在一定程度上失去对新空间的探索和开发能力，降低种群的多样性，进而使算法早熟收敛并陷入局部最优。DE 算法的另一缺点是收敛速度有时比较慢，有时甚至不收敛。

为了克服上述缺点，以改善算法的性能，并提高其应用价值，需要在权衡差分进化算法的空间搜索和开发能力的基础上对算法进行改进，提高解的精确度和算法收敛速度。DE 算法本身就有很多值得研究的地方，如参数的设置问题。算法的性能很大程度上和参数的选取有关。为了取得理想的结果，需要对 DE 算法的各参数进行合理的设置。针对不同的优化问题，参数的设置往往也是不同的。同样，差分策略对 DE 算法性能也会产生较大的影响。下面以这两个方面为导向进行改进。

6.3.2　控制参数的改进

DE 主要涉及种群规模 N、变异因子 F 和交叉概率因子 CR 三个参数。经验参数反映的通常是统计学上的性能效果，在算法的整个寻优过程中是保持不变的，无法较好地满足进化各阶段中算法性能对参数的特殊要求。由此产生了很多参数自适应的 DE 算法。

种群规模越大，算法复杂度越高，搜索到全局最优解的可能性就越大，相应地，所需的计算量和计算时间也要增加。但是并不是种群规模越大，最优解的质量越好，有时种群规模的增大反而会降低最优解的精度，因此合理选取种群规模有利于算法搜索效率的提高。较大的种群规模有利于保持种群的多样性，但是会降低算法的收敛速率，当种群规模太大时，若最大进化代数不增加，最优解的精度反而会降低，因此多样性和收敛速度必须保持一定的平衡。种群规模越大，多样性就越大，为了防止种群过早收敛陷入局部最优，就要增加种群规模以增加多样性。研究表明，在最大进化代数已定的情况下，种群规模在[15,50]区间时，优化结果较好，能很好地保持多样性和收敛速度的平衡。

另一个重要参数就是变异因子 F。研究表明，小于 0.4 和大于 1 的 F 值仅仅偶尔有效，一个较好的初始选择是 $F=0.5$，取值在[0.4,1]区间，此时算法得到的结果较好。变异因子 F 用于控制差分向量对变异个体 $V_{i,j}$ 的影响，对种群多样性起到了一定的调节作用。F 较大时，差分向量对 $V_{i,j}$ 的影响较大，会产生大的扰动，虽然有利于保持种群的多样性，但是算法近似随机搜索，会降低搜索效率和所得的全局最优解的精度；反之，F 较小时，扰动较小，变异因子只能起到局部精细化搜索的作用，算法容易陷入局部最优，出现早熟收敛现象。

在大多数基于种群的优化方法中，搜索前期，鼓励个体在不同的区域进行采样，以保证种群的多样性；而在后期，则对实验解进行细微的调整，以便在可能存在最优解的相对较小的区域内搜索到最优解。为此，可以采用式(6.10)线性调整变异因子 F：

$$F=(F_{\max}-F_{\min})\cdot\frac{T-t}{T}+F_{\min} \tag{6.10}$$

式中，t 为当前进化代数，T 为最大进化代数，$F_{\max}=0.9$ 和 $F_{\min}=0.4$ 分别为变异因子 F 的最大值和最小值。在算法搜索初期，F 取值较大，有利于扩大搜索空间，保持种群的多样性；在算法后期，收敛的情况下，F 取值较小，有利于在最优区域的周围进行搜索，从而提高收敛速率和搜索精度。值得注意的是，$F_{\max}$ 和 $F_{\min}$ 的取值也非常值得研究，若 $F_{\max}$ 取值太大，则对差分矢量的扰动太大，容易跳出搜索区域或者错过全局最优解；若 $F_{\min}$ 取值过小，则收敛速率太慢，全局寻优能力降低，且容易陷入局部最优。所以，合理地选取适当的 $F_{\max}$ 和 $F_{\min}$，算法的性能将会有较大的改善。

另一个重要参数交叉概率因子 CR 对 DE 算法的收敛速度也有着重要的影响。CR 越大，则变异个体对实验个体的贡献越大，有利于算法局部搜索能力的加强，加快算法的收敛速率；CR 越小，则当前进化个体对实验个体的贡献越大，有利于保持种群个体的多样性，从而有利于对算法进行全局搜索。一个好的进化方案应该在进化初期保持种群的多样性，便于算法进行全局搜索，在进化后期阶段加强局部搜索，提高收敛速度。因此，也可采用动态递增的交叉概率因子 CR，这里采用一种随进化代数线性递增的交叉概率取值策略，使算法在全局搜索和局部搜索中达到平衡[6]。具体方案如下：

$$\mathrm{CR}=\mathrm{CR}_{\min}+\frac{(\mathrm{CR}_{\max}-\mathrm{CR}_{\min})t}{T} \tag{6.11}$$

式中，$\mathrm{CR}_{\max}=0.9$ 和 $\mathrm{CR}_{\min}=0.3$ 分别为交叉概率因子 CR 的最大值和最小值。同样，为了保证算法的性能，$\mathrm{CR}_{\max}$ 和 $\mathrm{CR}_{\min}$ 应选取合理的值，不宜过大或过小。

根据变异因子 F 和交叉概率因子 CR 在算法搜索过程中的作用，文献[7]提出另一种线性变化策略：

$$F_{t+1}=F_t+\frac{F_{\max}-F_0}{T} \tag{6.12}$$

$$\mathrm{CR}_{t+1}=\mathrm{CR}_t-\frac{\mathrm{CR}_0-\mathrm{CR}_{\min}}{T} \tag{6.13}$$

式中，F_0 和 $F_{\max}$分别为变异因子的初始值和进化过程中的最大值，CR_0 和 $\mathrm{CR}_{\min}$ 分别为交叉概率因子的初始值和进化过程中的最小值。随着进化代数的增加，F 线性递增，CR 线性递减，目的是希望 DE 算法在搜索初期能够保持种群的多样性，到后期有较大的收敛速率。然而，该算法还存在不足之处，即如果在搜索后期还没找到满意解，算法很容易早熟收敛。

根据分析，变异因子 F 和交叉概率因子 CR 在算法的搜索过程中需动态变化，基于上述线性变化策略，本章提出了非线性变化策略，并将其应用于聚类分析中。

$$F=(F_{\max}-F_{\min})\cdot\frac{\sqrt{T^2-t^2}}{T}+F_{\min} \tag{6.14}$$

$$\mathrm{CR}=\mathrm{CR}_{\min}+\frac{(\mathrm{CR}_{\max}-\mathrm{CR}_{\min})t^2}{T^2} \tag{6.15}$$

Mendes 和 Mohais 提出 F 和 CR 的随机选取原则，文献[8]在此基础上进一步将 F 修正为 $F\sim U(0.5,1)$，即 F 为(0.5,1)区间的均匀随机数。文献[9]则将变异因子 F 建议为 $F\sim U(0,1)$，减少需调整的参数数量，随机选择在一定程度上避免控制参数所影响的早熟收敛。

6.3.3　差分进化策略的改进

1）具有自适应算子的 DE

基本 DE 算法在搜索过程中变异算子取实常数，实施中变异算子较难确定，变异率太高，算法搜索效率低下，求得全局最优解精度低；变异率太小，种群多样性降低，易出现“早熟”现象。文献[10]提出一种具有自适应变异算子的 DE，根据算法搜索进展情况，自适应变异算子设计如下：

$$\lambda=\mathrm{e}^{1-\frac{G_{\mathrm{m}}}{G_{\mathrm{m}}+1}G},\quad F=F_0\cdot 2^{\lambda} \tag{6.16}$$

式中，F_0 表示变异算子；G_{m} 表示最大进化代数；G 表示当前进化代数。

在算法开始时自适应变异算子为 $F_0\sim 2F_0$，具有较大值，在初期保持个体多样性，避免早熟；随着算法进展，变异算子逐步减小，到后期变异率接近 F_0，保留优良信息，避免最优解遭到破坏，增加搜索到全局最优解的概率。文献[11]中设计了一个随机范围的交叉算子 $\mathrm{CR}=0.5(1+\mathrm{rand}(0,1))$，这样交叉算子的平均值保持在 0.75，考虑到差分向量放大中可能的随机变化，有助于在搜索过程中保持群体多样性。文献[12]研究了多种具有自适应算子的 DE 算法，对几种典型 Benchmarks 函数进行测试的结果表明，改进算法能有效避免早熟收敛，显著提高算法的全局搜索能力。

2）基于参数矢量的邻域拓扑的 DE

为克服经典 DE 算法的不足，受 PSO 算法的启发，Chakraborty、Das 和 Konar 于 2006 年提出了基于参数矢量的邻域拓扑的 DE 变种[13]。首先像传统 DE 算法一样生成一个包含 N 个个体的初始种群，其次对每一个个体 $X_{i,t}$，定义一个半径为 r 的邻域，包括 $X_{i-r,t},\cdots,X_{i,t},\cdots,X_{i+r,t}$。对种群的每一个成员建立两种变异：局部变异和全局变异，其变异方式如下。

局部变异：

$$L_{i,t}=X_{i,t}+\lambda'(X_{\text{rbest},t}-X_{i,t})+F'(X_{p,t}-X_{q,t}) \tag{6.17}$$

式中，$X_{\text{rbest},t}$表示 $X_{i,t}$半径为 r 的领域内的最佳个体；$p,q\in(i-r,i+r)$。

全局变异：

$$G_{i,t}=X_{i,t}+\lambda(X_{\text{best},t}-X_{i,t})+F(X_{m,t}-X_{n,t}) \tag{6.18}$$

式中，$X_{\text{best},t}$表示种群中的最佳个体；$m,n\in[1,N]$。

结合这两种变异模式，使用一个随机变化的变量 $\omega\in(0,1)$作为权重对局部和全局变异成分进行加权平均形成新的 DE 变异：

$$V_{i,t}=\omega G_{i,t}+(1-\omega)L_{i,t} \tag{6.19}$$

式中，权重因子

$$\omega=\omega_{\min}+\frac{(\omega_{\max}-\omega_{\min})t}{T}$$

式中，$\omega_{\max}$和 $\omega_{\min}$分别为权重 ω 的最大值和最小值，且 $\omega_{\min},\omega_{\max}\in(0,1)$。算法开始时，$t=0$，$\omega=\omega_{\min}$，随着迭代次数的增大，$\omega$ 逐渐增大，最终当 $t=T$ 时达到最大 $\omega_{\max}$。算法开始以局部搜索模式为主，然后过渡到全局模式。显然，为了达到局部变异和全局变异的平衡，合理选择适当的 $\omega_{\min}$和 $\omega_{\max}$是非常必要的。

3）并行 DE

并行处理已成为现代计算中的一种关键提高技术，文献[12]研究了如何实现 DE 并行运算，以减少运算时间，提高运算性能，并提出一种并行计算模型把群体分组分配给不同的计算机节点，该计算模型构成一个环形网络拓扑结构。研究表明，被分配到不同节点的群体分组间的信息交换程度对算法性能产生重要影响。测试结果表明，并行 DE 极大地提高了运算性能。文献[13]将并行 DE 运用到 3D 图像处理中也获得了较好的效果。

4）结合单纯形优进策略的 DE

单纯形法寻优能力较强，无需进行偏导数计算，易于实现。针对基本 DE 算法容易早熟、全局寻优效率偏低等缺点，文献[14]提出了一种结合单纯形的优进策略，在演进过程中获取种群繁衍的有用信息，自适应地改善子代个体的分布，适时引入确定性寻优操作，以改进基本差分进化算法的性能。从个体出发，用单纯形方法寻优，并以可变概率调用，在收缩速度较快时降低寻优率，反之则提高。测试函数表明，结合单纯形的优进策略收到了预期的效果。

5）结合粒子滤波的 DE

粒子滤波基础是序列重要性采样算法，该方法通过蒙特卡罗模拟实现贝叶斯递推估计，用一组一定数量的带有权重的随机样本及基于这些样本的估算来表示状态向量的后验概率密度。当样本点数趋于无穷大时，蒙特卡罗特性与后验概率密度函数等价，序列重要性采样接近于最优贝叶斯估计。文献[15]提出将粒子滤波和 DE 算法结合，在粒子滤波的每一步迭代过程中，通过将粒子直接作为 DE 算法的种群个体，粒子的权重函数映射为个体的适应度函数，粒子的分布空间作为 DE 算法的搜索空间，把状态向量的参数估计问题变为用 DE 算法求解的最优化问题。

除以上几类改进的 DE，还有结合神经网络、遗传算法、粒子群算法、协同进化算法等其他优化算法的 DE[16,17]。文献[18]使用 50 个测试问题对多种改进 DE 算法进行了测试，测试结果表明，改进算法在收敛性、稳定性和精度方面明显好于基本算法。

6.3.4　相关混合算法

在最优化技术中，除差分进化，还有许多启发式搜索方法，结合不同搜索思想的混合差分进化算法，可提高寻优性能。混合差分进化算法的一个切入点是如何通过父代种群的个体信息智能确定下一代个体在解空间的位置。

1. 与传统最优化技术相结合

Ahuja 和 Orlin 认为[19]，好的进化操作应兼具随机搜索与方向性搜索的优点，能够组合父代的优秀性状而产生优于父代的子代个体。因此，为了能够在差分进化中实现确定性搜索，最直接的方法就是利用传统的最优化技术。

1）利用梯度信息

当种群适应度不再下降时，利用当前最优点的梯度信息：

$$x_b(g+1)=\begin{cases} u_b(g+1), & f(u_b(g+1))<f(x_b(g+1)) \\ x_b(g)-\alpha\,\nabla f(x_b(g)), & \text{其他} \end{cases} \tag{6.20}$$

当前种群最优个体 $x_b(g)$ 的梯度信息可利用：

$$[f(x_b(g))-f(x_b(g-1))][x_b(g)-x_b(g-1)]^{-1} \tag{6.21}$$

近似估计，步长 $\alpha\in(0,1)$。如果 $f(x_b(g))-\alpha\,\nabla f(x_b(g))\leqslant f(x_b(g))$，则加速过程结束；否则减小 α 的值继续搜索。

2）借鉴单纯形方法

Kaelo 借鉴单纯形搜索方法[20]，在差分进化算法中引入反射和压缩算子来提高局部搜索效率，具体方法如下：

(1) 判断父代个体 x_i、子代个体 u_i、种群最优个体 x_b 的适应度大小。

(2) 如果 $f(x_i)<f(u_i)<f(u_b)$ 且 rand(0,1)$<\omega$，执行步骤(3)；否则转步骤(5)。

(3) 反射操作产生反射点 r_i，如果 $f(r_i)<f(u_i)$，$x_i=r_i$，转步骤(5)；否则继续执行步骤(4)。

(4) 压缩操作产生压缩点 c_i，如果 $f(c_i)<f(u_i)$，$x_i=c_i$。

(5) $x_i=u_i$，$i=i+1$，转步骤(1)。

其中，ω 是小于 1 的常数，控制反射和压缩操作发生的概率。传统的最优化技术具有较高的局部搜索效率，它与差分进化算法相结合，可明显改善差分进化算法的寻优速度，同时也能提高寻优精度。

2. 与模拟退火算法相结合

模拟退火算法也是一种启发式寻优算法，杨静宇等[21]采用模拟退火的选择方式来确定选择 $p(g)$：

$$p(g+1)=\frac{p(g)}{\lg(10+g\times \mathrm{AS})} \tag{6.22}$$

式中，AS 为退火速度。选择概率随进化代数的增加而减少，与种群的分布信息无关。因此，这种方式与其他任何以进化代数为函数的改进措施相似，不能为算法性能带来本质上的提高。

3. 与 PSO 算法相结合

PSO 算法是目前启发式搜索算法的一个分支，Chakraborty 采用 PSO 算法形式实现变异操作[13]：

$$L_i=x_i+\lambda'(x_{\mathrm{best}}-x_i)+k'(x_p-x_q) \tag{6.23}$$

$$G_i=x_i+\lambda(x_{\mathrm{best}}-x_i)+k(x_r-x_s) \tag{6.24}$$

$$u_i=\omega G_i+(1-\omega)L_i \tag{6.25}$$

式中，L_i 和 G_i 分别为局部搜索向量和全局搜索向量；$r,s\in(1,\mathrm{NP})$；$p,q\in(i-k,i+k)$；x_p 和 x_q 为 x_i 的 k 邻域：$\{x_{i-k},\cdots,x_i,\cdots,x_{i+k}\}$。

在进化初期 ω 取值较大，算法侧重于全局搜索；进化后期，ω 取值较小，算法侧重于局部搜索。

4. 与蚁群算法相结合

Chiou[22]将蚁群算法的思想引入 DE 中用于对差分策略进行最优选择。每代由 NP 个蚂蚁通过空间的信息素和个体差异信息来寻找最优的差分策略。个体信息素的更新公式如下：

$$\tau_i^{\text{New}}=\rho\cdot\tau_i^{\text{Old}}+\Delta\tau_i \tag{6.26}$$

$$\Delta\tau_i=\begin{cases}Q\dfrac{f(x_{\text{b}}(g))-f(u_i(g+1))}{f(u_i(g+1))}, & f(u_i(g+1))<f(x_i(g))\\ 0, & \text{其他}\end{cases} \tag{6.27}$$

式中，ρ 为信息素挥发因子，Q 为常数。相应地，差分策略的选择概率为

$$\rho_i=\frac{\tau_i^{\alpha}\eta_i^{\beta}}{\sum\limits_{i=1}^{\text{NP}}\tau_i^{\alpha}\eta_i^{\beta}} \tag{6.28}$$

式中，个体差异定义为

$$\eta_i=\left[\sum_{j=1}^{D}\left(\frac{x_{j,i}(g+1)-x_{j,\text{b}}(g)}{x_{j,i}(g+1)}\right)^2\right]^{1/2} \tag{6.29}$$

这种混合算法的复杂性以及计算负荷均较高。

6.3.5 评价指标

为了测试该算法的性能，本节采用三种常用的基准测试函数进行测试，并与基本 DE 算法进行比较，结果如表 6.1 所示。表中给出了两种算法的测试结果，包括最优解、最差解、平均适应值以及结果运行 30 次的标准差。基本 DE 算法中 $F=0.8$，$\text{CR}=0.8$，本章改进 DE 算法中 λ'、F'、λ 均取 0.8，F、CR 分别按前文所述中的自适应策略计算，$\omega_{\min}=0.4$，$\omega_{\max}=0.8$。结果以指数形式表示。

表 6.1　算法在标准测试函数上的测试结果比较

函数	算法	最优解	最差解	平均适应值	标准差
Sphere 函数	基本 DE	7.5123×10^{-14}	2.1988×10^{-45}	6.3233×10^{-37}	1.0764×10^{-72}
	改进 DE	4.5321×10^{-142}	2.0468×10^{-54}	1.4568×10^{-55}	1.1553×10^{-112}
Rosenbrock 函数	基本 DE	1.7230×10^{-1}	2.4505	1.1312	1.3020×10^{-1}
	改进 DE	1.1890×10^{-16}	4.0372	0.3875	2.0878
Rastrigrin 函数	基本 DE	8.7501×10^{-1}	1.7895	1.1988	1.4599
	改进 DE	7.9435×10^{-13}	0.7699	2.6800×10^{-1}	3.8216×10^{-2}

(1) Sphere 函数：

$$f(x)=\sum_{i=1}^{n}x_i^2 \tag{6.30}$$

(2) Rosenbrock 函数：

$$f(x)=\sum_{i=1}^{n}100\times(x_{i+1}-x_i^2)^2+(1-x_i)^2 \tag{6.31}$$

(3) Rastrigrin 函数：

$$f(x)=\sum_{i=1}^{n}\left[x_i^2-10\cos(2\pi x_i)\right]+10 \tag{6.32}$$

以上三个函数的全局最优点均为 $x_i=0$，$f(x)=0$。

比较相应的平均适应值和标准差可以看出，对于大部分基准函数，改进 DE 算法比基本 DE 算法得到的最优解更优，而且更稳定。实验表明，改进 DE 算法在 $\omega_{\min}=0.4$、$\omega_{\max}=0.8$ 时对大部分基准函数可以改善算法性能。

本节的主要内容是对差分进化算法的改进，包括差分策略的改进和主要参数 F 及 CR 设置的改进。参数设置对算法性能有重要影响，差分策略关系到能否找到最优解，因此对算法的改进有重要意义。差分进化算法虽然有众多优点，但是其自身固有的缺点也是不可忽视的，本章在既有改进算法的基础上进一步改进，并用基准函数进行了测试，结果表明，对大部分基准函数有较好的最优解，因此改进是有效的。

6.4 差分进化算法的应用概况

目前，DE 的主要应用领域包括：函数优化、组合优化、神经网络训练、机器人学及其他进化算法常用的应用领域。

6.4.1 函数优化

函数优化问题是对新算法进行性能评价的常用算例。文献[23]中的测试结果表明：通过测试 15 个权威的测试函数，与当时的各种不同算法测试结果比较，DE 算法在 15 个测试函数上都达到收敛，在 11 个函数上是速度最快的，在另外四个测试函数的性能上也很有竞争力。文献[24]将 DE 算法与自适应模拟退火算法、增殖遗传算法、简单进化策略和随机微分方程法等进行了比较，得出：在大多数情况下，DE 算法在定位测试函数全局最小所需要的函数评价次数方面胜过上述所有方法。

对于一些非线性、多模型、多目标和有约束的函数优化问题，用其他优化方法较难求解，而 DE 算法可以方便地得到较好的结果[25]。

6.4.2 组合优化

随着问题规模的增大，组合优化问题的搜索空间急剧扩大，有时在目前的计算机上用枚举法很难甚至不可能求出精确最优解。对于这类复杂问题，人们已意识到应把主要精力放在寻求其满意解上，而 DE 算法是寻求这种满意解的有效工具之一。研究表明，DE 算法已经在求解旅行商问题、布局优化、图形划分问题等具有 NP 难问题上获得成功[23,24]。

6.4.3　神经网络训练

神经网络训练问题属于非线性高度复杂优化问题，基于梯度下降的神经网络训练方法依赖初始权重选择，算法复杂、收敛速度慢且易陷入局部最优。DE 算法在神经网络训练中可使用不可微函数，对调整方法没有过多限制，且能够收敛到最优值，因此是一种很有潜力的神经网络训练方法。文献[26]用 DE 算法在线训练神经网络，并用于医疗图像识别，取得了满意的性能；文献[27]将 DE 算法和列文伯格算法（LM）结合并用于神经网络的快速训练；文献[28]研究了 DE 算法在前馈网络训练中的应用，并与基于梯度下降神经网络训练方法比较，结果表明，DE 算法是有效的，特别在误差不稳和梯度信息变化频繁导致局部最优的场合下，DE 算法能收敛到全局最优。

6.4.4　机器人学

机器人是一类复杂的难以精确建模的系统，很多进化类算法都在机器人领域获得了较好的应用，DE 算法描述问题的方式接近于实际，进化过程控制变量较少，其变异操作具有遗传算法不具备的微调功能，机器人学也是 DE 算法的重要应用领域。文献[29]将 DE 算法应用到机器人设计和机器人装置的空间综合设计，同标准 GA、改进 GA 进行比较，得到了更好的效果。文献[30]利用 DE 算法进行复杂环境下的机器人路径规划问题求解，结果表明，该方法对解决大范围、复杂障碍环境下的机器人运动路径规划问题的可适用性。DE 算法还在机器人逆运动学求解和行为协调等方面得到了研究和应用[31]。

6.4.5　其他应用领域

DE 已被成功应用于电力系统领域，文献[32]研究了将 DE 算法用于电力系统中的最优能流控制，结果表明，即使在具有非凸燃料特性的生产装置下，算法也能找到精确的最优潮流解。文献[33]使用 DE 算法分析非线性电路的操作点，与传统的牛顿-拉普森方法相比，更容易得到全局最优解。在图像处理方面，文献[31]将 DE 算法应用于头部电阻抗成像（EIT），文献[34]在图像配准中使用 DE 算法进行多个图像的匹配和特征提取，文献[35]将改进 DE 算法用于相机标定，这些应用都取得了比较好的效果。

此外，在化工应用[36]、电磁场[37]、故障诊断[38]等领域，DE 也取得了一定成果。

6.5　差分进化算法在智能配电网中的应用

6.5.1　差分进化算法在分布式电源选址定容问题中的应用

分布式电源(DG)是指满足用户特定需要、支持现有配电网的经济运行、靠近用户且与环境兼容、功率从数千瓦到数兆瓦的小型发电机组。主要包括以液体或气体为燃料的内燃机微型燃气轮机太阳能发电、风力发电等。当DG接入配电网时,会给配电网络的运行带来一系列的影响,一方面它能够改善电压质量、降低网络损耗;另一方面,当DG的接入位置与接入容量不合适时,又会威胁配电网的安全运行,对配电网的电能质量、继电保护、潮流分布都会造成重要影响。因此,DG的选址定容问题成为一个重要研究方向。

DG选址定容问题是在满足给定的投资及系统运行等约束条件下,对DG的布点和容量进行优化,使得效益最大化。随着对电力系统运行要求的提高,DG选址定容问题已经从仅考虑网损最小的单目标问题发展成为综合考虑电压质量、电流质量和环境因素等各个方面的多目标优化问题[39]。二次规划法、遗传算法等方法被应用于求解多目标选址定容问题,但这类方法需要设置权重来将多目标问题转化为单目标问题进行求解,而在现实中这些权重往往是难以确定的。近年来,随着多目标优化算法(multiobjective optimization evolutionary algorithm,MOEA)的发展,为多目标优化问题提供了新思路。MOEA不需要设置权重,而是得到一组均匀分布的非劣Pareto最优解集。决策者可以根据需求,利用多属性决策方法从中选取一个或多个最优解,因此本节将MOEA应用于求解DG多目标选址定容问题。

1. 选址定容问题的优化模型

1) 目标函数

本节从配电网络经济性、安全性以及电压质量多方面考虑,建立包含配电网有功损耗最小、电压稳定裕度最大及节点电压偏差最小的多目标DG优化配置模型。

(1) 网络有功损耗最小。系统有功损耗最小的表达式为

$$\min F_1(x) = \min P_{\text{loss}} = \sum_{k=1}^{N_b} (V_i^2 + V_j^2 - 2V_iV_j\cos\theta_{ij})g_{ij} \tag{6.33}$$

式中,V_i、V_j为线路两端电压幅值,θ_{ij}为线路两端电压相角差,g_{ij}为线路导纳的实部,N_b为系统支路数目。

(2) 电压稳定裕度最大。随着配电网负荷的增大,高峰负荷会造成系统电压不稳定,极大地影响配电网的安全运行。依据文献[2],可定义配电网支路b_{ij}的电

压稳定指标 L_{ij}：

$$L_{ij}=4[(P_jX_{ij}-Q_jR_{ij})^2+(P_jR_{ij}+Q_jX_{ij})V_i^2]/V_i^4 \tag{6.34}$$

式中，P_j、Q_j 分别为线路末端流经的有功、无功功率，R_{ij}、X_{ij} 分别为线路电阻、电抗，V_i 为首端节点电压幅值。L_{ij} 值描述支路电压的不稳定程度，整个配电系统稳定指标可取值为系统中最恶劣的支路电压稳定指标：

$$L=\max(L_1,L_2,\cdots,L_{N_b}) \tag{6.35}$$

当 $L=1$ 时，系统处于临界崩溃状态，利用 L 与 1.0 的距离来度量系统电压稳定裕度，其可定义为

$$M=1-L \tag{6.36}$$

由上述推导可知，系统电压稳定裕度最大等价于系统电压稳定指标最小，故电压稳定裕度最大可描述为

$$\min F_2(x)=\min L \tag{6.37}$$

(3) 节点电压偏差最小。节点电压是衡量配电网电能质量的重要指标，电压偏差目标函数可描述为

$$\min F_3(x)=\sum_{i=1}^{N}\left(\frac{V_i-V_i^{\text{spec}}}{V_i^{\max}-V_i^{\min}}\right)^2 \tag{6.38}$$

式中，V_i^{spec} 为节点 i 期望电压幅值，$V_i^{\max}$ 和 $V_i^{\min}$ 分别为节点 i 的电压上限和下限，V_i 为节点 i 的实际电压幅值，N 为配电系统节点数目。

2) 网络约束条件

(1) 潮流方程约束为

$$\begin{cases}P_{\text{DG}i}-P_{\text{d}i}-V_i\sum\limits_{j=1}^{N}V_j(G_{ij}\cos\theta_{ij}+B_{ij}\sin\theta_{ij})=0\\Q_{\text{DG}i}-Q_{\text{d}i}-V_i\sum\limits_{j=1}^{N}V_j(G_{ij}\sin\theta_{ij}-B_{ij}\cos\theta_{ij})=0\end{cases} \tag{6.39}$$

式中，$P_{\text{DG}i}$ 和 $Q_{\text{DG}i}$ 为节点 i 处所接 DG 的有功出力和无功出力；$P_{\text{d}i}$ 和 $Q_{\text{d}i}$ 分别为节点 i 处有功负荷和无功负荷；G_{ij} 和 B_{ij} 分别为节点导纳矩阵对应的电导和电纳。

(2) 节点注入有功功率约束为

$$\begin{cases}P_{\text{DG}i}^{\min}\leqslant P_{\text{DG}i}\leqslant P_{\text{DG}i}^{\max}\\Q_{\text{DG}i}^{\min}\leqslant Q_{\text{DG}i}\leqslant Q_{\text{DG}i}^{\max}\end{cases} \tag{6.40}$$

式中，$P_{\text{DG}i}^{\min}$、$P_{\text{DG}i}^{\max}$ 和 $Q_{\text{DG}i}^{\min}$、$Q_{\text{DG}i}^{\max}$ 分别为 DG 有功功率和无功功率的下限、上限值。

(3) 节点电压约束为

$$V_{i\min}\leqslant V_i\leqslant V_{i\max} \tag{6.41}$$

式中，$V_{i\min}$ 和 $V_{i\max}$ 为节点电压的下限和上限值。

(4) 线路传输功率约束为

$$|P_{ij}|\leqslant P_{\text{smax}} \tag{6.42}$$

式中，P_{smax}为传输线路有功的上限值。

(5) 分布式电源出力约束为

$$\sum_{i=1}^{N_{DG}} P_{DGi} \leqslant 0.25 S_{load}^{max} \tag{6.43}$$

式中，P_{DGi} 为 DG 有功功率，$\sum S_{load}$ 为各节点负荷之和。

3) 优化问题模型建立

DG 选址定容问题的约束条件与前文所述的等式约束和不等式约束相同，在此不再赘述。结合目标函数和约束，DG 选址定容优化问题可描述为

$$\min[F_1(x), F_2(x), F_3(x)] \tag{6.44}$$

$$\text{s.t.}\ h_i(x)=0, \quad i=1,\cdots,n_e \tag{6.45}$$

$$g_i(x)\leqslant 0, \quad i=1,\cdots,n_{ine} \tag{6.46}$$

式中，n_e 为等式约束数目，n_{ine}为不等式约束数目，x 为优化问题的独立控制变量。本节 DG 采用具有稳定输出功率的 PQ 型电源，功率因数一定，独立控制变量为各 DG 的接入位置及接入容量。其中，接入位置采用整数编码，接入容量采用实数编码，控制变量混合编码方案可表达为

$$x^T=[\text{Loc}_{DG_1}, P_{DG_1}, \cdots, \text{Loc}_{DG_{N\_DG}}, P_{DG_{N\_DG}}] \tag{6.47}$$

式中，N_DG 为系统允许接入 DG 的最大数目。

4) 约束条件在优化过程中的处理

等式约束可通过潮流计算来保证；不等式约束中 DG 出力约束通过控制变量的上下限限定来保证，其他约束可通过罚函数的形式引入前面所述的各目标函数中得到新的目标函数值 F_k'，其可表达为

$$\min F_k'(x) = F_k(x) + w_1 \sum_{i=1}^{N} \left(\frac{\Delta V_i}{V_i^{max} - V_i^{min}}\right)^2 + w_2 \sum_{i=1}^{N_b} \left(\frac{\Delta S_i}{S_i^{max} - 0}\right)^2 + w_3 \left[\frac{\Delta P_{DG}}{0.25\sum S_{load} - 0}\right]^2, \quad k=1,2,3 \tag{6.48}$$

式中，ΔV_i、ΔS_i 和 ΔP_{DG}分别为节点电压、线路功率和 DG 接入有功容量的越限值，w_1、w_2 和 w_3 分别为其越界惩罚系数。

2. 多目标差分进化算法

1) 多目标差分进化算法简述

多目标差分进化算法(DEMO)的变异、交叉操作过程和原理都与 DE 算法相同，选择操作采用了 NSGA-II 算法中 Pareto 非劣等级设置和拥挤距离计算等流程[40]，使其适用于求解多目标问题，得到一组 Pareto 最优解集，具体算法内容见文献[41]。

2）用于 DG 优化配置问题的 DEMO 算法流程

如图 6.2 所示，基于 DEMO 的 DG 优化配置问题算法步骤可描述如下：

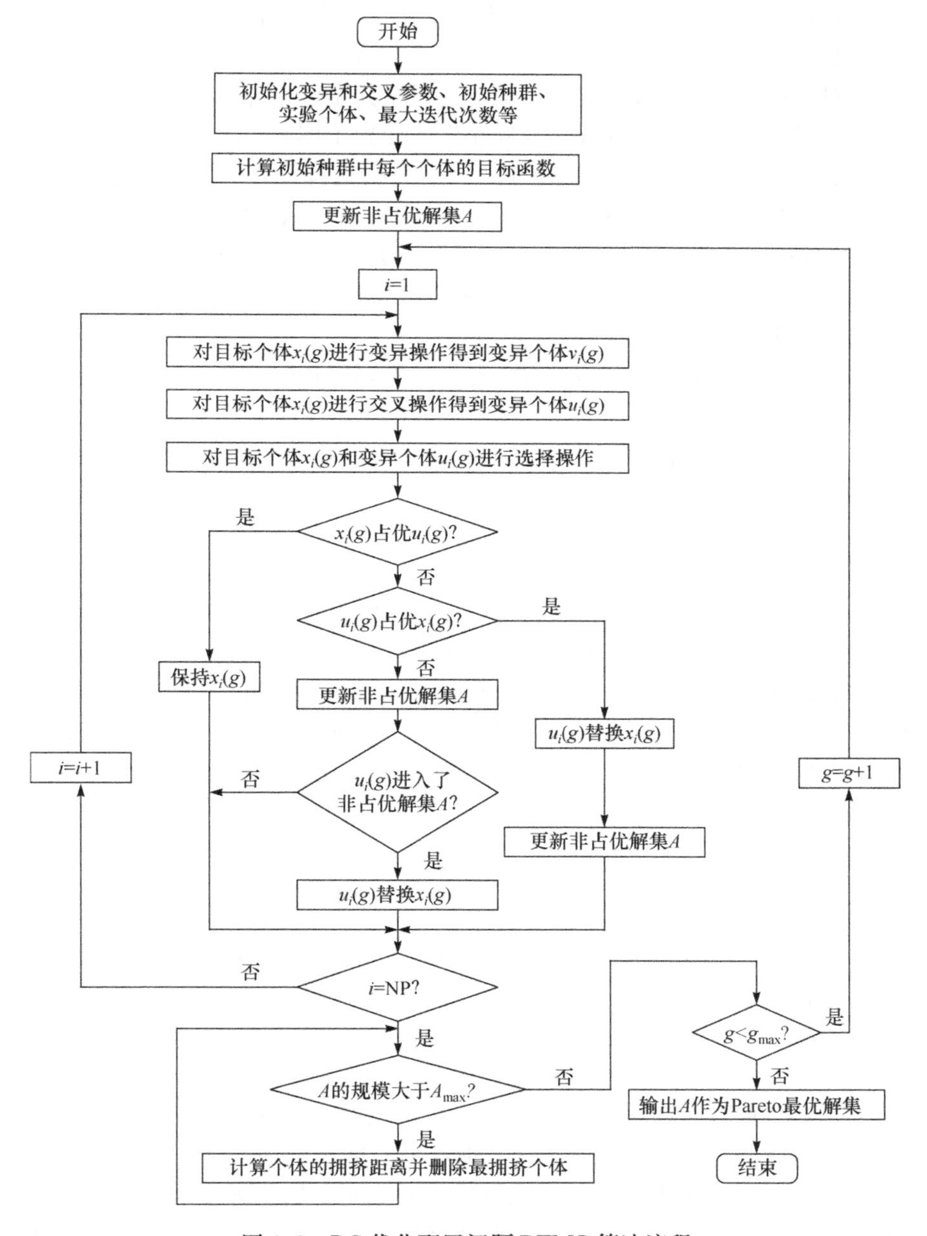

图 6.2　DG 优化配置问题 DEMO 算法流程

(1) 初始化种群,参数包括种群规模 NP,进化代数 $T_{\max}$,变异因子 F,交叉因子 CR,不等式约束越界惩罚因子 w_1、w_2 和 w_3。

(2) 对每个个体进行潮流计算,并计算其各目标函数值。

(3) 利用非支配排序策略更新当前非占优解集。

(4) 对目标个体 $x_i(g)$进行变异操作生成变异个体 $v_i(g)$。

(5) 对目标个体 $x_i(g)$进行交叉操作生成变异个体 $u_i(g)$。

(6) 对目标个体 $x_i(g)$和变异个体 $u_i(g)$进行选择操作:若 $x_i(g)$占优 $u_i(g)$,则保持非占优解集中 $x_i(g)$的值;若 $u_i(g)$占优 $x_i(g)$,则利用 $u_i(g)$替换 $x_i(g)$,更新非占优解集;若两者互不占优,则令两者同时进入非占优解集。

(7) 判断非占优解集是否超过非占优解集最大值,若超过,则计算所有个体的拥挤距离,并删除最拥挤个体。

(8) 判断是否达到最大进化代数,若已达到,转到步骤(9),若未达到,转到步骤(4)。

(9) 输出当前非占优解集作为 Pareto 解集,从 Pareto 解集中选择最佳决策,优化问题求解结束。

3. 算例分析

本节以 IEEE 33-bus 配电系统为例进行计算,系统具体参数见文献[42],结构如图 6.3 所示。变电站总负荷为 5084.26kW 和 2547.32kvar,系统网损为 369.26kW 和 247.32kvar,节点电压取值范围为 0.9~1.05pu。DG 待选安装节点编号为 1~32,共 32 个,DG 最大接入数目为 2 个,单个 DG 接入有功容量范围为 0.2~1.0MW,DG 采用具有稳定输出功率的 PQ 型电源,功率因数为 0.95,配电网最大渗透率设置为 25%。

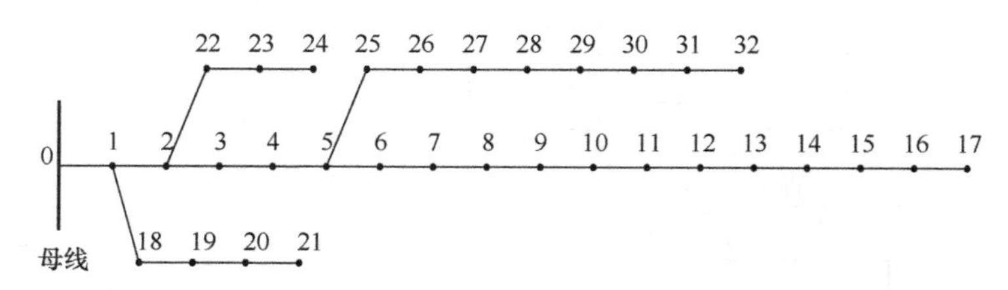

图 6.3　IEEE 33-bus 配电系统结构图

本节所述 DEMO 算法参数设置如下:种群规模 NP=200,最大进化代数 $T_{\max}=60$,变异因子 $F=0.8$,交叉因子 CR=0.8,惩罚因子 $w_1=50$、$w_2=50$、$w_3=50$。优化计算后可得 IEEE 33-bus 配电系统 DG 优化配置结果如图 6.4 所示。由图可得优化解集构成的空间中的一条曲线,解之间不存在支配关系,所得优化解为第一前沿的非劣解集。此外,优化解集在空间上分布较为均匀,未出现解分布过度密集的区域,说明该算法具有较强的全局搜索能力和良好的均匀分布特性。

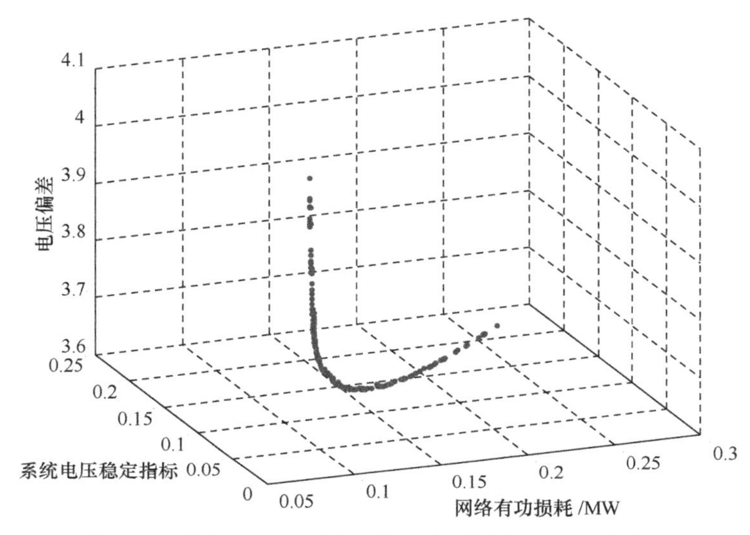

图 6.4　IEEE 33-bus 配电系统 DEMO 算法 DG 优化解集

从不同的角度观察优化解集分布，可得到目标函数两两之间的关系，如图 6.5 所示。由图 6.5(a)可知，网络有功损耗与电压稳定指标优化结果呈斜率为正的直线关系，说明两者具有协同关系，当某个解对应的网络损耗较低时，其对应的 DG 出力也较低。由图 6.5(b)可知，最小化网络损耗和最小化电压偏差具有互斥关系，当某个解对应的网络损耗具有较低的数值时，其对应的电压偏差较大。由图 6.5(c)可知，电压稳定裕度与电压偏差也具有互斥关系。通过优化分析的结果目标函数间的关系可知，决策者需要根据 DG 接入配电网的实际情况，从最优解集中选择适当的解作为优化配置方案。

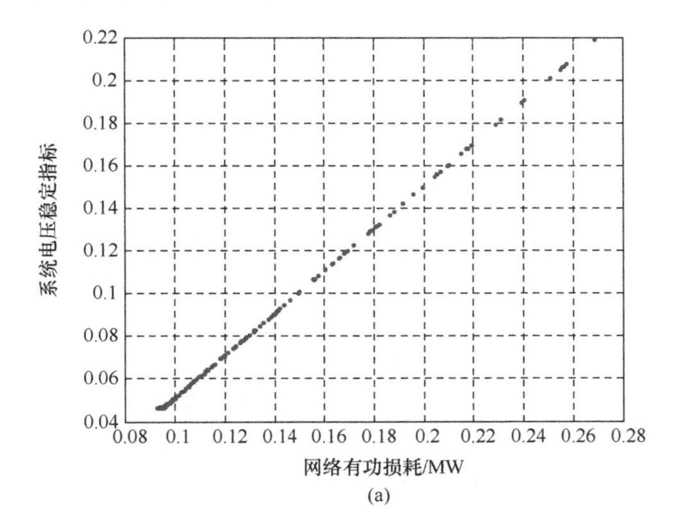

(a)

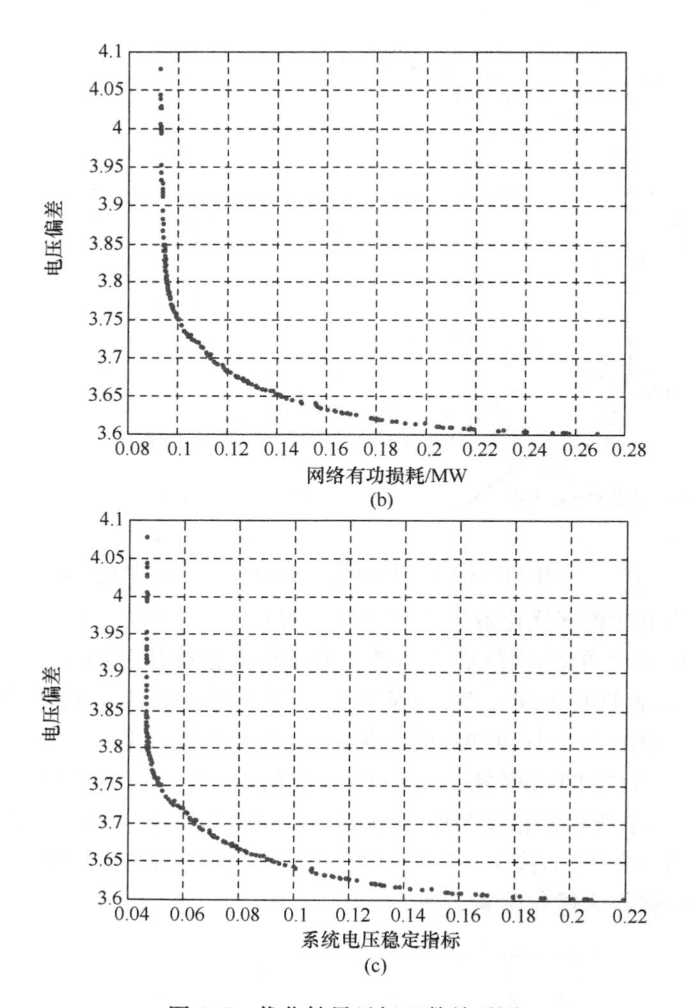

图 6.5 优化结果目标函数关系图

为了研究不同优化方案对电网的影响,本章选取以下 5 个方案进行比较:

(1) 没有接入 DG。

(2) 在 Pareto 前沿中,系统网损最小对应的外部解。

(3) 在 Pareto 前沿中,电压稳定裕度最大对应的外部解。

(4) 在 Pareto 前沿中,节点电压偏差最小对应的外部解。

(5) 综合考虑各优化目标得到的最优解。

分别按照方案 1~5 进行 DG 选址定容优化求解,其相应的目标函数值如表 6.2 所示。未接入 DG 时,三个目标函数都呈现较高的数值。当考虑单个优化目标值最小时,方案 2~4 中有功网损、电压稳定指标和电压偏差值分别可以取得

0.0925MW、0.0453 和 3.6012，但方案 2 和 3 中电压偏差比方案 4 中电压偏差增长 15.2%，方案 4 中有功网损比未接入 DG 时还要恶劣，比方案 2 中有功网损增长 192.3%。方案 5 综合考虑各优化目标，利用模糊隶属度获得最佳妥协解，其三个目标函数值分别比最小值增长 7.6%、11.9%和 4.2%，且分别比未接入 DG 时减少 50.9%、32.1%和 67.9%，实现了三个目标的统筹规划。

表 6.2　DG 优化结果

方案	有功网损/MW	电压稳定指标	电压偏差
1	0.2027	0.0746	11.7102
2	0.0925	0.0463	4.1501
3	0.0925	0.0453	4.1501
4	0.2704	0.2209	3.6012
5	0.0995	0.0507	3.7533

4. 小结

本节以线路有功损耗最小、电压稳定裕度最大和电压偏差最小为优化目标建立了 DG 多目标选址定容问题的数学模型，算例结果表明，该模型能够更好地评估 DG 接入电力系统所带来的影响。本节提出了应用 DEMO 算法，在获得优化解后，利用基于模糊集方法求取最佳解。通过对实际算例进行优化分析，验证了该方法能够较好地协调各个目标，实现 DG 多目标选址定容的决策功能。

6.5.2　差分进化算法在状态估计问题中的应用

1. 配电网系统的量测数据

1）实时量测

实时量测是指采用监控系统对配电网系统的状态进行实时控制，并采用数据采集设置对配电网系统上的相关实时数据进行采集，相关实时数据主要包括根节点注入功率、支路功率等。为了方便说明问题，做如下假设：①所有子变电站的发端、断面的发电功率因数已知，而且每一个断面的约束值也已知；②可以根据分布式发电机输出状态，得到其相应的输出和功率因数值。

基于以上假设，可以采用如图 6.6 所示的量测数据估计配电网状态。图中，$|V|$ 为电压的大小；$|I|$ 为电流的大小；P_f 为负荷功率的大小；Ave. Out 为平均输出。

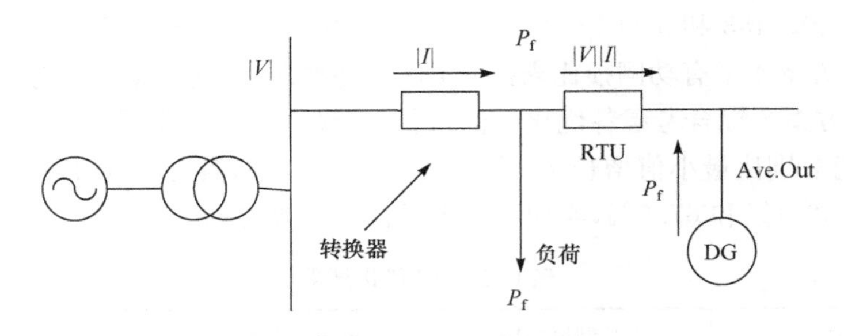

图 6.6　量测数据配置

2）伪量测

在整个配电网系统中，伪量测数据对没有办法测量的实时量测点状态估计具有重要的作用，主要是因为实时量测冗余度十分小，伪量测主要通过用户负荷的历史数据得到。

2. 配电网状态估计的目标函数设计

设配电网状态系统的有功输出为 x，即电网状态变量；z_i 为量测量 i 的测量值。则在配电网状态估计过程中，采用式(6.49)作为其目标函数，即

$$\min J(x)=\sum_{i=1}^{m} w_i\left[z_i-h_i(x)\right]^2$$
$$\text{s.t. } x_{j\min}\leqslant x_j\leqslant x_{j\max} \tag{6.49}$$

式中，w_i 为权重因子；h_i 为量测量函数；$x_{j\min}$ 和 $x_{j\max}$ 分别为第 j 个变量的下界和上界。

配电网状态估计目标：尽可能降低量测值和计算值之间的偏差。因此，式(6.49)可以看成一个非线性目标函数的优化过程，可采用进化差分算法对非线性目标函数进行求解。

3. 差分进化算法估计配电网状态的步骤

(1) 读取配电网的输出值和负荷值，并将其作为状态变量。

(2) 初始化 DE 算法参数，并产生初始种群，并对初始种群个体进行评价。

(3) 判断是否达到最大进化代数，如果是，则终止进化，输出最优配电网状态估计值；否则继续。

(4) 通过变异操作、交叉操作产生新的个体，并加入种群中。

(5) 进行选择操作，产生新的种群。

(6) 个体优劣采用配电网估计结果偏差进行衡量。

(7) 进化代数增加,并返回步骤(3)。

4. 仿真实验

1) 实验平台

为了测试改进差分进化(IDE)算法配电网估计的准确性,在 Intel 4 核 2.8GHz CPU、8GB RAM、Windows7 操作系统的计算机上,采用 MATLAB 2014 进行仿真实验,选择粒子群算法、基本 DE 算法和遗传算法进行对照实验,采用配电网估计结果的相对误差作为评价标准,其定义如下:

$$e=\frac{x_{\text{pred}}-x_{\text{true}}}{x_{\text{true}}}\times 100\% \tag{6.50}$$

式中,x_{pred}为估计值,x_{true}为实际值。

2) 结果与分析

(1) 电压和电流的量测值估计性能对比。图 6.7 和图 6.8 为粒子群算法、基本 DE 算法、遗传算法及 IDE 算法的电压量测值和电流量测值的估计值与实际值的相对偏差。从图 6.7 可以看出,IDE 算法电压量测值的估计相对偏差在 0.1% 以内,远远小于粒子群算法、基本 DE 算法及遗传算法的估计相对偏差;从图 6.8 可以看出,IDE 算法电流量测值的估计相对偏差在 2% 以内,也小于对比算法的估计相对偏差,这主要是由于 IDE 算法可以得到更优的配电网状态估计结果,对比结果证明了 IDE 算法的有效性和优越性。

(2) 不同算法的运行速度估计。在实际应用中,配电网状态估计算法的运行速度十分重要,为此统计每一种算法的运行耗时,找到最优解的迭代次数,结果如

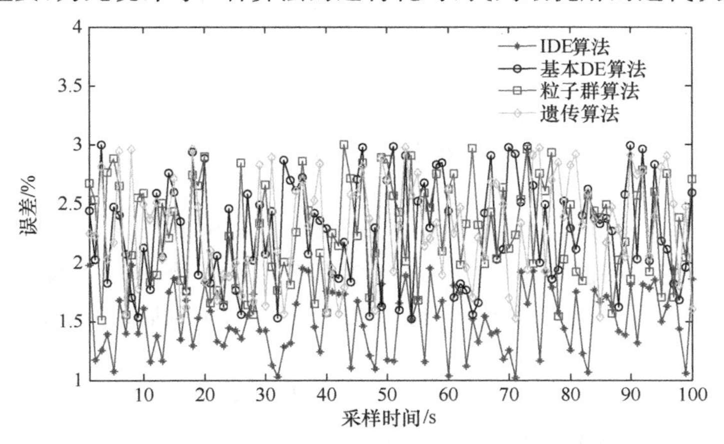

图 6.7　不同算法的电压量测值估计偏差变化曲线

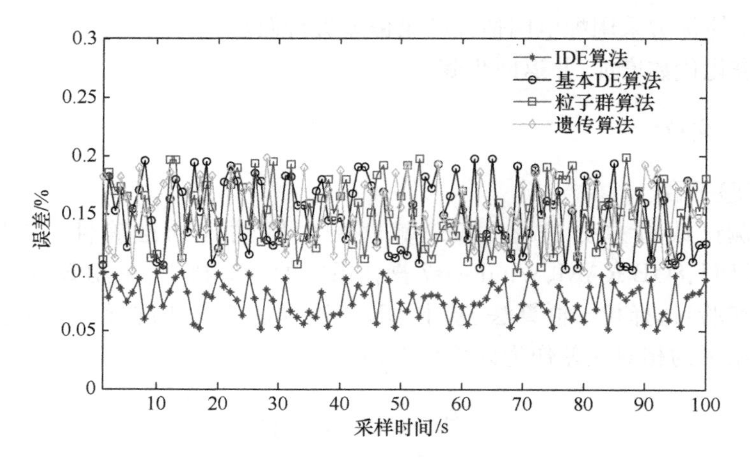

图 6.8 不同算法的电流量测值估计偏差变化曲线

表 6.3 所示。从表可知，对于粒子群算法、基本 DE 算法和遗传算法，IDE 算法加快了收敛速度，提高了收敛准确度，加快了配电网状态估计问题的求解度，迭代次数更少，稳定性更好，运行效率得到了不同程度的提高，可以应用于大规模配电网的状态估计中。

表 6.3 不同配电网估计算法的运行速度对比

算法	运行时间/s	迭代次数
遗传算法	0.557	120
粒子群算法	0.470	100
标准 DE 算法	0.485	108
IDE 算法	0.393	92

6.6 差分进化算法展望

DE 算法是一种新兴的有潜力的进化算法，已研究和应用的成果都证明了其有效性和广阔的发展前景，但由于人们对其研究刚刚开始，远没有像遗传算法那样已经具有良好的理论基础、系统的分析方法和广泛的应用基础，目前主要在以下领域还有待于进一步开展研究：

(1) 算法分析。DE 算法在应用中被证明是有效的，但并没有给出收敛性、收敛速度估计等方面的数学证明。有些文献[43]对收敛性等进行了一些研究，但与遗传算法相比在理论和数学基础上的研究还不够深入。

(2) 参数选择和优化。种群数量、变异算子、交叉算子等参数选择对DE算法的性能有重要影响,如何选择、优化和调整参数,使算法既能避免早熟又能较快收敛,对研究和应用有着重要的意义。

(3) 算法改进。由于实际问题的多样性和复杂性,尽管已经出现了许多改进的DE算法,但仍不能满足需要,研究新的改进DE算法是必要而且迫切的。目前已有很多遗传算法和其他经典、现代优化算法结合的成果应用,如何将其他优化算法和DE算法的优点相结合,构造出有特色、有实用价值的混合算法是当前算法改进的一个热点方向。

(4) 算法应用。算法的有效性必须在应用中才能体现,目前应用研究大多集中在函数优化、组合优化、神经网络训练、机器人学等方面,还需要在更广阔的领域展开应用研究,如自动控制、模式识别、生产调度、数据挖掘等。

参考文献

[1] 刘杨华,吴政球,涂有庆,等. 分布式发电及其并网技术综述[J]. 电网技术,2008,32(15):71-77.

[2] Storn R,Price K. Minimizing the real functions of the ICEC'96 contest by differential evolution[C]. Proceedings of IEEE International Conference on Evolutionary Computation,1996:842-844.

[3] 胡骅,吴汕,夏翔,等. 考虑电压调整约束的多个分布式电源准入功率计算[J]. 中国电机工程学报,2006,26(19):13-17.

[4] Storn R,Price K. Differential evolution—A simple and efficient heuristic for global optimization over continuous spaces[J]. Journal of Global Optimization,1997,(11):341-359.

[5] Qin K,Suganthan P N. Self-adaptive differential evolution algorithm for numerical optimization[C]. IEEE Congress on Evolutionary Computation,2005,(2):1785-1791.

[6] 夏澍,周明,李庚银,等. 分布式电源选址定容的多目标优化算法[J]. 电网技术,2011,35(9):115-121.

[7] 刘波,张焰,杨娜. 改进的粒子群优化算法在分布式电源选址和定容中的应用[J]. 电工技术学报,2008,23(2):103-108.

[8] Luis F,Antonio P,Gareth P. Evaluating distributed generation impacts with a multiobjective index[J]. IEEE Transactions on Power Delivery,2006,21(3):1452-1459.

[9] 郑漳华,艾芊,顾承红,等. 考虑环境因素的分布式发电多目标优化配置[J]. 中国电机工程学报,2009,29(13):23-28.

[10] Singh D,Verma K S. Multiobjective optimization for DG[J]. IEEE Transactions on Power Systems,2009,24(1):427-436.

[11] El-Ela A A,Allam S M,Shatla M M. Maximal optimal benefits of distributed generation using genetic algorithms[J]. Electric Power System Research,2010,80(7):869-877.

[12] Omran G H,Saiman A. Computational Intelligence and Security[M]. Berlin:Springer,2006.

[13] Chakraborty U K, Das S, Konar A. Differential evolution with local neighborhood[C]. Proceedings of the IEEE Congress on Evolutionary Computation, 2006: 2042-2049.

[14] Abbass H A. The self-adaptive Pareto differential evolution algorithm: Evolutionary computation[C]. Proceedings of the Congress on Evolutionary Computation, 2002: 831-836.

[15] Robic T, Filipic B. DEMO: Differential evolution for multiobjective optimization[C]. Lecture Notes in Computer Science, 2005: 520-533.

[16] Madavan N K. Multiobjective optimization using a Pareto differential evolution approach[C]. Proceedings of the Congress on Evolutionary Computation, 2002: 1145-1150.

[17] Deb K, Pratap A, Agarwal S, et al. A fast and elitist multiobjective genetic algorithm: NSGA-II[J]. IEEE Transactions on Evolutionary Computation, 2002, 6(2): 182-197.

[18] Jensen M T. Reducing the run-time complexity of multiobjective EAs: The NSGA-II and other algorithms[J]. IEEE Transactions on Evolutionary Computation, 2003, 7(5): 503-515.

[19] Ahuja R K, Orlin J B. Developing fitter genetic algorithms[J]. Journal of Computing, 1997, 9(3): 251-253.

[20] Kaelo P, Ali M M. A numerical study of some modified differential evolution algorithms[J]. European Journal of Operational Research, 2006, 169(3): 1176-1184.

[21] Yang J Y, Ling Q, Sun D M. A differential evolution with simulated annealing updating method[C]. Proceedings of the International Conference on Machine Learning and Cybernetics, 2006: 2103-2106.

[22] Chiou J P, Chang C F, Su C T. Ant direction hybrid differential evolution for solving large capacitor placement problems[J]. IEEE Transactions on Power System, 2004, 19(4): 1794-1800.

[23] Xue F, Sanderson A C, Graves R J. Pareto-based multi-objective differential evolution[C]. Proceedings of the Congress on Evolutionary Computation, 2003: 862-869.

[24] Zitzler E, Thiele L. Multiobjective evolutionary algorithms: A comparative case study and the strength Pareto approach[J]. IEEE Transactions on Evolutionary Computation, 1999, 3(4): 257-271.

[25] Sarimveis H, Nikolakopoulos A. A line up evolutionary algorithm for solving nonlinear constrained optimization problems[J]. Computers & Operations Research, 2005, 32(6): 1499-1514.

[26] Onwubolu G, Davendra D. Scheduling flow shops using differential evolution algorithm[J]. European J of Operational Research, 2006, 171(2): 674-692.

[27] Kiranmai D, Jyothirmai A, Murty C S. Determination of kinetic parameters in fixed-film bioreactors: An inverse problem approach[J]. Biochemical Engineering, 2005, 23(1): 73-83.

[28] Kapadi M D, Gudi R D. Optimal control of fed-batch fermentation involving multiple feeds using differential evolution[J]. Process Biochemistry, 2004, 39(11): 1709-1721.

[29] Chaitali M, Kapadi M, Suraishkumar G K, et al. Productivity improvement in xanthan gum fermentation using multiple substrate optimization[J]. Biotechnology Progress, 2003, 19(4):

1190-1198.

[30] Chakraborti N, Deb K, Jha A. A genetic algorithm based heat transfer analysis of a bloom re-heating furnace[J]. Steel Research, 2000, 71(10): 396-402.

[31] Huang H J, Wang F S. Fuzzy decision-making design of chemical plant using mixed-integer hybrid differential evolution[J]. Computers & Chemical Engineering, 2002, 26(12): 1649-1660.

[32] Chang Y P, Wu C J. Optimal multiobjective planning of large-scale passive harmonic filters using hybrid differential evolution method considering parameter and loading uncertainty[J]. IEEE Transactions on Power Delivery, 2005, 20(1): 408-416.

[33] Chang T T, Chang H C. An efficient approach for reducing harmonic voltage distortion in distribution systems with active power line conditioners[J]. IEEE Transactions on Power Delivery, 2000, 15(3): 990-995.

[34] Kannan S, Slochanal S M R, Padhy N P. Application and comparison of metaheuristic techniques to generation expansion planning problem[J]. IEEE Transactions on Power Systems, 2005, 20(1): 466-475.

[35] Crutchley D A, Zwolinski M. Globally convergent algorithms for DC operating point analysis of nonlinear circuits[J]. IEEE Transactions on Evolutionary Computation, 2003, 7(1): 2-10.

[36] 张吴明，钟约先. 基于改进差分进化算法的相机标定研究[J]. 光学技术，2004，30(6)：720-723.

[37] Aydin S, Temeltas H. Fuzzy-differential evolution algorithm for planning time-optimal trajectories of a unicycle mobile robot on a predefined path[J]. Advanced Robotics, 2004, 18(7): 725-748.

[38] Shiakolas P S, Koladiya D, Kebrle J. Optimum robot design based on task specifications using evolutionary techniques and kinematic, dynamic and structural constraints[J]. Inverse Problems in Engineering, 2002, 10(4): 359-375.

[39] Joshi R, Sanderson A C. Minimal representation multisensor fusion using differential evolution[J]. IEEE Transactions on Systems, Man and Cybernetics: A, 1999, 29(1): 63-76.

[40] 刘源. 大规模复杂配电网的分布式 并行优化计算技术研究[D]. 北京：北京航空航天大学，2013.

[41] 吴亮红. 多目标动态差分进化算法及其应用研究[D]. 长沙：湖南大学，2011.

[42] Caorsi S, Massa A, Pastorino M, et al. Optimization of the difference patterns for monopulse antennas by a hybrid real/integer-coded differential evolution method[J]. IEEE Transactions on Antennas and Propagation, 2005, 53(1): 372-376.

[43] 邓建军，徐立鸿，吴启迪. 基于遗传算法的模糊逻辑系统滚动学习方法[J]. 控制与决策，2002，17(2)：246-248.

第7章 蚁群算法

7.1 引　言

蚁群算法(ant colony optimization,ACO),又称蚂蚁算法,1991年由意大利学者Dorigo在一次欧洲人工生命会议上提出[1],在这次会议之后的一段时间内,蚁群算法并没有引起人们的太多关注,蚁群算法的研究也没有实质性的进展,直到1996年Dorigo等又在非常著名的期刊上发表了题为“Ant system: Optimization by a colony of cooperating agents”的文章[2],在这篇文章中,Dorigo细致地描述了蚁群算法的原理并建立了数学模型,并将蚁群算法通过一些实例与一些热门的算法如遗传算法等进行对比,证明了蚁群算法在旅行商问题上可以得到更好的效果。而且,在文章中还将蚁群算法应用到其他一些问题中,将蚁群算法的应用领域大大地扩展。另外,还首次探讨了蚁群算法中参数的设定对蚁群算法效率的影响[3,4]。这篇文章在学术界掀起了轩然大波,众多学者开始关注并重视起这个新兴的算法,大量的具有参考价值的论文及文章也陆续地被发表出来。Dorigo等发表的这篇文章为蚁群算法的进一步发展奠定了基础。

蚁群算法的灵感来自于自然界中蚂蚁觅食的过程,蚂蚁是具有群居性的动物,蚁群在找到食物之后总会经过最短的路径回到蚁穴,即使是环境发生了变化,蚁群也会再次找到最短路径,回到蚁穴,这就说明蚂蚁还具有适应环境的能力。经过生物学家的长期观察,发现每只蚂蚁的智商或者说智能并不高,而且在蚁群中也没有明显的蚂蚁可以起到指挥的作用,但是它们协作之后的结果却超出人们所想,这个现象引发了人们的思索。

经过大量实验,研究人员得出,蚁群间的个体并不是直接进行交流的,而是由每个单独的个体与环境进行交互,蚁群中的个体的活动是非常简单的。具体来说,每只蚂蚁通过分泌一种信息素与环境进行交互达到间接与其他蚂蚁交流的目的。蚂蚁在寻找食物或者寻找蚁穴的过程中,在路径上留下该信息素,而这种信息素可以被同一蚁群中的其他的所有蚂蚁强烈感知,相当于一种记号,这种信息素可以引导每一只蚂蚁进行方向选择[5,6]。蚂蚁会选择信息素浓度大的方向运动,因此变形成了一种正反馈的作用,如果选择某一条路径的蚂蚁越多,那么该条路径上留下的信息素浓度也就越大,后来的蚂蚁选择该条路径的概率也就越大,就这样完成了蚁群间的交互作用。

由于来源于生物界中蚂蚁觅食这一自然现象，蚁群算法具有如下的特点与优点：

(1) 分布式计算，具有并行性。在蚁群觅食的过程中可以看到，每只蚂蚁是独立工作的，个体间互不干扰，不受监督，多个点同时工作，可以快速地得到全局解。

(2) 简易性。蚁群算法的灵感来自于自然界的一种自然现象，利于人们理解。

(3) 鲁棒性。蚁群算法是一种概率的搜索算法，不依赖于其他信息，且对蚁群算法轻微改动就可以被应用于各个领域。

(4) 正反馈性。该特性保障了优良的选择或者方案可以被很好地保留下来。

(5) 自组织性。该特性是指在没有外界干预的情况下，整个系统内部自行进行调节和选择，逐步得到最优解[7-9]。

蚁群算法早期的提出是为了解决旅行商问题(traveling salesman problem, TSP)，随着人们对于蚁群算法的深入研究，发现蚁群算法在解决二次优化问题有着广泛的应用前景，因此蚁群算法也从早期的解决旅行商问题逐步向更多的领域发展。目前利用蚁群算法在解决调度问题、公交车路线规划问题、机器人路径选择问题、网络路由问题，甚至在企业的管理问题、模式识别与图像配准等领域都有着广泛的应用空间。

(1) 二次分配问题(quadratic assignment problem, QAP)。QAP是继TSP之后提出的问题。该问题是将 n 个设备分配到 n 个节点，而分配的成本是分配方式的函数，要求在最小费用的前提下提出分配的方式。1994年首次有学者提出As-QAP算法[10]。通过对这一类问题的大量实验和数据验证，证明蚁群算法可达到与模拟退火算法和进化计算等启发式算法相同的性能。在此基础上也有学者利用其他改进算法提出了ANTs-QAP算法[11]和MMAs-QAP算法[12]，也获得了类似的结果。

(2) 计算机网络路由。随着互联网的发展，网络的分布式多媒体应用对互联网的服务质量(QoS)要求越来越高。不同的服务应用对于网络所能提供的QoS有着不同的要求。路由规划是实现QoS的关键。利用蚁群算法解决在受限制条件下的路由问题，可以解决在带宽、延时、包丢失、最小花费等诸多约束条件下的QoS问题，可将各种约束条件协调一致，达到较好的优化效果，提高了路由的均衡性和网络的负载能力。Islam等利用该算法很好地解决了移动自组网(MANET)最优规划问题[13]。但算法的实验环境相对简单，没有更加复杂的网络环境，因此对于此类问题的扩展明显不足。

7.2 蚁群算法理论基础

人工蚁群算法是受人们对自然界中真实的蚂蚁集体行为的研究成果而启发提出的一种基于种群的模拟进化算法,属于随机搜索算法。蚁群算法充分利用了蚁群搜索食物的过程与著名的旅行商问题之间的相似性,通过人工模拟蚂蚁觅食的过程来求解旅行商问题,为了区别真实蚂蚁群体系统,称这种算法为"人工蚁群算法"。

7.2.1 基本蚁群算法

1) 真实的蚁群行为

真实蚂蚁能够不使用可见的线索,却能发现从食物源到蚁巢的最短路径。而且,它们能够适应环境的改变。如果出现新的障碍,旧的最短路径不再可行,就要寻找新的最短路径。图 7.1 形象地展示了蚁群的觅食过程。

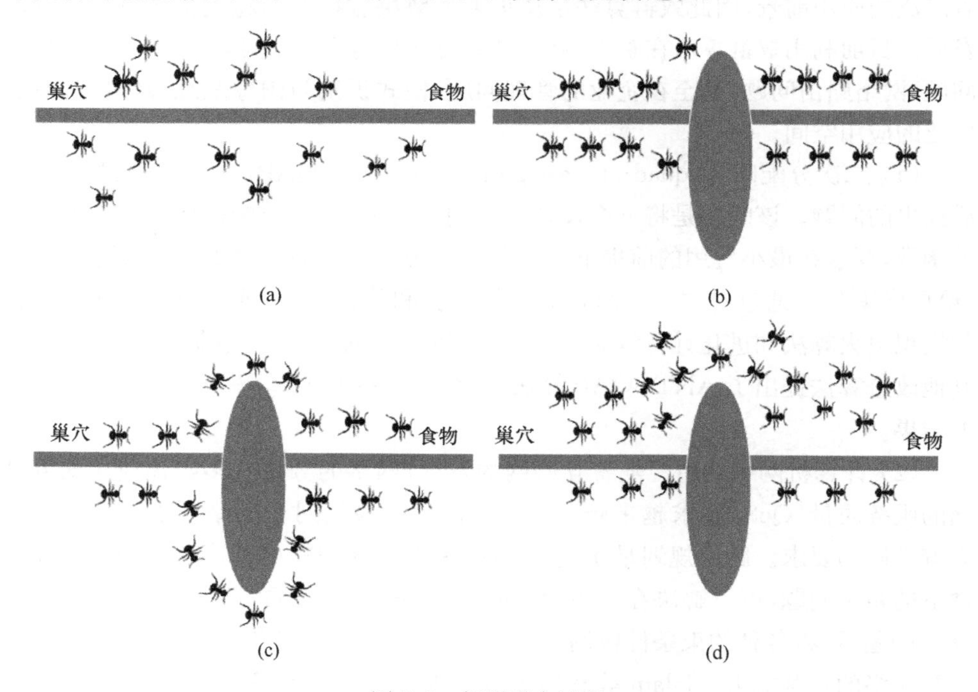

图 7.1 蚁群觅食过程

图 7.1(a)中蚂蚁正在连接食物源和巢穴的最短路径上移动,蚂蚁为了形成和保持这条路径所使用的主要方法正是信息素轨迹。蚂蚁在行走期间投下一定量的信息素,每只蚂蚁在概率上更喜欢跟随信息素多的方向。

图7.1(b)中出现了意想不到的障碍物，它们会将被破坏的路径重新连接并发出最短路径。

从图7.1(c)中可以看到，有的蚂蚁向左转，有的蚂蚁向右转，那些偶尔选择了障碍物附近较短路径的蚂蚁与选择较长路径的蚂蚁相比，将会更快地重新组建被阻断的信息素轨迹。因为在单位时间内，蚂蚁在较短的路径上会接收到数量较多的信息素。这将依次引起更多数量的蚂蚁选择这条较短的路径。

从图7.1(d)中可以看到，所有蚂蚁都选择了从食物源到巢穴最短的路径。人工蚁群算法就是模仿真实蚂蚁的这种行为而产生的。

2) 蚂蚁行为的特点

通过前文对真实蚂蚁的行为描述可以看出，信息素交流是蚂蚁寻找最短路径最重要的媒介和手段。在真实世界中，蚂蚁的任何活动都是凭借信息素进行的，它们有朝着信息素多的方向运动的趋势，并且在这个过程中留下新的信息素，以指引后来的蚂蚁。可以看出，这是一种正反馈机理。通过信息素的交流，收集个体信息与整个群体信息的共享、信息的学习等，不断地优化系统。蚂蚁的这种寻优机理很简单，每个个体的行为也很简单，但是整个群体通过信息素的作用，就使得蚁群可以解决很复杂的问题。

3) 人工蚁群算法的产生

人工智能在经历了20世纪80年代整整10年的繁荣后，由于方法论上始终没有突破经典计算思想的藩篱，再次面临着寒冬季节的考验。与此同时，随着人们对生命本质的不断了解，生命科学却以前所未有的速度迅猛发展。在这种背景下，社会性动物的自组织行为引起了人们的广泛关注，许多学者对这种行为进行数学建模并用计算机对其进行仿真。

从20世纪50年代中期开始，仿生学日益得到人们的重视。受仿生学中生物进化机理的启发，人们提出了一系列新的算法，解决了许多比较复杂的优化问题。遗传算法、人工免疫算法、人工神经网络等算法相继出现，并得到了发展，逐渐成为比较成熟的算法。

在这些自组织行为中，又以蚁群在觅食过程中总能找到一条从蚁巢到食物源的最短路径最为引人注目。受其启发，意大利的Dorigo、Maniezzo、Colorni等经过大量的观察和实验发现[1]，蚂蚁在觅食过程中留下了一种外激素，又称信息素。它是蚂蚁分泌的一种化学物质，蚂蚁在寻找食物时会在经过的路上留下这种物质，以便在回巢时不至于迷路，而且方便找到回巢的最优路径。由此，Dorigo等首先提出了一种新的启发式优化算法，称为蚁群算法。蚁群算法是最新发展的一种模拟昆虫王国中蚂蚁群体智能行为的仿生优化算法，它具有较强的鲁棒性、优良的分布式计算机制、易于与其他方法相结合等优点。该算法首先用于求解著名的旅行商问题并获得了较好的效果。在20世纪90年代中期，这种算法逐渐引起了许多研究者的注意，并对该算法进行了各种改进或将其应用于更为广泛的领域，取得了一些令人鼓舞的成果。

4）基本蚁群算法模型的建立

蚁群算法最早就是被用来解决旅行商问题的。为了更方便地阐述算法的思想，现仍然以求解平面上由 n 个城市组成的旅行商问题为例，来分析蚁群算法的基本原理。对于其他形式的优化问题分析，在这一问题的基础上进行修改即可得到相应的优化算法。

首先要对蚂蚁的搜索环境进行一些假设并设定一些具体参数：

设 $b_i(t)$ 为元素 i 在 t 时刻存在的蚂蚁数量；$\tau_{ij}(t)$ 为路径 (i,j) 上 t 时刻的信息素浓度数值；n 表示旅行商问题中的城市数目；m 表示蚁群算法的规模即蚁群中的蚂蚁总数，$m=\sum_{i=1}^{n} b_i(t)$；$L=\{\tau_{ij}(t) \mid c_i \mid c_i \subset C\}$ 是 t 时刻所有城市之间路径上的信息素残留量的集合。蚁群算法的初始时刻各个路径上的信息素通常设定为一个常数 $\tau_{ij}(t)=c$。蚂蚁 $k(k=1,2,\cdots,m)$ 在路径的搜索过程中，根据不同路径上的信息素浓度来决定其下一步的搜索路径。$P_{ij}^k(t)$ 表示在 t 时刻蚂蚁 k 由元素（城市）i 转移到元素（城市）j 的选择概率：

$$P_{ij}^k(t)=\begin{cases}\dfrac{[\tau_{ij}(t)]^\alpha \cdot [\eta_{ij}(t)]^\beta}{\sum\limits_{j\subset \text{allowed}_k} [\tau_{ij}(t)]^\alpha \cdot [\eta_{ij}(t)]^\beta}, & j\in \text{allowed}_k \\ 0, & \text{其他}\end{cases} \tag{7.1}$$

式中，allowed_k 表示蚂蚁 k 下一步允许选择的城市；α 为信息素强度影响因子，表示蚂蚁对于信息素浓度的敏感程度，也表明此路径的相对重要性，其值越大，此时蚂蚁在选择下一搜索路径时，越容易受到信息素浓度的影响，蚂蚁更趋向于信息素浓度较高的路径；β 为能见度因子，又称期望因子，表示蚂蚁本身的能见度对在路径选择中的重要性，其值越大，则蚂蚁选择路径时越依赖于能见度信息，当取值很高时，蚂蚁则是以一种几乎贪婪的规则选择下一步的搜索路径，而忽略信息素影响；$\eta_{ij}(t)$ 为启发函数，其表达式如下：

$$\eta_{ij}(t)=\frac{1}{d_{ij}} \tag{7.2}$$

式中，d_{ij} 表示两个相邻元素间的距离，d_{ij} 的数值越小，说明两城市相距越近，同时 $\eta_{ij}(t)$ 越大，$P_{ij}^k(t)$ 也就越大，蚂蚁下一步选择这一个城市的概率也就越高，也就是说该函数表征了蚂蚁从一个城市到另一个城市的期望度数值。

随着蚂蚁的不断搜索，很多路径上都会留下信息素，为了防止各个路径上的大量残留信息素不断积累从而导致蚂蚁忽略能见度信息，当每只蚂蚁每完成一步搜索或者蚂蚁完成对 n 个城市的搜索（即算法完成一次迭代）后，需要对每条路径上残留的信息素量进行更新。这样，在 $t+n$ 时刻路径(i,j)上的信息素浓度可以按照下面的公式调整：

$$\tau_{ij}(t+n)=(1-\rho)\cdot\tau_{ij}(t)+\Delta\tau_{ij}(t) \tag{7.3}$$

$$\Delta\tau_{ij}(t)=\sum_{k=1}^{m}\Delta\tau_{ij}^{k}(t) \tag{7.4}$$

式中，ρ 表示信息素挥发因子，$1-\rho$ 则表示信息素残留因子，为了更加贴近自然界中的蚂蚁群体，并防止信息素的过度累积，ρ 通常的取值范围为 $\rho\subset[0,1)$；在完成一次迭代后用 $\Delta\tau_{ij}(t)$ 表示路径(i,j)上的信息素增量，初始时刻 $\Delta\tau_{ij}(t)=0$，$\Delta\tau_{ij}^{k}(t)$则表示蚂蚁 k 在本次搜索过程中在路径(i,j)上留下的信息素量。

在蚁群算法中信息素的更新策略直接关系着算法的效率和成功与否，而信息素更新的策略也会根据待解决的问题特点来选择。Dorigo 曾经提出了三种不同的基本蚁群算法模型[2,3]。这三种模型分别是 Ant-Cycle 模型、Ant-Quantity 模型和 Ant-Density 模型，其中三种模型的差别在于信息素增量 $\Delta\tau_{ij}^{k}(t)$的求法的不同。

在 Ant-Cycle 模型中：

$$\Delta\tau_{ij}^{k}(t)=\begin{cases}\dfrac{Q}{L_k}, & k\ \text{在本次循环中经过}(i,j)\\ 0, & \text{否则}\end{cases} \tag{7.5}$$

式中，Q 表示信息素强度，它在一定程度上影响算法的收敛速度；L_k 表示 k 只蚂蚁在本次循环中所走路径的总长度。

在 Ant-Quantity 模型中：

$$\Delta\tau_{ij}^{k}(t)=\begin{cases}\dfrac{Q}{d_{ij}}, & k\ \text{只蚂蚁在}\ t\ \text{和}\ t+1\ \text{之间经过}(i,j)\\ 0, & \text{否则}\end{cases} \tag{7.6}$$

在 Ant-Density 模型中：

$$\Delta\tau_{ij}^{k}(t)=\begin{cases}Q, & k\ \text{只蚂蚁在}\ t\ \text{和}\ t+1\ \text{之间经过}(i,j)\\ 0, & \text{否则}\end{cases} \tag{7.7}$$

其中，Ant-Quantity 模型和 Ant-Density 模型采用的是局部信息素更新策略，也就是说蚂蚁在每走完一步到达下一城市就对刚刚走过的路径信息素进行更新；而 Ant-Density 模型则是采用全局的信息素更新策略，当一只蚂蚁访问过所有城市后才会对所走过的路径进行信息素更新。在求解旅行商时通常采用 Ant-Cycle 模型的信息素更新策略，因为全局信息素更新的策略能够反映整体路径的信息素分布情况，对于这种求解全局最优的问题能够很有效地给出最优解的形式，通常也是采用 Ant-Cycle 模型的信息素更新策略作为该算法的基本模型。

7.2.2　蚁群算法的研究现状

蚁群算法是一种启发式算法，它主要有以下几个特点[14]：

(1) 采用分布式控制，不存在中心控制；

(2) 每个个体只能感知局部信息，不能直接使用全局信息；

(3) 个体可改变环境，并通过环境来进行间接通信；

(4) 具有自组织性，即群体的复杂行为是通过个体的交互过程中突现出来的智能；

(5) 是一类概率型的全局搜索方法，这种不确定性使算法能够有更多的机会求得全局最优解；

(6) 其优化过程不依赖于优化问题本身的严格数学性质；

(7) 是一类基于多主体的智能算法，各主体间通过相互协作来适应环境。

蚁群算法的优点：

(1) 较强的鲁棒性：对蚁群算法的模型稍加修改，便可应用于其他问题。

(2) 分布式计算：蚁群算法是一种基于种群的进化算法，本质上具有并行性，易于并行实现。

(3) 易于与其他方法结合：蚁群算法很容易与多种启发式算法结合，以改善算法的性能。

众多研究已经证明，蚁群算法具有很强的全局搜索能力，能找到较好的解。这是因为该算法不仅利用了正反馈原理，在一定程度上可以加快进化过程，而且是一种本质上的并行算法[15]。不同个体之间不断进行停息交流和传递，从而能够相互协作，有利于发现较好的解。

虽然蚁群算法被证明有很强的全局搜索能力，在很多领域也有了广泛的应用，但也有一些缺陷，主要有以下几点：

(1) 与其他算法相比，该算法一般需要较长的时间，大部分时间被用于解的构造。

(2) 该算法容易出现停滞现象，即搜索到一定程度后，各个体发现的个体解完全一致，不能对解空间进一步搜索，发现更好的解，此时即使使用随机搜索策略，也不可能在解空间中进一步进行搜索，这样就存在陷入局部最小值的可能性，不利于发现更好的解。原因就在于信息素轨迹更新规则中不被选用的弧段上的信息素轨迹和选中弧段上的信息素轨迹的差异会变得越来越大，而蚂蚁始终沿着信息素轨迹高的弧段爬行，这就导致当前不被选用的弧段今后被蚂蚁选择的概率变得越来越小，进而使算法只会在某些局部最优解附近徘徊，出现停滞现象。

蚁群算法的缺点已经引起了许多学者的注意，并提出了若干改进的蚁群算法。如蚁群系统、最大最小蚂蚁系统。近年来，蚁群优化算法研究主要集中在改善蚁群算法的性能方面。改进的方法主要是在搜索控制的具体方面不同，但这些算法都是基于蚂蚁找出最优解来指导蚂蚁搜索的过程[16]。

(1) 含有精英策略的蚂蚁系统[17]：该蚂蚁系统是最早的改进蚂蚁系统。在这个系统中，为了使得目前所找出的最优解在下一循环中对蚂蚁更有吸引力，在每次循环之后给予最优解以额外的信息素量，这样的解称为全局最优解，找出这个解的蚂蚁称为精英蚂蚁。但是该系统存在缺点，若在进化过程中，解的总质量提高，解元素之间的差异减小，将导致选择概率的差异也随之减小，使得搜索过程不会集中到所找出的最优解附近，阻止对更优解的进一步搜索。

(2) 基于优化排序的蚂蚁系统[3]：该蚂蚁系统将遗传算法中排序的概念扩展应用到蚂蚁系统中，当每只蚂蚁都生成一条路径后，蚂蚁按路径长度排序，蚂蚁对激素轨迹量更新的贡献根据该蚂蚁的排名进行加权。只考虑多只最好的蚂蚁，而且要有效避免上述的某些局部极优路径被很多蚂蚁过分重视的情况发生。

(3) 最大最小蚂蚁系统[18]：该蚂蚁系统与蚁群系统相似，为了充分利用循环最优解和到目前找出的最优解，在每次循环之后，只有一只蚂蚁进行信息素更新。这只蚂蚁可能是找出当前循环中最优解的蚂蚁，也可能是找出从实验开始以来最优解的蚂蚁。而在蚂蚁系统中，对所有蚂蚁走过的路径都进行信息素更新。为了避免搜索的停滞，把每个解的元素上的信息素轨迹量的值域范围限制在[Min，Max]区间内。在蚂蚁系统中的信息素轨迹量不被限制，使得一些路径上的轨迹量远高于其他边，蚂蚁都沿着同条路径移动，组织了进一步搜索更优解的行为。

(4) 最优最差蚂蚁系统[19]：该算法在蚁群算法的基础上进一步增强了搜索过程的指导性，使得蚂蚁的搜索更集中于当前所找出的最好路径的领域内。蚁群算法的任务就是引导问题的解向着全局最优的方向不断进化。该算法的思想就是对最优解进行更大限度的增强，而对最差解进行削弱，使得属于最优路径的边与属于最差路径的边之间的信息量差异进一步增大，从而使蚂蚁的搜索行为更集中于最优解的附近。

蚁群算法还可以与其他智能优化算法相融合，取长补短，改进和完善算法的性能。目前蚁群算法可以与遗传算法、粒子群算法等进行融合，以更有效地解决一些问题。

7.2.3　蚁群算法的最新进展

1) 针对旅行商问题的蚁群算法

利用旅行商问题中最优路径和生成树之间的关系，文献[20]将最小生成树的概念引入蚁群算法，并提出一种新的量度来构造动态候选集。该算法不仅有效地防止了解的退化，而且提高了搜索精度，收敛性有了明显改善。文献[21]从基本蚁群算法出发，基于旅行商问题的邻域结构，提出了一种改进的优化算法，给出了具体的算法步骤。该算法采用 2-opt 和 3-opt 作为混合邻域结构，可以有效地克服基本蚁群算法收敛速度慢和易于陷入局部最优解的弊病。为了解决传统蚁群算法的收敛速度慢和易陷入局部最优等缺陷，文献[22]做出如下改进：首先采用云模型来自适应控制蚂蚁，其次缩小了后继城市的搜索范围，最后引入 2-opt 局部搜索策略。该算法不仅偏离率更小，而且运行时间短。随着城市规模的增大，其优势更明显。针对旅行商问题，文献[23]提出了一种新的信息素分配策略，设定贡献越大的解元素，更新过程中分配的信息素的量就越多；反之，分配的信息素的量较少，能取得较好的效果。

2）基于遗传算法的蚁群算法

文献[24]提出了一种将 ACO 信息素应用于 GA 求解旅行商问题的新方法；利用 ACO 信息素的正反馈机制，在选择遗传操作基因位进行遗传操作（交叉和变异）时，不同于传统的随机选择方法，而是根据节点间的信息素和距离信息，定义节点之间构成遍历路径中边的概率，并以此概率确定遗传操作基因位的选择概率。文献[25]研究了多机协同空战中的多目标攻击决策问题。以攻击效果为准则建立空战决策模型，首先利用遗传算法快速随机的全局搜索能力生成信息素的初始分布，然后利用蚁群算法具有正反馈的特点求精确解。文献[26]提出了一种多源扩散蚁群遗传算法，该算法采用了多源选取和保留机制，在每一代种群的个体中选出多个源中心点，并把这些点保留至下一代种群；同时每个源中心点都产生和扩散信息素以指导个体寻优。文献[27]研究了应用于连续空间优化问题的蚁群算法，给出了信息素的留存方式以及搜索策略。另外，针对蚁群算法易陷入局部最优的缺点，在最优蚂蚁周围进行了精细搜索，并加入了自适应的交叉变异算子，从而改进了蚁群算法的全局优化性能。

3）引入多种信息素和异类蚁群的蚁群算法

根据蚁群信息素扩散和小生境思想，针对传统增强型蚁群算法容易出现早熟和停滞现象的缺陷，文献[28]提出了一种多信息素的蚁群算法（MPAS），该算法将信息素分为局部和全局两种不同的信息素，在搜索过程中，对局部和全局信息素采用不同的更新策略和动态的路径选择概率，使得在搜索的中后期能更有效地发现全局最优解。在中大型问题上，MPAS 算法有着更好的发现最优解的能力。文献[29]提出了广义蚁群算法，该算法中各个蚂蚁的蚁穴和食物位置均不同，而且一个蚁穴对应一种食物；在要求的搜索时间范围内，各个蚂蚁在蚁穴和食物间搜索过的最短路径上释放的信息素强度会增加而将其他路径的信息素消除；各个蚂蚁释放的信息素对其他蚂蚁有排斥作用，即各蚂蚁之间在行动中避免有碰撞现象发生；环境变化时各个蚂蚁在不同的蚁穴和食物间的最短路径释放不同的信息素。

4）基于聚类方法的蚁群算法

为了改善聚类分析的质量，文献[30]提出了一种基于阈值和蚁群算法相结合的聚类方法。按此方法，首先由基于阈值的聚类算法进行聚类，生成聚类中心，聚类个数也随之初步确定；然后将蚁群算法的转移概率引入平均算法，对上述聚类结果进行二次优化。在医学图像分割研究中，针对模糊 C 均值（FCM）聚类算法聚类个数难以确定、搜索过程容易陷入局部最优的缺陷，文献[31]把蚁群算法与 FCM 聚类算法有机结合，提出了一种基于蚁群算法的模糊 C 均值聚类图像分割算法。该算法首先利用蚁群算法全局性和鲁棒性的优点，得到聚类中心和聚类个数，再将其作为模糊 C 均值聚类的初始聚类中心和聚类个数，弥补了传统 FCM 聚类算法的不足，得到了较好的分割效果。

5）用于机器人路径规划的蚁群算法

文献[32]提出了一种复杂静态环境下移动机器人避碰路径规划的改进蚁群算法。基于栅格法的工作空间模型，模拟蚂蚁觅食行为，并针对移动机器人路径规划的需要，将一些特殊功能赋予常规的蚁群算法。为了避免移动机器人的路径死锁，在路径搜索过程中，当蚂蚁探索到一个死角时，建立了相应的死角表，同时用惩罚函数来更新轨迹强度。关于静态环境下机器人路径规划问题，文献[33]根据老鼠觅食行为提出了一种鼠群算法。该算法引入环境因子和经验因子，每次搜索后对路径进行经验因子更新，通过迭代的方式寻找静态环境下机器人最佳路径。同时提出一种禁忌策略，有效地避免了路径死锁问题。文献[34]对基本蚁群算法进行了改进，提出了一种基于路径权重均衡的蚁群算法。算法在加速收敛和防止早熟之间取得了动态的平衡，并且具有很强的发现最优解的能力、更快的进化速度。

7.3 混沌蚁群算法

7.3.1 混沌理论

1. 混沌的概念

混沌(chaos)是一种貌似无规则的运动，是指在确定非线性系统中，不需要附加任何随机因素即可出现类似随机的行为[35]。在现代的物质世界中，大至宇宙、小至基本粒子，无不受混沌理论的支配，如数学、物理、化学、生物、哲学、经济学、社会学、音乐、体育等领域都存在混沌现象。

在 20 世纪初，法国学者庞加莱就在他的著作《科学与方法》一书中提出庞加莱猜想，把动力学和拓扑学有机地结合起来，提出三体问题在一定范围内的解具有随机性，预言了保守系统中混沌的存在。到了 60 年代，美国气象学家洛伦兹在研究气象的过程中发现，在确定性系统中也会出现随机行为现象，把这一现象称为“决定论非周期流”，尽管没有对混沌进行正面研究，但其实已经证实了混沌的存在。到了 1975 年以后，“混沌”正式作为一个新兴的科学名词出现在各种文献中。

到了 20 世纪 80 年代，人们对混沌的研究不断加强，混沌科学得到了进一步的发展。1980 年，法国数学家曼德布罗特创建了分形几何学，又称混沌几何学，并且用计算机绘出了世界上第一张混沌图像。后来，格拉斯波等提出了重构动力系统的理论方法，提出可以通过时间序列提取分数维、李雅普诺夫指数等混沌特征量，使得混沌理论真正具有实际应用价值。

进入 20 世纪 90 年代，由于人们在混沌控制和混沌同步方面取得了突破性进展，使混沌在应用范围扩展到工程技术领域以及其他领域。到了 21 世纪以后，人们对混沌的研究不仅推动了其他学科的发展，而且其他学科的发展又促进了对混沌的深入研究。混沌与其他学科相互交错、渗透、促进，综合发展，使得混沌不仅在生物学、数学、物理学、化学、电子学、信息科学、气象学、宇宙学、地质学，还在经济学、人脑科学，以及音乐、美术、体育等众多领域得到广泛应用。

2. 混沌的定义与特征

1975 年，李天岩和约克从数学的角度，给出了混沌的一种数学定义[30]，即 Li-Yorke 定义：设连续自映射 $f:I$®$I|R$，I 是 R 中的一个子区间集合，如果存在不可数集合 S 属于 I，满足：

(1) S 不包含周期点；

(2) 任给 $X_1, X_2 \in S$ 并且 $X_1 \neq X_2$，始终有

$$\lim_{x \to \infty} \sup |f'(X_1) - f'(X_2)| > 0 \tag{7.8}$$

$$\lim_{x \to \infty} \inf |f'(X_1) - f'(X_2)| = 0 \tag{7.9}$$

(3) 任给 $X_1 \in S$，以及 f 的任一周期点 $P \in I$，始终有

$$\lim_{x \to \infty} \sup |f'(X_1) - f'(P)| > 0 \tag{7.10}$$

则称映射 f 在 S 上是混沌的。上述公式中 $f'(x) = f^l(x)$ 表示 l 重函数关系。

Li-Yorke 定义中，式(7.8)说明子集 $X_1, X_2 \in S$ 相当分散，式(7.9)说明子集 $X_1, X_2 \in S$ 相当集中，式(7.10)说明子集 $X_1 \in S$ 不会趋近于任何周期点。Li-Yorke 定义只是预言了非周期轨道的存在，既不涉及这些周期点的集合是否具有非零测度，也不涉及哪个周期是稳定的。

1989 年，Devaney 给出了混沌的 Devaney 定义[31]如下。

设 X 是一个度量空间。如果存在一个连续映射 $f:X \to X$ 满足：

(1) f 是拓扑传递的；

(2) f 的周期在 X 中稠密；

(3) f 具有对初始条件的敏感依赖性。

则连续映射 $f:X \to X$ 称为 X 上的混沌。

Devaney 定义表明，尽管混沌的映射具有不可预测性与不可分解性，但是其仍存在有规律性。

迄今为止，混沌一词还没有一个公认普遍适用的定义，除了 Li-Yorke 和 Devaney定义，混沌还有 Smale 马蹄、横截同宿点、拓扑混合以及符号动力系统等

定义。尽管如此,从事不同领域研究的学者都基于各自对混沌的理解进行研究并谋求各自的应用。

混沌是一种貌似无规则的运动,是指在确定非线性系统中,不需要附加任何随机因素也可出现类似随机的行为。混沌特征[36]表现在以下几个方面:

(1) 有界性。混沌是有界的,它的轨线始终局限于一个确定的区域,称为混沌吸引域。无论混沌系统内部如何不稳定,其轨线都不会走出混沌吸引域,因此从整体上说,混沌系统是稳定的。

(2) 对初值敏感性。混沌的对初值敏感性表现为初始条件微小的变化,经过不断放大,对其未来状态会造成极其巨大的差别。犹如一只蝴蝶在巴西扇动翅膀可能会在美国得克萨斯引起一场龙卷风,即“蝴蝶效应”。

(3) 遍历性。混沌运动在混沌吸引域内是各态历经的,即在有限时间内混沌轨道经过混沌吸引域内每一个状态点。

(4) 内随机性。确定性动力系统一般只有在施加随机性输入时才能产生随机性输出。混沌系统也是确定性动力系统,但它在施加确定性输入后却产生类似随机的运动状态。这显然是系统内部自发产生的,故称为内随机性。这种内随机性与通常的随机性不同,它是由系统的初值敏感性造成的,体现了混沌系统的局部不稳定性。

(5) 分维性。混沌系统在相空间中的运动轨线,在某个有限区域内经过无限次折叠,形成一种特殊曲线,这种曲线的维数不是整数,而是分数,故称为分维。分维性表明混沌运动无限层次的自相似结构,即混沌运动是有一定规律的,这是混沌运动与随机运动的重要区别之一。

(6) 标度性。混沌运动是无序中的有序态。只要数值或实验设备精度足够高,总可在小尺度的混沌域内观察到有序的运动形式。

(7) 普适性。不同系统在趋于混沌时会表现出某些共同特征,不依赖于具体的系统方程或系统参数而改变,这种性质称为普适性。

(8) 统计特征。统计特征包括正的李雅普诺夫指数和连续的功率谱等。

3. 虫口模型

虫口模型是用虫口方程(又称 Logistic 方程)描述生态学中虫口数量的数学模型,是离散系统中出现混沌现象的典型例子。

在某一定范围内单一物种的昆虫繁衍时,其子代数量远大于其亲代的数量,可以认为子代出生后,其亲代的数量可忽略不计。假设第 t 代虫口数量为 $x(t)$,则 $t+1$代虫口数量为 $x(t+1)$,虫口数量的增长率为 a,考虑到外部环境因素的影响,引入虫口数量的减少率为 $b\times x(t)$,即表示随着虫口数 $x(t)$的增多,昆虫之间的竞争资源的强度增大,虫口数量的减少率 $b\times x(t)$也将增大。第 $t+1$ 代虫口数量

$x(t+1)$为

$$x(t+1)=x(t)\cdot(a-b\times x(t)) \tag{7.11}$$

为了数学上处理方便，设$a=b=\mu$便得到Logistic方程：

$$x(t+1)=\mu\cdot x(t)\cdot(1-x(t)) \tag{7.12}$$

式中，μ为控制参数，且为正数。

若将式(7.12)写成函数形式，则

$$f(x)=\mu\cdot x\cdot(1-x) \tag{7.13}$$

在初值$x(0)\in(0,1)$，$\mu\in[0.4]$的范围内，对Logistic映射进行讨论：

Logistic映射具有多样形态，对于任意形态的解x^*，当参数μ变化时，$\left.\frac{\mathrm{d}f}{\mathrm{d}x}\right|_{x=x^*}$也随之改变，只有当$\left|\left.\frac{\mathrm{d}f}{\mathrm{d}x}\right|_{x=x^*}\right|<1$时，$x^*$才是稳定的。

对Logistic映射各形态下分析如下。

1）定常状态

定常状态x满足如下关系：

$$x=f(x)=\mu\cdot x\cdot(1-x) \tag{7.14}$$

解得

$$x_1^*=0,x_2^*=1-\frac{1}{\mu} \tag{7.15}$$

由于

$$\left|\left.\frac{\mathrm{d}f}{\mathrm{d}x}\right|_{x=x^*}\right|=\mu \quad 或 \quad \left|\left.\frac{\mathrm{d}f}{\mathrm{d}x}\right|_{x=x^*}\right|=2-\mu \tag{7.16}$$

当$\mu\in[0.1)$时，有$\left|\left.\frac{\mathrm{d}f}{\mathrm{d}x}\right|_{x=x^*}\right|=|\mu|<1$，映射轨迹收敛于$x_1^*=0$，映射轨迹收敛于一个点；当$\mu\in(1,3)$时，有$\left|\left.\frac{\mathrm{d}f}{\mathrm{d}x}\right|_{x=x^*}\right|=|2-\mu|<1$，映射轨迹收敛于$x_2^*=1-\frac{1}{\mu}$，映射轨迹收敛于一个点。

2）周期2解

周期2解出现时，初值轨迹构成轨迹为

$$x_0,x_1,x_2,x_a,x_b,x_a,x_b,\cdots,x_a,x_b,x_a,x_b,\cdots$$

式中，x_a、x_b为两个周期2解，并满足：

$$x_a=f(x_b),x_b=f(x_a) \tag{7.17}$$

即

$$x=f(f(x)) \tag{7.18}$$

整理得

$$x\left[x-\left(1-\frac{1}{\mu}\right)\right]\left(x^2-x\cdot\frac{\mu+1}{\mu}+\frac{\mu+1}{\mu^2}\right)=0 \tag{7.19}$$

解方程得

$$x_1^*=0, x_2^*=1-\frac{1}{\mu}, \quad x_{a,b}=\frac{(\mu+1)\pm\sqrt{(\mu+1)(\mu-3)}}{2\mu} \tag{7.20}$$

同理,可知:

当 $\mu\in(3,1+\sqrt{6})$ 时,映射轨迹收敛于 $x_{a,b}=\frac{(\mu+1)\pm\sqrt{(\mu+1)(\mu-3)}}{2\mu}$,映射轨迹收敛于两点。

3) 周期4解

周期4解出现时,初值轨迹构成轨迹为

$$x_0, x_1, x_2, x_a, x_b, x_c, x_d, \cdots, x_a, x_b, x_c, x_d, \cdots$$

式中,x_a, x_b, x_c, x_d 为四个周期4解,满足:

$$x=f(f(f(f(x))))=f^4(x) \tag{7.21}$$

代入 Logistic 方程,整理得

$$(x-x_0^*)(x-x_1^*)(x-x_a^*)(x-x_b^*)g(x)=0 \tag{7.22}$$

式中,x_0^*、x_1^* 为定常状态,x_a^*、x_b^* 为周期2解。

真正的周期4解可由 $g(x)=0$ 解得,同理可知,当 m 在一定范围内,映射轨迹趋于四个点。

4) 周期 2^n 解

周期 2^n 解,满足:

$$x=f(f(f(\cdots f(x))))=f^{2^n}(x) \tag{7.23}$$

方程的解包括定常解、周期2、周期4、…、周期 2^{n-1} 的解。

当 $\mu>\mu_\infty=3.569945673\cdots$ 时,周期 $2^n\to\infty$,出现混沌现象。

综上所述,当 $\mu\in[0.1)$ 时,映射收敛于0;当 $\mu\in(1,3)$ 时,映射收敛于 $1-\frac{1}{\mu}$;当 $\mu\in(3,1+\sqrt{6})$ 时,映射轨迹收敛于 $x_{a,b}=\frac{(\mu+1)\pm\sqrt{(\mu+1)(\mu-3)}}{2\mu}$;当 $\mu=3$ 时,映射的解分叉成2周期;随着 m 的增大,映射的解又分叉出4周期、8周期、…。当 $\mu>\mu_\infty=3.569945673\cdots$ 时,周期 $2^n\to\infty$,出现混沌现象。

7.3.2 人工蚁群

基于自然界中真实蚁群的集体行为,人们提出了人工蚁的概念。人工蚁是真实蚂蚁行为特征的一种抽象，将蚁群的部分行为策略赋予人工蚁；另外，由于人工蚁是为了解决实际优化问题，而具有一些真实蚂蚁不具备的本领。尽管人工蚁只是现实蚂蚁行为的一种抽象，但是它具有真实蚂蚁的大部分特征，更适用于解决实际优化问题。

人工蚁的主要特征如下。

1）人工蚁是一群相互合作的个体

人工蚁和真实蚂蚁相同，是一群相互合作的个体。这些个体可以通过相互的协作在全范围内找出问题较优的解决方案。每只人工蚁都能建立一个解决方案，但找到更优的方案却是整个蚁群合作的结果。

2）人工蚁都具有共同的任务

人工蚁和真实的蚂蚁都有共同的任务，就是寻找连接蚁穴和食物源，即找出连接起点和终点的最短路径。

3）使用信息素进行通信

和真实蚂蚁相同，人工蚁也能够释放信息素，这些信息素可以被局部地存储于它们所经过的问题状态中，这些信息素同样可以对后面的人工蚁的行为产生影响。人工蚁之间的通信有两大特征：一是释放信息素，通过问题解决方案的优劣决定人工蚁信息素释放的多少；二是状态变量只能被人工蚁局部到达，人工信息素轨迹是一种分布式的数值信息，人工蚁只有在选择相应的状态变量时，才感受这些信息素。

4）含正反馈的自催化机制

当一条路径上通过的人工蚁越来越多时，其留下的信息素轨迹也越来越多，使得该路径上的信息素强度增大。人工蚁倾向于选择信息强度大的路径，于是后来的人工蚁选择该路径的概率越高，从而又增加了该路径的信息素强度，这种选择就是一个自催化过程。自催化机制利用信息作为反馈，通过对系统演化过程中较优解的自增强作用，使问题的解向全局最优的方向不断进化，最终能够获得相对较优的解。

5）信息素挥发机制

人工蚁释放的信息素随着时间的推移，会不断地挥发，这样可以使得人工蚁逐渐忘记过去，不因过去的经验而受到过分约束，从而有利于全局搜索，避免过早陷入局部最优解。

6）概率转移策略

人工蚁应用概率的决策机制沿着邻近状态移动，从而建立问题的解决方案。人工蚁的策略只是利用了局部的信息素，并没有前瞻性地预测未来，是一种根据概率转移的自组织策略。

7.3.3 混沌蚁群算法特点

混沌是自然界广泛存在的一种非线性现象，它看似混沌，却有着精致的内在结构，具有随机性、遍历性及规律性等特点，对初始条件极度敏感，能在一定范围内按其自身规律不重复地遍历所有状态，利用混沌运动的这些性质可以进行优化搜索。根据混沌特性，将混沌融入蚁群算法中，得到混沌蚁群算法[37]（chaos ant colony optimization，CACO）。利用混沌初始化进行改善个体质量和利用混沌扰动避免搜索过程陷入局部极值，从而可以达到改进蚁群算法的目的。混沌蚁群算法主要特点如下。

1）混沌初始化

蚁群算法初始化时，各路径的信息素取相同值，使蚂蚁以等概率选择路径，这样使蚂蚁很难在短时间内从大量的杂乱无章的路径中找出一条较好的路径，所以收敛速度较慢。改进的方法是利用混沌运动的遍历性，进行混沌初始化，每个混沌量对应于一条路径，产生大量的路径（如 200 条），从中选择比较优的（如 50 条），使这些路径留下信息素（与路径长度成反比），各路径的信息量就不同，以此引导蚂蚁进行路径选择。

2）选择较优解

蚂蚁每次周游结束后，无论蚂蚁搜索到的解如何，都将被赋予相应的信息增量，比较差的解也将留下信息素，这样就会干扰后续的蚂蚁进行寻优，造成大量的无效搜索。改进的方法是，只有较好的解才留下信息素，即只有当路径长度小于给定的路径长度才留下信息素。

3）混沌扰动

蚁群利用了正反馈原理，在一定程度上加快了进化进程，避免出现停滞现象和陷入局部最优解。改进的措施可以加入混沌扰动，以使解跳出局部极值区间。混沌扰动下的蚁群算法，信息素轨迹更新方程修改为

$$t_{ij}(t+n)=\rho\cdot t_{ij}(t)+\Delta t_{ij}(t)+q\cdot Z_{ij} \tag{7.24}$$

式中，Z_{ij} 为混沌变量，q 为系数。

7.4 无功优化案例背景

无功优化包括无功规划优化和无功运行优化。在规划阶段，无功优化主要是指合理确定并联补偿电容器的类型、安装数量、安装位置、容量大小以及分组情况等；在运行阶段，无功优化主要是指通过调整已安装电容器组的投切状态（投入或切除，对可调电容器组，还需决定其投入的组数），调整配电网中的无功分布，以实现改善电压质量、降低网损等目标。

传统上，运行人员通常凭经验按固定计划将电容器组在峰值负荷时投入，而在低谷负荷时切除，这种配置并不能获得最佳的优化效果。随着配电网规模的日益扩大，以及无功功率调节手段的多样化，配电电容器的实时控制成为可能，单凭经验进行无功优化远不能满足智能配电网运行优化的需要，要求建立无功优化模型，采用合适的算法寻求最优的电容器投切方案。

1）目标函数

以网损最小作为目标函数，即

$$\min P_{\mathrm{L}}(x,u) \tag{7.25}$$

式中，P_{L} 表示网损，x 为状态变量，u 为控制变量。

由于实际运行中，配电网各节点的负荷每时每刻都在发生变化，在不同的时刻进行以网损最小为目标的无功优化，所得到的方案不尽相同。如果考虑各节点的负荷变化特性，将最小化每一时刻的网损作为目标函数，则需要频繁地对电容器进行投切操作，无论在经济还是技术上都是不可行的。因此，以某给定时间段（一日、一周或一季度）的网损最小为目标函数。例如，以一日的各小时段作为基本分析单位，认为各个时间段的负荷功率保持恒定，以全天系统网损最小为目标函数。

2）约束条件

等式约束即潮流方程约束为

$$P_{\mathrm{G}i} - P_{\mathrm{L}i} - U_i \sum_{j\in i} U_j (G_{ij}\cos\theta_{ij} + B_{ij}\sin\theta_{ij}) = 0 \tag{7.26}$$

$$Q_{\mathrm{G}i} - Q_{\mathrm{L}i} - U_i \sum_{j\in i} U_j (G_{ij}\sin\theta_{ij} - B_{ij}\cos\theta_{ij}) = 0 \tag{7.27}$$

式中，$P_{\mathrm{G}i}$ 和 $Q_{\mathrm{G}i}$ 分别表示节点 i 的注入有功和注入无功；$P_{\mathrm{L}i}$ 和 $Q_{\mathrm{L}i}$ 分别表示节点 i 的有功负荷和无功负荷；U_i、U_j 分别表示节点 i、j 的电压幅值；G_{ij} 和 B_{ij} 分别表示节点 i、j 之间的电导和电纳；θ_{ij} 表示节点 i 和 j 的电压相角差；$j\in i$ 表示节点 j 和节点 i 直接相连，包括 $j=i$ 的情形。

如果分别用 x 和 u 表示控制变量和状态变量，等式约束可简化表示为

$$g(x,u)=0 \tag{7.28}$$

不等式约束通常考虑电压幅值约束和系统安全运行约束，一般包括：

（1）节点电压幅值约束（所有节点）为

$$U_{j,\min} \leqslant U_j \leqslant U_{j,\max}$$

（2）有功电源出力约束（平衡节点）为

$$P_{\mathrm{G}j,\min} \leqslant P_{\mathrm{G}j} \leqslant P_{\mathrm{G}j,\max}$$

（3）无功电源出力约束（平衡节点、PV 节点）为

$$Q_{\mathrm{G}j,\min} \leqslant Q_{\mathrm{G}j} \leqslant Q_{\mathrm{G}j,\max}$$

（4）有载调压变压器变比约束为

$$T_{j,\min} \leqslant T_j \leqslant T_{j,\max}$$

(5) 线路有功潮流约束为

$$P_{l,\min} \leqslant P_l \leqslant P_{l,\max}$$

(6) 线路无功潮流约束为

$$Q_{l,\min} \leqslant Q_l \leqslant Q_{l,\max}$$

如果分别用 x 和 u 表示控制变量和状态变量,不等式约束可简化表示为

$$h(x,u) \leqslant 0 \tag{7.29}$$

综上所述,传统无功优化的数学模型可统一表示为

$$\begin{aligned} &\min\ f(x,u) \\ &\text{s. t}\ \ g(x,u)=0 \\ &\qquad\ h(x,u) \leqslant 0 \end{aligned} \tag{7.30}$$

无功优化是一个典型的多约束非线性规划问题。无功优化的不同应用主要取决于不同的目标函数、不同的控制变量和状态变量,以及不同的约束条件的组合。针对不同的应用场合和优化目的,通过改变目标函数、选择不同的控制变量和状态变量以及约束条件,便可使无功优化模型适应各种不同的需要。

7.5 蚁群算法的程序实现

电力系统无功优化是通过对可调变压器分接头、发电机端电压和无功补偿设备的综合调节,使系统满足电网安全约束,并使有功损耗最小。由于可投切并联电容器组(或电抗器组)的无功出力和可调变压器的分接头位置是非连续变化的,所以无功优化问题同时存在连续变量和离散变量,属于非线性混合整数规划问题。

7.5.1 蚁群算法流程

蚁群算法具有较快的收敛速度,其有效性在解决旅行商问题等组合优化问题中得到了验证[2]。电力系统动态无功优化为控制变量状态的组合优化问题,可借助蚁群算法解决此问题。

本节采用与文献[2]相同的单种群蚁群算法状态转移概论和搜索策略,将无功优化问题设计成类似于旅行商问题模式。控制设备状态代表旅行商问题中的城市,状态间的决策对应直接相连的城市路径。优化方案由各蚂蚁走过的路径表示。

优化时对不同目标蚁群设定相应的有功损耗收敛精度,各蚂蚁种群需在满足其精度条件下搜索对应的最优解。这样既避免了控制设备的闲置,又体现了不同目标蚁群间的差异。

蚁群算法的最初是为了解决旅行商问题,本节将无功优化问题设计成类似于旅行商问题模式,因此也以旅行商问题模型来介绍蚁群算法的实现,对于其他问题的解决可以在此基础上加以修改和应用。

蚁群算法的实现步骤如下：

(1) 设定蚂蚁搜索的环境，初始化各个参数：初始化时间 $t=0$，设置迭代次数 $N_c=0$，最大迭代次数 N_{cmax}；随机将 m 个蚂蚁放置在 n 个城市节点上；初始化每条城市间路径 (i,j) 上的信息量 $\tau_{ij}(t)=Q$ 为常数，并设置信息素增量 $\Delta\tau_{ij}(t)=0$。

(2) 每完成一次迭代 $N_c \leftarrow N_c+1$。

(3) 蚂蚁搜索的禁忌列表索引数值 $r=1$。

(4) 蚂蚁的数目 $r \leftarrow r+1$。

(5) 当蚂蚁到达一个城市 i 后，根据搜索路径选择公式计算蚂蚁选择下一个城市 j 的概率并继续搜索 $j \in \text{allowed}_k$。

(6) 修改蚂蚁搜索能见度，当蚂蚁移动到一个城市 j 之后，为了防止蚂蚁再次回到这个城市而不断循环，将此城市从蚂蚁的搜索允许范围 allowed_k 中删除。

(7) 判断蚂蚁是否完成一次完整的搜索；若蚂蚁未遍历所有城市，即 $r<m$，则跳转到步骤(4)；如果搜索完成，则执行步骤(8)。

(8) 全局信息素更新，更新每条路径上的信息素。

(9) 若满足之前的设定条件，即若循环次数达到最大循环次数 $N_c \geqslant N_{cmax}$，则整个算法结束，同时输出程序的计算结果；否则，继续搜索过程 $\text{allowed}_k \leftarrow c$，跳转到步骤(2)。

蚁群算法流程图如图 7.2 所示。

7.5.2 控制变量处理

配电网无功优化就是通过调节发电机节点电压、改变有载调压变压器的分接头位置、调整无功补偿装置投入的容量和无功补偿装置投入的位置，来降低配电网系统的有功损耗，并且保持较好的电压质量。配电网无功优化的控制变量主要包括发电机节点电压 U_G、载调压变压器变比 T 和无功补偿装置投入的容量 Q_C。

在实际应用中，发电机节点电压、载调压变压器变比和无功补偿装置投入的容量不可能无限大或者无限小，受系统安全经济运行的限制，其值必须在一定的范围内，因此 U_G、T 和 Q_C 都是有上下限的。为了便于计算机计算和分析，选择使用标幺值，进行选择控制变量。对于任意控制变量 x_i，满足：

$$x_{i\min} \leqslant x_i \leqslant x_{i\max} \tag{7.31}$$

式中，x_i 为第 i 个控制变量，$x_{i\max}$、$x_{i\min}$ 分别表示控制变量的上、下限。

在蚁群算法中，算法搜索到的是路径，为了实现蚁群算法的求解，必须把控制变量与蚁群路径联系起来。对于长度为 n 的全排列，一共有 $n!$ 个排列，其中排列 $1,2,3,\cdots,n$ 的值最小，排列 $n,\cdots,3,2,1$ 的值最大，将 $[x_{i\min}, x_{i\max}]$ 分成 $n!-1$ 等分，将 x_i 离散化可表示为

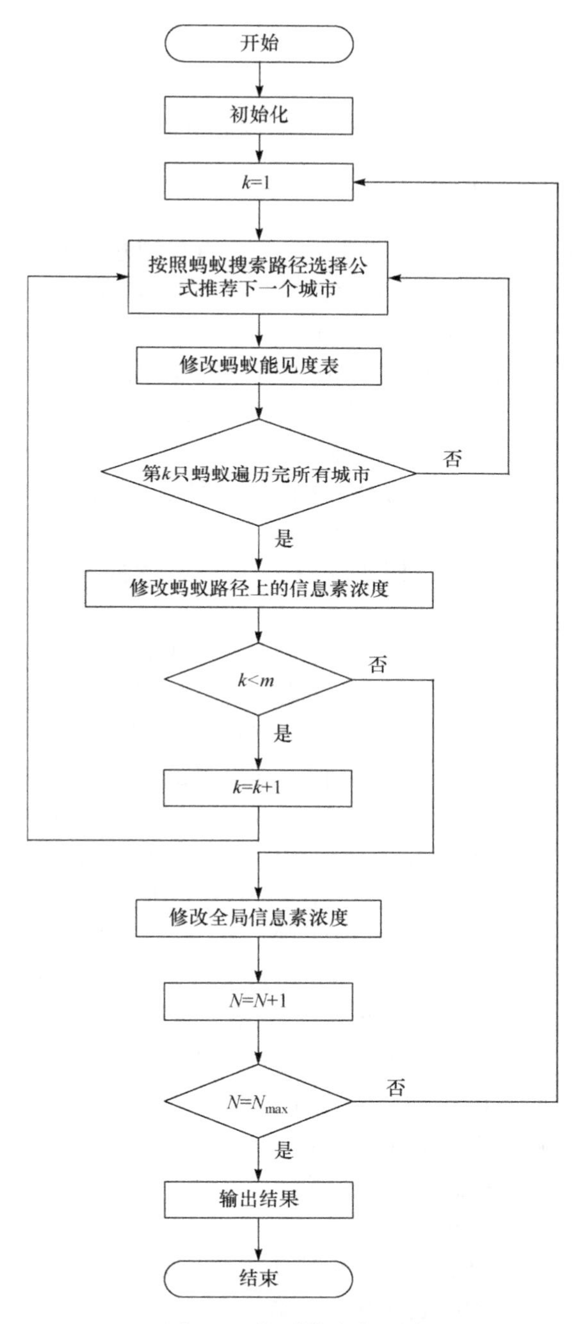
开始
初始化
k=1
按照蚂蚁搜索路径选择公式推荐下一个城市
修改蚂蚁能见度表
第k只蚂蚁遍历完所有城市
否
是
修改蚂蚁路径上的信息素浓度
k<m
否
是
k=k+1
修改全局信息素浓度
N=N+1
N=Nmax
否
是
输出结果
结束

图 7.2 蚁群算法流程图

$$x_i^k = x_{i\max} + \frac{x_{i\max} - x_{i\min}}{n! - 1}(k-1), \quad k = 1,2,3,\cdots,n! \tag{7.32}$$

可得序列$\{x_i^0, x_i^1, x_i^2, x_i^3, \cdots, x_i^{n!-1}\}$

控制变量元素个数与全排列个数相同，因此可以通过大小关系建立联系。

7.5.3　混沌蚁群算法实现

混沌蚁群算法是在基本的蚁群算法中引入混沌思想，即利用混沌初始化改善基本蚁群算法中个体蚂蚁的搜索质量，利用混沌扰动避免基本蚁群算法的搜索过程过早陷入局部最优。蚁群算法是基于蚁群路径搜索实现的，因此要将控制变量范围转化为蚁群搜索范围，才能实现蚁群算法和混沌蚁群算法的优化过程。

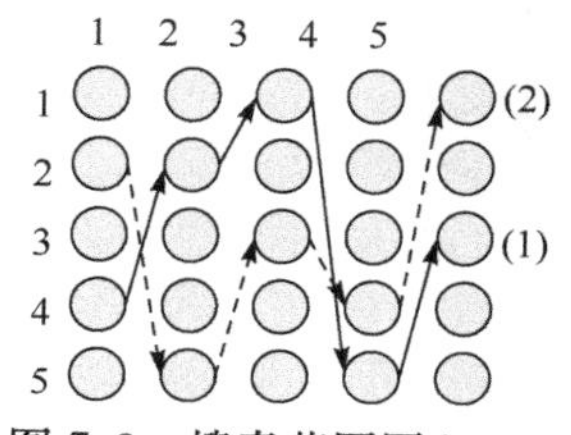

图 7.3　搜索范围图(n=5)

在生物世界中，蚂蚁的觅食范围一般是一个平面或者一个曲面。于是，在人工蚁群模型系统中，可以简化蚂蚁的搜索范围。以列号作为转移次数，行号作为排列元素，于是任意排列在搜索范围图中可以找到相应的路径。例如，n=5 时，蚂蚁的搜索空间范围可表示成如图 7.3 所示。

图 7.3 中列号代表时间次序，行号代表排列状态，图中的两条路径线路代表两只蚂蚁的搜索路径。蚂蚁在进行路径搜索时，必须按排列的构成规则选择路径，即每只蚂蚁对于每一个状态只能经过一次。蚂蚁在状态转移过程中，应该建立一个禁忌表，把前面经过的状态放入禁忌表中，蚂蚁在下次选择状态时，不再选择禁忌表中的状态。起始时刻，蚂蚁选择从任意状态出发，例如，Ⅰ号蚂蚁起始状态为 4，第二个状态只可以为{1,2,3,5}中的状态，Ⅱ号蚂蚁起始状态为 2，第二个状态只可以为{1,3,4,5}中的状态；蚂蚁转移的第二个状态为已定，例如，Ⅰ号蚂蚁第二个状态为 2，第三个状态只可以为{1,3,5}中的状态，Ⅱ号蚂蚁第二个状态为 5，第三个状态只可以为{1,3,4}中的状态；同理，Ⅰ号蚂蚁第三个状态为 1，第四个状态只可以为{3,5}中的状态，Ⅱ号蚂蚁第三个状态为 3，第四个状态只可以为{1,4}中的状态；Ⅰ号蚂蚁第四个状态为 5，则第五个状态只能为 3，Ⅱ号蚂蚁第四个状态为 4，则第五个状态只能为 1。Ⅰ号蚂蚁路径代表排列 42153，Ⅱ号蚂蚁路径代表排列 25341。

混沌蚁群算法的流程图如图 7.4 所示。

混沌蚁群算法的流程如下：

(1) 将控制变量离散化，对每个变量分别建立搜索范围图，对各搜索范围的所有可行路径进行混沌初始化，初始化各参数；

(2) 进行混沌初始化，选择若干较优路径，增加该类路径的信息素，并更新信息素矩阵；

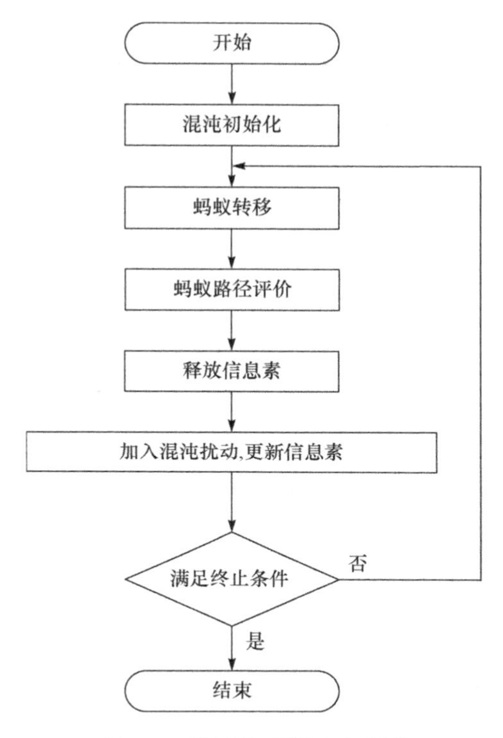

图 7.4　混沌蚁群算法流程图

(3) 随机选择各蚂蚁的初始行,将初始行号放入禁忌表中,对每个蚂蚁按概率移至 j 行,将 j 行号放入禁忌表中,继续按概率转移;

(4) 计算各蚂蚁的路径对应的目标函数的值,记录当前的最好解;

(5) 根据路径所对应目标函数值的大小,更新修改轨迹强度,信息素轨迹更新方程为 $t_{ij}(t+n)=\rho\cdot t_{ij}(t)+\Delta t_{ij}(t)+q\cdot Z_{ij}$,其中 Z_{ij} 为混沌变量,q 为系数。

(6) 判断是否满足终止条件,若是,则输出结果,否则返回步骤(3)。

7.5.4　算例分析

IEEE 14-bus 配电系统单线图如图 7.5 所示。

IEEE 14-bus 配电系统有 14 个节点,其中节点 1 为平衡节点,节点 2、3、6、8 为 PV 节点,节点 4、5、7、8、9、10、11、12、13、14 为 PQ 节点;系统有 20 条支路,其中变压器支路有 3 条;系统有 5 台发电机,分别安装在 1、2、3、6、8 节点上;3 台变压器,分别安装在 4-7、4-9、5-6 支路;1 套无功补偿装置,为并联电容器,安装在 9 节点。选择基准功率为 100MVA。

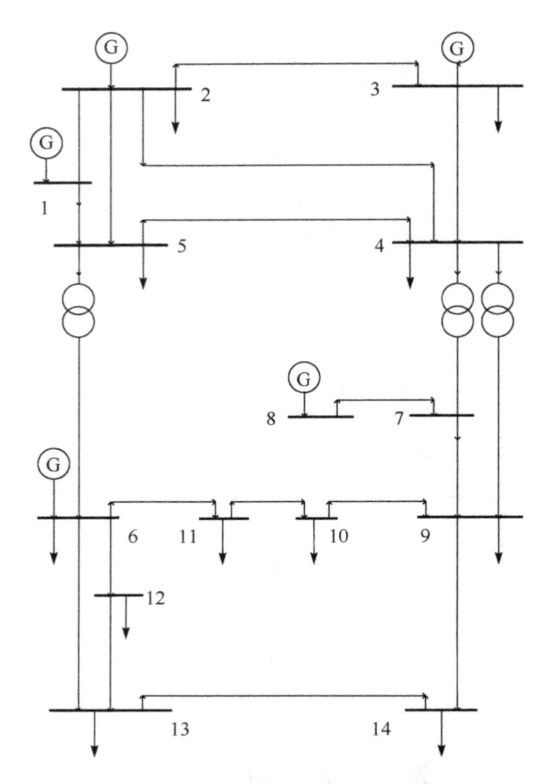

图 7.5　IEEE 14-bus 配电系统单线图

每个控制变量均有一个搜索图，由于有 8 个控制变量，故有 8 个搜索图。采用蚂蚁分工策略，设置 8 类蚂蚁，每类蚂蚁只在其对应的搜索图中搜索路径。

最大迭代次数为 100，采用分工机制，每类人工蚁为 30 只，由于有 8 个控制变量，故实际人工蚁数目为 240 只；取 a 为 2，b 为 0，信息素增量 Q 为 5，信息素挥发系数 g 为 0.3。混沌初始化设置为 100 个混沌变量，再选取 30 个较好的混沌变量，在其所对应的路径上释放信息素，混沌扰动系数设为 0.9。ACO 和 CACO 计算结果都是依概率收敛的，因此每一迭代结果可能不一致，于是通过多次计算，对其网损结果的平均值和最小值进行比较分析。在 MATLAB 7.0 环境下编程计算，ACO 和 CACO 运行 50 次输出的网损平均值和最小值如表 7.1 所示。

表 7.1　IEEE 14-bus 配电系统网损优化结果

参数	优化前(标幺值)	优化后(标幺值)	
		ACO	CACO
平均值	0.157787	0.135949	0.135948
最小值		0.134393	0.134286

网损为最小值时，系统控制变量值如表 7.2 所示，系统状态变量值如表 7.3 所示。

表 7.2 控制变量优化结果

变量名称	优化前(标幺值)	优化后(标幺值)	
		ACO	CACO
U_{G2}	1.005	1.049	1.043
U_{G3}	0.94	1.013	1.019
U_{G4}	1.027	0.994	1.036
U_{G5}	0.997	1.043	1.038
$K_{4\text{-}7}$	0.95	1.061	1.029
$K_{4\text{-}9}$	1.08	0.967	0.957
$K_{5\text{-}8}$	0.9	1.056	0.982
Q_{C9}	0	0.193	0.17

表 7.3 状态变量优化结果

变量名称	优化前(标幺值)	优化后(标幺值)	
		ACO	CACO
U_4	0.961	1.024	1.018
U_5	1.027	1.03	1.022
U_7	0.982	1.004	1.016
U_9	0.958	1.001	1.018
U_{10}	0.962	0.992	1.014
U_{11}	0.99	0.989	1.021
U_{12}	1.007	0.979	1.02
U_{13}	0.998	0.976	1.015
U_{14}	0.956	0.971	0.998
Q_{G2}	0.046	0.458	0.3
Q_{G3}	0.054	0.22	0.354
Q_{G6}	0.21	0.238	0.224
Q_{G8}	0.086	0.233	0.127

网损为最小值状态，ACO 和 CACO 的收敛曲线如图 7.6 所示。

对 IEEE 14-bus 配电系统进行无功优化前后对比，表明无功优化不仅降低了

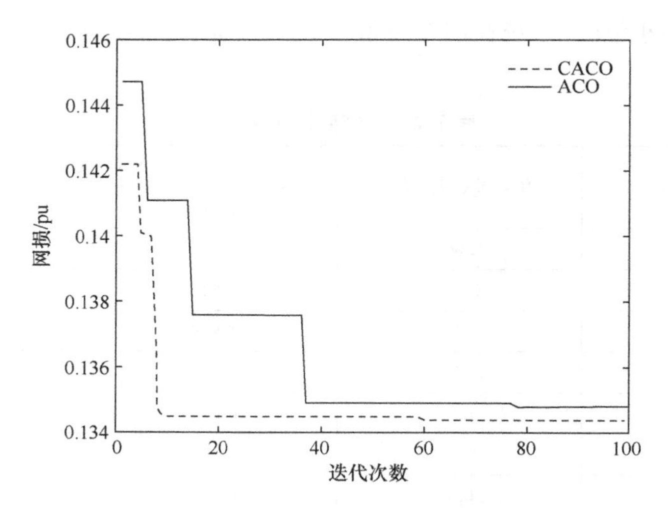

图 7.6 IEEE 14-bus 配电系统网损收敛曲线

系统的有功网损，而且还在一定程度上提高了系统的电压质量。通过对 ACO 和 CACO 的优化结果对比，说明了 CACO 比 ACO 具有更好的性能。

本节主要介绍了利用基本蚁群算法和混沌蚁群算法进行求解配电网无功的问题。由于蚁群算法的主要思想是蚂蚁寻找路径，所以实现算法的关键前提是进行变量的离散化，把路径和变量对应起来。本节以 IEEE 14-bus 配电系统为例，详细分析了算法的实现步骤，最后得到了优化结果，证明了混沌蚁群算法解决配电网无功优化问题的可行性，同时说明了混沌蚁群算法比基本蚁群算法具有更好的性能。

7.6 蚁群算法发展趋势和展望

ACO 虽然在许多类型组合优化问题求解中得到了很好的应用，但是其理论与遗传算法、禁忌搜索算法等理论相比还远不成熟，实际应用也远未挖掘出其真正潜力。还有很多富有挑战性的课题亟待解决，主要体现在如下几个方面：

(1) ACO 基础数学理论的研究。ACO 的发展，需要坚实的理论基础，目前这方面的研究成果还比较匮乏。虽然可以证明某几类 ACO 的收敛性，目前收敛性的证明并没有说明要找到至少 1 次最优解需要的计算时间，但即使算法能够找到最优解，付出的计算时间也可能是一个天文数字。此外，ACO 的收敛的严格数学证明，在更强的概率意义下的收敛条件，ACO 中信息素挥发对算法收敛性的影响，ACO 动力模型以及根据其动力学模糊对算法性能分析，ACO 最终收敛至全局最优解时间的复杂度，运用 ACO 处理各种问题时选择什么样的编码方案、什么样的参数组合，如何设置算法中人工信息素等，只能具体问题具体分析，目前并没有通用的、严密的、科学的模型和方法。要想进一步推动蚁群算法的应用和发展，就迫切需要宏观理论的指导。

(2) 基于ACO的智能硬件研究。随着对ACO研究的深入展开，实现ACO功能的硬件也被提到日程上来。要实现类似蚂蚁这种群体行为的系统，首先要构造具有单个蚂蚁功能的智能硬件，这方面国内已经有了一些尝试，国外已经有了初步成果。近年来出现的现场可编程门阵列(field programmable gate array，FPGA)芯片技术为蚂蚁智能硬件的实现提供了一种有效的手段，将FPGA芯片的设计和基于行为控制规范(behavior control paradigm)的归类结构体系(subsumption architecture)方法相结合，将会得到一个良好的实现效果。

(3) ACO求解连续优化问题相对较弱，而实际工程应用中存在着许多此类问题，如不能将ACO用于求解连续优化问题，将会束缚ACO在其他研究领域的应用。目前，已有部分国内外学者开展了相关研究，提出ACO用于连续优化问题的多种模型，取得了较大的进展。

(4) ACO缺陷的克服及执行效率的提高。ACO还存在着缺陷，如基本ACO中易出现停滞现象、搜索时间长、解空间的探索不够。研究如何克服这些缺陷和选择适当的执行策略以提高算法的效率也是一个重要的课题。执行策略的构造选择包括对局部启发函数的构造，信息素和局部启发函数结合策略的选择，在避免局部极小的前提下状态转移策略的选择，克服停滞现象的信息素调整策略的选取等。针对算法本身的改进与完善仍将是以后ACO在应用中的重要研究方向，应不断改进算法性能，提升算法通用性。

(5) 进一步研究真实蚁群的行为特征，包括其他群居动物。因为ACO是受蚁群行为特征的启发而发展起来的一种模拟进化算法，所以通过对真实蚁群的深入研究有利于进一步改进ACO，从而提高其性能。

(6) ACO应用领域的拓宽及与其他相关学科的交叉研究。ACO目前最为成功的应用是在大规模的组合优化问题中，下一步应将ACO引入更多的应用领域，如自动控制和机器学习等，并与这些相关的学科进行深层次的交叉研究，进一步促进算法的研究和发展。此外，ACO具有很强的耦合性，易与其他传统优化算法或者启发式算法结合，但是ACO和其他概率学习方法之间的关系尚不明确，如EDA(estimation of distribution algorithms)、图形模型(graphical model)和贝叶斯网络(Bayesian network)等。这方面的工作还需要继续探索下去。以后研究中应以耦合算法为其中的一个重要研究方向，将ACO和其他仿生算法结合，以达到取长补短的效果。近期已经取得一定成果的是与免疫算法的结合以及与遗传算法的结合，效果较为理想，与其他算法的融合有待于进一步扩展。

参 考 文 献

[1] Dorigo M. Optimization, learning and natural algorithms[D]. Milano: Politecnico di Milano, Italy, 1992.

[2] Dorigo M, Maniezzo V, Colorni A. Ant system: Optimization by a colony of cooperating agents[J]. IEEE Transactions on Systems, Man, and Cybernetics, Part B (Cybernetics), 1996, 26(1): 29-41.

[3] Bullnheimer B, Hartl R F, Strauss C. A new rank based version of the ant system—A computational study[J]. Central European Journal of Operations Research, 1999, 1: 25-38.

[4] Di C G, Dorigo M. Mobile agents for adaptive routing[C]. IEEE Proceedings of the 31st Hawaii International Conference on System Sciences, 1998, 7: 74-83.

[5] Wagner I A, Lindenbaum M, Bruckstein A M. Ants: Agents on networks, trees, and subgraphs[J]. Future Generation Computer Systems, 2000, 16(8): 915-926.

[6] Maniezzo V. Exact and approximate nondeterministic tree-search procedures for the quadratic assignment problem[J]. INFORMS Journal on Computing, 1999, 11(4): 358-369.

[7] 王锡凡. 电力系统规划基础[M]. 北京: 水利电力出版社, 1994.

[8] 杨剑峰. 基于遗传算法和蚂蚁算法求解函数优化问题[J]. 浙江大学学报, 2007, 41(3): 427-430.

[9] 韩富春, 王晋, 杨翠茹, 等. 遗传算法与蚂蚁算法相融合的电力系统最优潮流计算[J]. 电力学报, 2005, 20(4): 340-342.

[10] Fleurent C, Ferland J A. Genetic hybrids for the quadratic assignment problem[J]. Quadratic assignment and related problems, 1994, 16: 173-187.

[11] Stützle T, Dorigo M. ACO algorithms for the quadratic assignment problem[J]. New Ideas in Optimization, 1999: 33-50.

[12] Wiesemann W, Stützle T. Iterated ants: An experimental study for the quadratic assignment problem[C]. International Workshop on Ant Colony Optimization and Swarm Intelligence, 2006: 179-190.

[13] Islam M T, Thulasiraman P, Thulasiram R K. A parallel ant colony optimization algorithm for all-pair routing in MANETs[C]. IEEE Proceedings of Parallel and Distributed Processing Symposium, 2003: 8.

[14] 江重光, 傅培玉, 孙仲宪, 等. 智能蚁群算法[J]. 冶金自动化, 2005, 29(3): 9-13.

[15] 沈中华. 基于蚁群优化算法的仓库布局优化研究[D]. 合肥: 合肥工业大学, 2006.

[16] 李碧凡. 基于带记忆的蚂蚁的蚁群优化算法在 TSP 上的应用[D]. 湘潭: 湘潭大学, 2008.

[17] 杨丹. 蚁群算法的改进及其在航迹规划中的应用研究[D]. 哈尔滨: 哈尔滨工业大学, 2007.

[18] Stützle T, Hoos H H. MAX-MIN ant system[J]. Future Generation Computer Systems, 2000, 16(8): 889-914.

[19] Zhang Y, Wang H, Zhang Y, et al. Best-worst ant system[C]. The 3rd IEEE International Conference on Advanced Computer Control, 2011: 392-395.

[20] 赵玲,刘三阳,寇晓丽. 基于最小生成1-树动态候选集的蚁群算法[J]. 计算机工程与应用,2006,42(34):42-44.

[21] 胡森森,周贤善. 一种改进蚁群算法的研究[J]. 长江大学学报(自然科学版),2006,3(4):78-79.

[22] 张煜东,吴乐南,韦耿. 一种改进的基于隶属云模型的蚁群算法[J]. 计算机工程与应用,2009,45(27):11-14.

[23] 吴小娟,吕强. 一种基于贡献的蚁群算法信息素分配策略[J]. 微计算机信息,2008,24(15):238-239.

[24] 史江飞. 基于GA-ACO算法的含分布式电源的配电网重构研究[D]. 南京:南京理工大学,2014.

[25] 王芳,姜长生. 多机协同多目标攻击的遗传蚁群算法研究[J]. 电光与控制,2008,15(10):26-32.

[26] 周伟,李智勇. 多源扩散蚁群遗传算法[J]. 计算机工程与设计,2008,29(19):5006-5008.

[27] 王团结,侯立刚,苏成利. 基于自适应信息素调整的连续空间优化蚁群算法[J]. 电子设计工程,2013,21(17):30-33.

[28] 区云鹏,韦兆文,蒋慧超. 基于多信息素的蚁群算法[J]. 广西科学院学报,2008,24(3):240-242.

[29] 张颖,陈雪波. 广义蚁群算法及其在机器人队形变换中的应用[J]. 模式识别与人工智能,2007,20(3):319-324.

[30] Li T Y, Yorke J A. Period three implies chaos[J]. The American Mathematical Monthly, 1975, 82(10):985-992.

[31] Devaney R L. An Introduction to Chaotic Dynamical Systems[M]. Reading: Addison-Wesley, 1989.

[32] 杨燕,张昭涛. 基于阈值和蚁群算法结合的聚类方法[J]. 西南交通大学学报,2006,41(6):719-722.

[33] 杨立才,赵莉娜,吴晓晴. 基于蚁群算法的模糊 C 均值聚类医学图像分割[J]. 山东大学学报(工学版),2007,37(3):51-54.

[34] 郭玉,李士勇. 基于改进蚁群算法的机器人路径规划[J]. 计算机测量与控制,2009,17(1):187-189.

[35] 刘徐迅,曹阳,陈晓伟. 基于移动机器人路径规划的鼠群算法[J]. 控制与决策,2008,23(9):1060-1064.

[36] 吕金虎,陆君安,陈士华. 混沌时间序列分析及其应用[M]. 武汉:武汉大学出版社,2005.

[37] 高尚. 蚁群算法理论、应用及其与其他算法的混合[D]. 南京:南京理工大学,2005.

第 8 章　和声搜索算法

8.1　引　言

2001 年，受启发于音乐演奏搜索美妙和声的过程，韩国学者 Geem 等提出了一种新颖的智能优化算法，即和声搜索算法(harmony search algorithm，HSA)[1]。音乐的和声类比于最优解向量，类似于遗传算法对生物进化、模拟退火算法对物理退火机制以及粒子群算法对鸟群、鱼群的模仿等。和声搜索是一种音乐演奏的过程，需考虑到演奏者的经验，反复搜索，共同配合，才能得到一个令人满意的和声。和声搜索算法是一种新型的启发式、全局智能优化算法，算法通过反复调整记忆库中的解变量，使函数值随着迭代次数的不断增加而逐渐收敛，最终完成优化[2]。该算法的概念简单，可调参数少，容易实现。针对该算法在寻优过程中在前期易出现停滞现象，并在后期的迭代中不易得到全局最优且收敛不稳定的缺点，本章提出在搜索过程中动态地调整主要参数，使其不断变化，增大选择性，逐步拓展搜索空间，以加快寻优能力，跳出局部最优状态[3]。

和声搜索算法常用于多目标整合优化问题中，已在多个领域的优化问题中取得了优于现有各种算法的优化结果，也可以对配电网中的优化类问题进行求解。

8.2　和声搜索算法基本原理

8.2.1　概述

已有的各种智能算法，都是基于特定的自然模型建立的。例如，模拟退火，仿造了工业生产中的退火流程；贪婪算法，模拟了人类记忆思维的流程；遗传算法，利用了 DNA 的物理结构。而 HSA 在优化问题中的寻优过程，与乐师在作曲时的和声创作过程非常类似。

与大部分智能优化算法不同，HSA 在开始计算时不需要设定初始值。此外，HSA 利用自身的两个参数——和声内存采纳率和调距率，可以对变量矢量进行灵活调节，从而不需要变量的导数信息就能进行迭代。与早期随机智能优化算法相比，HSA 不需要烦琐的基础数据和严格的数学约束，可以方便地应用于各种工程计算场景中[4,5]。

8.2.2　和声创作流程

音乐中的和声，是指从不同频率的声音中，选取符合人类审美观念的声音进行组合，从而得到更加动听的旋律。该概念最早由古希腊的哲学家、数学家毕达哥拉斯提出。该过程的物理本质是将不同频率的振动合成为一列混合波，匹配人耳对声音的一系列判断原则，即音乐意义上的“最优解”。

音乐中的和声以人类的审美标准作为约束条件，得出最动听的和声；而智能算法则通过设置一系列约束条件，计算出特定问题的最优解。两个流程都需要对变量进行持续的迭代、检验与淘汰。因此，和声的创作过程非常适合作为智能算法的核心原理[6-8]。

以一首乐曲中的和声创作为例，假设一首乐曲由小提琴、萨克斯和钢琴合奏。它们的音阶如下所示：

$$\begin{cases} X_1 = \{x_{\text{fiddle}}, x_{\text{sax}}, x_{\text{piano}}\} \\ x_{\text{fiddle}} = \{C, C, B\} \\ x_{\text{sax}} = \{E, F, D\} \\ x_{\text{piano}} = \{G, A, G\} \end{cases} \tag{8.1}$$

式中，X_1 为乐曲总谱中的某个和声，由小提琴、萨克斯和钢琴合奏而成；x_{fiddle} 为小提琴的三个音，分别为 C、C、B；x_{sax} 为萨克斯的三个音，分别为 E、F、D；x_{piano} 为钢琴的三个音，分别为 G、A、G。依次取三个乐器的三个音进行合成，将得到三个不同的和声。这些和声通过人耳判别，将会得到不同的评价。这样的音调库称为和声内存(harmony memory，HM)，如图 8.1 所示。

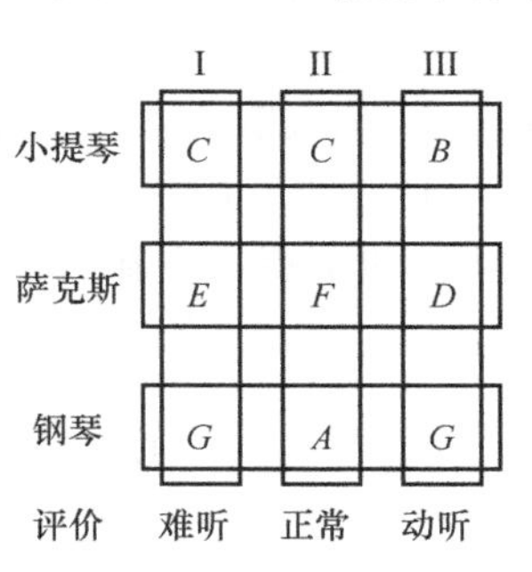

图 8.1　和声内存的结构

事实上，在创作和声时，每种乐器的三个音都有 33.3%的概率被调用。因此，HM 中的元素，总计可以合成 27 种不同的和声。如果作曲家认为某种新的和声比 HM 中已有的和声更动听，那么他将加入新的和声，并将原有和声中最难听的一个剔除。这个过程即和声的创作与更新。

8.2.3　和声搜索算法计算流程

HSA 的计算流程可以概括为：

(1) 初始化优化问题和算法参数；

(2) 初始化和声内存；

(3) 从和声内存中创作一个和声；

(4) 更新和声内存；

(5) 重复步骤(3)、(4)直至满足截止条件。

下对各个步骤进行详细说明。

(1) 初始化优化问题和算法参数。首先,目标优化问题可以归纳为如下形式:

$$\begin{aligned}&\min f(x)\\&\text{s. t. } x_i\in X_i,\quad i=1,2,\cdots,N\end{aligned}\tag{8.2}$$

式中,$f(x)$为目标函数;x 为各个自变量的集合;X_i 为每个自变量的值域集合;N 为自变量个数。该步骤中,HSA 的各项参数也被分别确定,这些参数包括和声内存(HM)、内存大小(HMS)、和声内存采纳率(HMCR)、调距率(PAR)和终止创作数(NI)。其中,HMCR 和 PAR 是在创作和声矢量时需要用到的参数,将在步骤(3)中被调用。

(2) 初始化和声内存(HM)。随机生成的解向量将会填充至 HM 中。所有解向量将会被代入目标函数,并计算出适应度值。HM 中的矢量存储形式如下:

$$\text{HM}=\begin{bmatrix}x^1\\x^2\\\vdots\\x^{\text{HMS}}\end{bmatrix}\tag{8.3}$$

(3) 和声创作。通过 HMCR 和 PAR 两个参数的作用,在内存中生成一个新的和声矢量 x^J:

$$x^J=(x_1^J,x_2^J,\cdots,x_N^J)\tag{8.4}$$

新矢量 x^J 中的每一个元素的取值,都要通过两次随机判定环节,这两个环节分别由 HMCR 和 PAR 调控。

① 随机生成一个 0 和 1 之间的数。若该数大于 HMCR,则从该元素对应的值域内随机取得一个新值,赋予该元素;若该数小于 HMCR,则该元素取某个现有向量中对应的元素值,即

$$x_i^J\leftarrow\begin{cases}x_i^{\text{int}(\text{rand}(0,1)\times\text{HMS})+1}, & \text{rand}(0,1)<\text{HMCR}\\x_i^J\in X_i & \text{rand}(0,1)>\text{HMCR}\end{cases}\tag{8.5}$$

HMCR 在该环节中,主要影响新元素是否在已有取值集合中取值。若 HMCR=0.85,意味着新矢量中的该元素有 85%的概率将取现有的某个值,同时也有 5%的概率重新从值域中选取新值。若 HMCR=1,意味着算法将只在初始内存中选取各元素值,而不会随机生成新值。因此,HMCR 的作用类似于遗传算法中的变异率,决定了整个算法内存中新值的出现概率。

② 当选取现有值为该元素赋值时,再次随机生成一个 0 和 1 之间的数。若该值大于 PAR,则不做额外处理;若该值小于 PAR,则 HSA 将在该元素的现有取值上进行一定修正,修正方式如下所示:

$$x_i^J\leftarrow\begin{cases}x_i^J+\text{BW}\times\text{rand}(-1,1), & \text{rand}(0,1)<\text{PAR}\\x_i^J & \text{rand}(0,1)>\text{PAR}\end{cases}\tag{8.6}$$

式中，BW 为调距带宽，通常取该自变量值域域宽的 5%左右。PAR 决定了该环节中是否对已取的值进行微调。若 PAR＝0.3，意味着在经过 HMCR 的一次选择后，该元素的值会有 30%的概率进行微调，有 70%的概率不进行任何处理。

HMCR 和 PAR 通过上述两个环节提高了局部和全局寻优能力，避免了漏解和局部振荡的现象。

(4) 更新 HM。若新和声矢量计算出的目标函数值优于 HM 中的最劣和声对应的函数值，则将新和声矢量纳入 HM，剔除最劣和声。

(5) 重复创作，直至算法满足收敛条件。

8.2.4　和声搜索算法计算过程分析

以一个简单的三元四次函数为例，说明 HSA 如何选取和声变量，并计算最优解：

$$\min f(x)=(x_1-2)^2+(x_2-3)^4+(x_3-1)^2+3 \tag{8.7}$$

显然，式(8.7)中的函数值非负，其最小值在三个括号均取零时达到。故最优解为 3，变量为{2,3,1}。而 HSA 将根据 8.2.3 节所述流程对问题进行求解。

计算初始，HSA 将会在内存中随机生成变量 x_1，x_2，x_3 的初始值，并组成原始的求解矢量，如图 8.2(a)所示。在第一次和声创作中，算法选取了 x_1 的待选值 1、x_2 的待选值 2 和 x_3 的待选值 3 作为新矢量的构成元素，并得到了新的函数值 8。由于 8 小于原有的最劣函数值 16，以 16 为结果的变量矢量{5,3,3}被剔除，而新的矢量{1,2,3}被加入 HM，如图 8.2 所示。

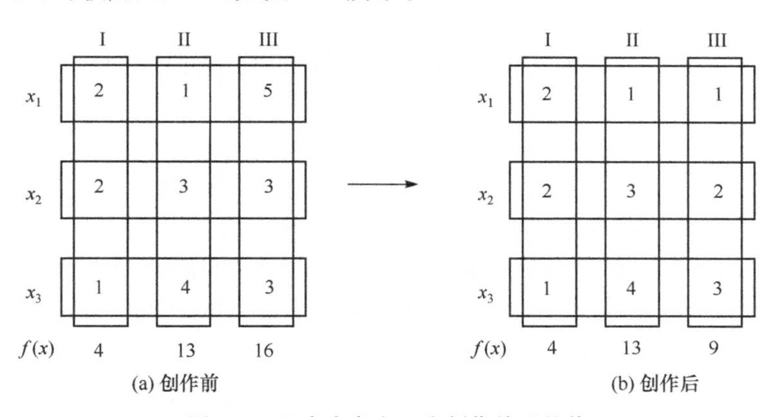

图 8.2　和声内存在一次创作前后的值

需要指出的是，在迭代中 x_1 的待选值 1 有可能因为所在矢量被淘汰而从内存中消失，从而导致无法达到最优解。因此，需要通过 HMCR 和 PAR 的调节，使 HSA 能不断地获取新值来补充内存的多样性。最终，算法将会终止在最优解上，即{2,3,1}。

8.2.5 和声搜索算法收敛能力

HSA 具有天然的迭代流程，通过前文中的参数设置，使其具有全局寻优能力。下面将对其迭代效率进行分析。为简化计算，取一个变量均为离散数字的目标函数为例，PAR 的作用暂时略去。

影响 HSA 计算能力的重要参数为 HM 的大小 HMS、变量的数目 N、变量可能取的初值个数 N_{ini}、变量 i 在 HM 中可取的最优值 H_i，以及 HMCR。在 HM 中能找到最优解的概率为

$$P_H = \prod_{i=1}^{N}\left[\text{HMCR}\,\frac{H_i}{\text{HMS}} + (1-\text{HMCR})\,\frac{1}{N_{\text{ini}}}\right] \tag{8.8}$$

迭代初始时，HM 中包含的是大量的随机数值。考虑最坏情况，即此时 HM 并没有包含任何变量的最优值，即

$$H_1 = H_2 = \cdots = H_N = 0 \tag{8.9}$$

则寻优概率为

$$P_H = \left[(1-\text{HMCR})\frac{1}{N_{\text{ini}}}\right]^N \tag{8.10}$$

可见，若 HM 中的变量一直不变，寻优概率是非常低的。但因为和声更新机制的存在，较优秀的和声对应的变量矢量将会持续不断地加入 HM 中。因此，随着迭代进行，式(8.8)中的 H_i 将会持续增加，使得寻优概率呈指数上升。

8.3 和声搜索算法与其他算法的对比

8.3.1 概述

和声搜索算法采用了符合自然规律的和声创作机制，具有良好的智能算法性能。它保留历史数据参与进一步迭代，这与贪婪算法(TS)非常类似；通过调节 HMCR，可以调节现有值与外来值对寻优结果的影响比重，这与模拟退火算法(SA)有共同之处；它将变量整合为矢量，通过变量序列的形式存储最优解，这一点与遗传算法(GA)基本相同。

与上述三种算法相比，HSA 与 GA 的相似度最大，但优点也很明显。GA 只能通过两组变量的交叉互换生成新序列，而 HSA 每次创作新和声，都可以调用所有 HM 中存在的变量值；GA 的每个序列都被视为一个整体，其中的单个元素无法自由地选择数值，而 HSA 可以针对每个变量单独选取最优值进行迭代。因此，HSA 比 GA 自由度更高，同时保证了内存中数值的最大利用率，这带来的是更有效率的求解速度，以及更稳定的最优解[9-11]。

8.3.2　算法对比

为展示 HSA 的性能，以一个具有一定约束条件的目标函数为例，对 HSA 和其他智能算法的效率进行详细对比。目标函数如下所示：

$$\begin{aligned} &\min f(x)=(x_1-2)^2+(x_2-1)^2 \\ &\text{s.t. } g_1(x)=x_1-2x_2+1=0 \\ &\quad g_2(x)=-\frac{1}{4}x_1^2-x_2^2+1\geqslant 0 \end{aligned} \tag{8.11}$$

将 GA、既约梯度法(GRG)、进化规划(EP)的计算结果和 HSA 进行对比。三种算法与其参考文献设置相同。HSA 采用相同函数与相同场景，最大迭代次数为 40000。内存大小 HM 设为 30，HMCR 为 0.5，PAR 为 0.3，偏移带宽设置为 1/3000。函数中的 x_1、x_2 取值范围为[−10.0，10.0]，服从正态分布。

仿真结果如表 8.1 所示，从表中可知，GRG、EP 的最优值虽然接近精确值，但两个约束条件均越限，故其最优解并不可取。而 HSA 的最优解尽管从精度上略逊于 GRG，但相对更加满足约束条件，同时最接近精确值。因此，HSA 的求解能力在算例中优于其他算法。

表 8.1　HSA 与其他算法性能对比

算法	精确值	GA	GRG	EP	HSA
$f(x)$	1.3835	1.4338	1.3834	1.3772	1.3865
偏差/%	0	2.8882	−0.0072	−1.1687	0.2153
x_1	0.8228	0.8080	0.8228	0.8350	0.8280
x_2	0.8114	0.8854	0.8115	0.8125	0.8080
$g_1(x)$	0	3.7×10^{-2}	1.0×10^{-4}	1.0×10^{-2}	1.3×10^{-2}
$g_2(x)$	0	5.2×10^{-2}	-5.2×10^{-5}	-7.0×10^{-3}	3.7×10^{-3}

8.4　和声搜索算法在有源配电网无功协调优化中的应用

8.4.1　概述

本节采用改进和声算法(improved harmony search algorithm，IHSA)作为优化工具，以优化全网网损与投切费用为目标，对含有 DG 的配电网无功协调优化问题进行求解。该方法针对配电网含有有功不可调度 DG 的场景，对经典 HSA 进行改进，使其能够处理含有混合类型变量的优化问题。同时，对 IHSA 中的参数进行动态优化，可有效限制迭代步长，避免漏解。

8.4.2　问题建模

传统配电网中，通过调整变压器抽头位置和投切无功补偿电容器，可以在满足各项约束的条件下实现全网网损最优。随着 DG 陆续接入配电网，其平滑调节无功出力的能力使得配电网拥有了多个潜在的无功电源。由于传统无功调节设备价格昂贵，且使用寿命与操作次数相关，使用成本非常高，而 DG 的无功调节相对灵活，也不影响自身寿命，所以利用 DG 的无功出力协调优化全网潮流，能保护传统无功设备，提高优化效果。含 DG 的配电系统示意图如图 8.3 所示，其中 C_S 表示母线电容器组，C_F 表示馈线上的电容器组。

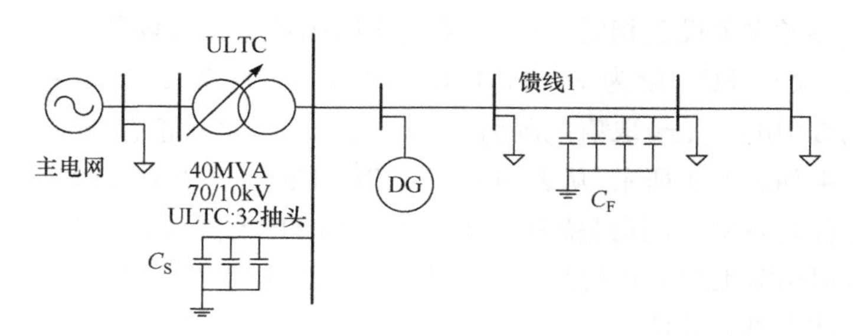

图 8.3　含 DG 的配电系统

1）目标函数

本节研究的优化问题中，网损、无功设备投切费用两个目标被加权后进行整合，由此将多目标优化问题转化为单目标优化问题。其中，无功设备投切费用包含 ULTC 投切费用、母线电容器组投切费用和馈线电容器组投切费用三个部分。综上所述，目标函数式包括四个部分，其组成如式(8.12)所示：

$$\min J = \sum_{h=1}^{24}\Big(C_{\text{Loss}}P_{\text{Loss}}^h + C_{\text{Tap}}\left|\text{tap}^h - \text{tap}^{h-1}\right| + C_S\left|k_S^h - k_S^{h-1}\right| + \sum_{j=1}^{N_F} C_{F_j}\left|kF_j^h - kF_j^{h-1}\right|\Big) \tag{8.12}$$

式中，C_{Loss}、C_{Tap}、C_S、C_{F_j} 分别为总网损费用、ULTC、母线电容器与馈线电容器操作费用的权重因子；P_{Loss}^h 为 h 时刻的网损；tap^h、k_S^h、kF_j^h 分别为 ULTC、母线电容器组和馈线电容器组在 h 时刻的闭合档位；N_F 为馈线电容器组的个数。

C_{Loss}、C_{Tap}、C_S 和 C_{F_j} 的大小，视系统和设备特性决定：C_{Loss} 通常与单位电价相关，这个指标在各级电网中的变化不大，且可以按照实际选取；C_{Tap} 与 ULTC 相关，取值相对较大，这是因为这类设备往往运维成本要高于电容器等设备；同理，C_S 比 C_{F_j} 的取值也略高一些。

2）约束条件

(1) 潮流等式约束为

$$\begin{cases}P_{\mathrm{DG}i}-P_{\mathrm{d}i}=V_i\sum V_j(G_{ij}\cos\theta_{ij}+B_{ij}\sin\theta_{ij})\\ Q_{\mathrm{DG}i}+Q_{\mathrm{c}i}-Q_{\mathrm{d}i}=V_i\sum V_j(G_{ij}\sin\theta_{ij}-B_{ij}\cos\theta_{ij})\end{cases} \tag{8.13}$$

(2) DG 无功输出约束为

$$\mathrm{DG}_n^{\min}\leqslant\mathrm{DG}_n\leqslant\mathrm{DG}_n^{\max},\quad n=1,\cdots,N_{\mathrm{DG}} \tag{8.14}$$

式中，DG_n、$\mathrm{DG}_n^{\min}$ 和 $\mathrm{DG}_n^{\max}$ 分别表示编号为 n 的 DG 无功出力、上限和下限值。在智能随机算法中，可以直接将 DG 的无功出力作为自变量，通过功率因数将无功出力与 DG 输出电压约束在一起。

(3) 支路热约束为

$$|S_{ij}|=|V_i^2G_{ij}-V_iV_j(G_{ij}\cos\theta_{ij}+B_{ij}\sin\theta_{ij})|\leqslant S_{ij}^{\max} \tag{8.15}$$

式中，S_{ij} 为节点 i 与 j 间的视在功率；$S_{ij}^{\max}$ 为该支路的视在功率热约束限值。

(4) 节点电压约束。考虑 DG 有功出力随机波动的情况，定义 $\underline{V_i^h}$ 和 $\overline{V_i^h}$ 为 h 时刻 DG 有功随机波动所造成的电压波动下界与上界，则这两个值必须满足：

$$\begin{aligned}&\underline{V_i^h}\geqslant V_i^{\min},\quad i=1,\cdots,N;h=1,\cdots,24\\&\overline{V_i^h}\leqslant V_i^{\max},\quad i=1,\cdots,N;h=1,\cdots,24\end{aligned} \tag{8.16}$$

这将使得目标变为一个双层规划问题。而实际上，由于 DG 的有功出力与节点电压的增量正相关[5]，即当 DG 有功出力取最小值时，节点电压达到最低值；反之亦然。因此，只需要对 DG 有功出力的上下界对应的节点电压值进行约束，就可以保证节点电压不越限，因而双层规划问题转化为单层规划问题，电压约束可表述为

$$\begin{aligned}&V_i^h|_{\mathrm{PG}_n^h=\mathrm{PG}_n^{\min}}\geqslant V_i^{\min},\quad i=1,\cdots,N;h=1,\cdots,24\\&V_i^h|_{\mathrm{PG}_n^h=\mathrm{PG}_n^{\max}}\leqslant V_i^{\max},\quad i=1,\cdots,N;h=1,\cdots,24\end{aligned} \tag{8.17}$$

(5) 操作次数约束。为保障传统无功设备的正常工作寿命，需要对设备每日操作次数进行限制。ULTC、母线电容器组、馈线电容器组的日操作次数约束可以分别表述为

$$\begin{cases}\sum\limits_{h=1}^{24}|\mathrm{tap}^h-\mathrm{tap}^{h-1}|\leqslant\mathrm{tap}^{\text{one-day}}\\ \mathrm{tap}^{\min}\leqslant\mathrm{tap}^h\leqslant\mathrm{tap}^{\max},\quad h=1,\cdots,24\end{cases}$$

$$\begin{cases}\sum\limits_{h=1}^{24}|k_{\mathrm{S}}^h-k_{\mathrm{S}}^{h-1}|\leqslant k_{\mathrm{S}}^{\text{one-day}}\\ 0\leqslant k_{\mathrm{S}}^h\leqslant k_{\mathrm{S}}^{\max},\quad h=1,\cdots,24\end{cases}$$

$$\begin{cases} \sum_{h=1}^{24} |kF_j^h - kF_j^{h-1}| \leqslant kF_j^{\text{one-day}}, & j = 1,2,\cdots,N_F \\ 0 \leqslant kF_j^h \leqslant kF_j^{\max}, & h = 1,\cdots,24; j = 1,\cdots,N_F \end{cases} \tag{8.18}$$

式中，$\text{tap}^{\text{one-day}}$、$k_S^{\text{one-day}}$、$kF_j^{\text{one-day}}$分别为ULTC、母线电容器组和馈线电容器组一日内最大允许动作次数。考虑上述各种约束条件，目标函数最终可以表述为

$$\min \quad J = \sum_{h=1}^{24} (C_{\text{Loss}} E[P_{\text{Loss}}^h] + C_{\text{Tap}} |\text{tap}^h - \text{tap}^{h-1}| + C_S |k_S^h - k_S^{h-1}| + \sum_{j=1}^{N_F} C_{F_j} |kF_j^h - kF_j^{h-1}|)$$

s. t.

$$\text{元素 1} \begin{cases} P_{\text{DG}i} - P_{\text{d}i} = V_i \sum V_j (G_{ij}\cos\theta_{ij} + B_{ij}\sin\theta_{ij}) \\ Q_{\text{DG}i} + Q_{\text{c}i} - Q_{\text{d}i} = V_i \sum V_j (G_{ij}\sin\theta_{ij} - B_{ij}\cos\theta_{ij}) \\ QG_n^{\min} \leqslant QG_n \leqslant QG_n^{\max}, & n = 1,\cdots,N_{\text{DG}} \\ V_i^h |_{\text{PG}_n^h = \text{PG}_n^{\min}} \geqslant V_i^{\min}, & i = 1,\cdots,N; h = 1,\cdots,24 \\ V_i^h |_{\text{PG}_n^h = \text{PG}_n^{\max}} \leqslant V_i^{\max}, & i = 1,\cdots,N; h = 1,\cdots,24 \\ |S_{ij}| = |V_i^2 G_{ij} - V_i V_j (G_{ij}\cos\theta_{ij} + B_{ij}\sin\theta_{ij})| \leqslant S_{ij}^{\max} \end{cases} \tag{8.19}$$

$$\text{元素 2} \begin{cases} \sum_{h=1}^{24} |k_S^h - k_S^{h-1}| \leqslant k_S^{\text{one-day}} \\ 0 \leqslant k_S^h \leqslant k_S^{\max}, & h = 1,\cdots,24 \end{cases}$$

$$\text{元素 3} \begin{cases} \sum_{h=1}^{24} |\text{tap}^h - \text{tap}^{h-1}| \leqslant \text{tap}^{\text{one-day}} \\ \text{tap}^{\min} \leqslant \text{tap}^h \leqslant \text{tap}^{\max}, & h = 1,\cdots,24 \end{cases}$$

$$\text{元素 4} \begin{cases} \sum_{h=1}^{24} |kF_j^h - kF_j^{h-1}| \leqslant kF_j^{\text{one-day}}, & h = 1,\cdots,24; j = 1,\cdots,N_F \\ 0 \leqslant kF_j^h \leqslant kF_j^{\max}, & h = 1,\cdots,24; j = 1,\cdots,N_F \end{cases}$$

3）有功不可调度DG的建模

有功不可调度DG的有功出力按实际环境决定，无法自由调控，包括风机、PV等。这类DG将依照其概率密度曲线随机出力，而概率密度则与自身特性相关，如风机依赖风力大小、PV依赖光照强度。若直接将有功出力作为随机变量引入目标函数，将带来大量动态约束条件，极大降低算法效率。因此，以期望值$E[P_{\text{Loss}}]$代替随机变化的实际值P_{Loss}。

计算 $E[P_{\text{Loss}}]$需要根据有功不可调度 DG 的有功出力随机概率密度曲线，得到对应的网损概率密度曲线。而实际上，网损概率密度没有显性表达式，用解析方法求取期望网损非常困难。下面以风机为例，对该过程进行以下处理。

(1) 从概率为 0 处开始，检测风速概率密度曲线的一阶导数值。若与起点处导数差值超过某一阈值，则将曲线在该处截断，将该点之前的一段线性化，取中间值进行插值近似，并计算该段所代表的概率，流程如图 8.4 所示。

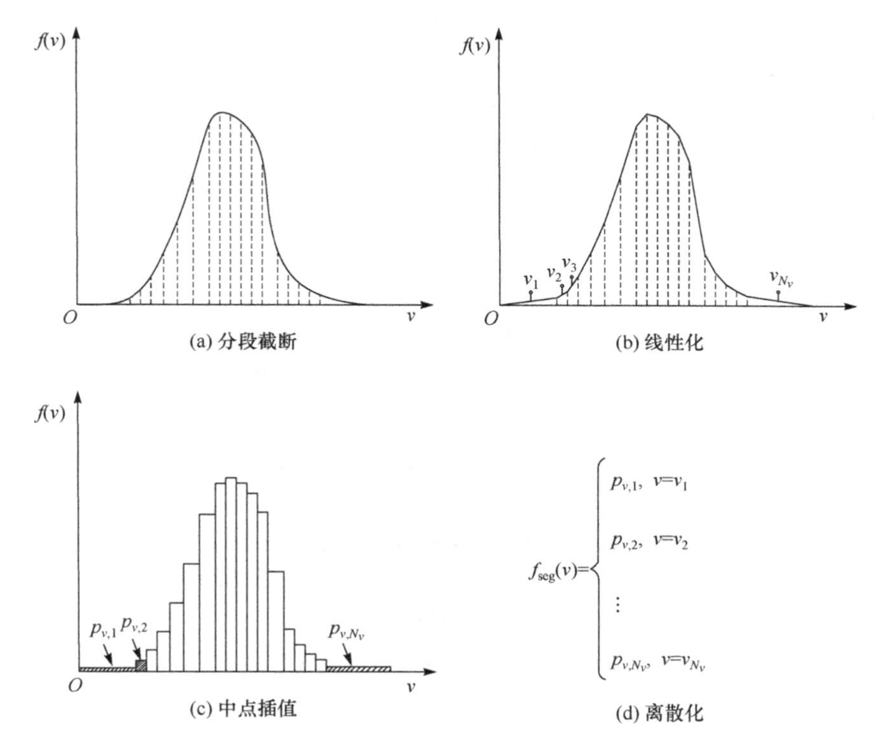

图 8.4　风速概率密度曲线近似化流程

处理后的风速概率密度函数将变为一个离散的分段函数，如下所示：

$$f(v)\to f_{\text{seg}}(v)=\begin{cases}p_{v,1}, & v=v_1\\ p_{v,2}, & v=v_2\\ \vdots \\ p_{v,N_v}, & v=v_{N_v}\end{cases} \tag{8.20}$$

(2) 当风速取上述各个离散值时，将得到一个对应的风机有功出力值，进而得出网损。将各风速离散值对应的网损按照各段概率进行加权求和，即得到网损概率密度曲线的近似期望值：

$$E[P_{\text{Loss}}^{h}]=\sum_{i=1}^{N_v}(P_{\text{Loss},i}^{h}\times p_{v,i}),\quad P_{\text{Loss},i}^{h}\sim P_{\text{wind}}(v_i) \tag{8.21}$$

式中，$P_{\text{Loss},i}^{h}$为h时刻的风速取曲线第i段的对应离散值时的网损，$p_{v,i}$为取该风速的概率，N_v为处理过的风速概率函数所分的段数。

8.4.3　基于IHSA的求解流程

本节采用IHSA对优化问题进行求解，该优化问题具有以下特点：①同时含有连续变量与整数变量，为混合规划问题；②目标函数含有绝对值，容易出现局部取值振荡；③约束条件繁杂，部分约束不具有显性表达式。因此，需要对标准的HSA进行改进和修正。将优化问题进行抽象，可以得到如式(8.22)所示的形式。其中cv和dv分别为目标函数中的连续变量矢量和整型变量矢量。

$$\begin{aligned}&\min f(\text{cv},\text{dv})\\&\text{s.t. } h_1(\text{cv})=0,\quad h_2(\text{dv})=0\\&\qquad g_1(\text{cv})\leqslant 0,\quad g_2(\text{cv})\leqslant 0\end{aligned} \tag{8.22}$$

在建立该目标函数时，HSA的相关参数也应该同时被确定。这些参数包括和声内存(HM)、内存大小(HMS)、和声内存采纳率(HMCR)、调距率(PAR)和终止创作数(NI)。

经典HSA的优化流程如前文所述，下面根据该流程，依次对经典HSA进行定制与改进。

该优化问题主要包含四种变量：DG的无功输出、有载调压器抽头位置、母线电容器闭合数和馈线电容器闭合数。其中DG的有功、无功输出为连续变量，后者均为整型变量。参与HSA计算的和声矢量形式为

$$\begin{cases}X_1=\{x_{Q_{\text{DG}}},x_{\text{ULTC}},x_{\text{S}},x_{\text{CF}_1},x_{\text{CF}_2},\cdots,x_{\text{CF}_i}\}\\x_{Q_{\text{DG}}}=\{x_{Q_{\text{DG}}}^{1},x_{Q_{\text{DG}}}^{2},\cdots,x_{Q_{\text{DG}}}^{24}\}\\x_{\text{ULTC}}=\{x_{\text{ULTC}}^{1},x_{\text{ULTC}}^{2},\cdots,x_{\text{ULTC}}^{24}\}\\x_{\text{S}}=\{x_{\text{S}}^{1},x_{\text{S}}^{2},\cdots,x_{\text{S}}^{24}\}\\x_{\text{CF}_i}=\{x_{\text{CF}_i}^{1},x_{\text{CF}_i}^{2},\cdots,x_{\text{CF}_i}^{24}\}\end{cases} \tag{8.23}$$

式中，X_1为和声矢量；$x_{Q_{\text{DG}}}$为DG的无功输出序列；x_{ULTC}为有载调压器抽头位置序列；x_{S}为母线电容器投入数量序列；$x_{\text{CF}_1},x_{\text{CF}_2},\cdots,x_{\text{CF}_i}$为各个馈线端电容器组的投入数量序列。以上所有序列均表示日计划中24个小时分段的数值。

在各项约束条件中，将在HSA中视情况分别进行处理：自变量的取值范围可以化为变量值域，潮流方程在计算中得到满足，形成自然约束；具有显式表达的约束，如节点电压限制，将作为罚函数加入目标函数；而没有显式表达或难以整合到目标函数中的约束，如支路热约束等，将在和声矢量适应度计算完毕后再行验证。

罚函数在原目标函数中体现为式(8.24)所示的形式，其中C_{V}为节点电压罚

函数的权重因子，为保证排除越限解，C_V 应取较大值。

$$\min J=\sum_{h=1}^{24}\Big(C_{\text{Loss}}E[P_{\text{Loss}}^h]+C_{\text{Tap}}\,|\,\text{tap}^h-\text{tap}^{h-1}\,|+C_S\,|\,k_S^h-k_S^{h-1}\,|+\sum_{j=1}^{N_F}C_{F_j}\,|\,kF_j^h-kF_j^{h-1}\,|\Big)+C_V\sum_{i=1}^{N}\left[\frac{\min(V_i^h\,|_{PG_n^h=PG_n^{\min}}-V_i^{\min},V_i^h\,|_{PG_n^h=PG_n^{\max}}-V_i^{\max},0)}{V_i^{\max}-V_i^{\min}}\right]^2 \tag{8.24}$$

初始化内存和创作新和声的过程中，必将涉及整型变量。本节先将整型变量视为连续变量进行处理。对经典 HSA 中的参数 PAR 和距离带宽 bw 做动态化处理：

$$\text{PAR}=(\text{PAR}_{\max}-\text{PAR}_{\min})\times(t_{ci}/t_{\max2})+\text{PAR}_{\min} \tag{8.25}$$

$$\text{bw}=\text{bw}_{\max}\times \mathrm{e}^{\eta\times t_{ci}} \tag{8.26}$$

$$\eta=\left(\lg\frac{\text{bw}_{\min}}{\text{bw}_{\max}}\right)\Big/t_{\max2} \tag{8.27}$$

经重新定义，PAR 和 bw 能随着 IHSA 迭代的进行不断自我调节：早期迭代中，大范围的全新数值更易进入内存；末期迭代中，参数会自行减小步长，使调节更加精确。

通过上述参数设置后，IHSA 生成的矢量中含有仍未经处理的整型变量。考虑到简单的四舍五入很可能导致适应度的局部振荡，故加入新的规则：若在 HMCR 判定阶段被判为需要全新取值的矢量，其整型变量部分默认采用四舍五入；而被判为根据已有矢量进行修正取值的矢量，其取值趋向于原矢量。适用了该规则的整型变量取值过程，其伪代码如表 8.2 所示。

表 8.2 IHSA 处理整型变量的伪代码

IHSA 处理整型变量流程
输入：和声内存中的整型变量序列 dv
输出：新的整型变量元素 dv_{new}
1：生成随机数 rand(0,1)，进行第一次判定
2：**若** rand(0,1)＜HMCR **执行**
3：　从已有整型变量序列中选取一个值，作为 dv_{new}的原始值
4：　再次生产随机数 rand(0,1)，进行第二次判定
5：　**若** rand(0,1)＜PAR **执行**
6：　　在原始值的基础上，加上 rand(−1,1)BW 的修正值
7：　　修正后的 dv_{new}，取离原始值较近的那个整数作为新的值
8：　**否则**　直接取原始值作为 dv_{new}的值
9：　**执行结束**
10：**否则**　直接从值域中任取一整数作为 dv_{new}的值
11：**执行结束**

通过该规则,新生成的矢量一方面从全新取值中覆盖整个取值域,不至于落入局部解;另一方面通过严格控制对已有矢量的修正,保证以现有矢量为据点,逐步向两侧进行最优探索,避免出现步长过大和漏解的现象。

IHSA 的迭代过程在满足收敛条件时将会终止。在 IHSA 中,每经过 20 次迭代,检查最后两次更新的最优适应度的差值 Δx 是否小于预设阈值 ε。本章算法中,ε 被设置为 0.0001。若满足该条件,则迭代终止,输出当前最优矢量作为优化方案,否则迭代至迭代上限次数后终止。

IHSA 的求解详细步骤如下:

(1) 获取包括 ULTC、母线电容器组、馈线电容器组、DG 输出曲线在内的配电网数据,以及未来 24h 的负荷预测数据。

(2) 将优化问题转化为目标函数,IHSA 的初始适应度包括初始的网损数据,可以通过对 HM 中的初始数据计算得到。

(3) 将 IHSA 的所有动态参数初始化。

(4) 开始和声创作环节,计算新矢量对应的适应度,根据 IHSA 的更新规则对最佳适应度进行更新。

(5) 检查迭代条件,若满足条件,输出最佳适应度对应的矢量,作为优化方案。

8.4.4 算例验证

为验证算法性能,本节分别采用了标准 10kV 测试系统、实际 10kV 配电系统和 IEEE 13-bus 三相不平衡系统作为算例,对 DG 无功输出和传统无功设备协调优化进行方案设计。实验环境如下:

(1) 算法在 MATLAB 中实现,实验计算机采用 Intel i7 3630QM 2.4GHz 处理器,8GB RAM。

(2) 给出两种控制策略:①DG 参与无功协调控制;②DG 不参与无功协调控制。

(3) HSA 的参数设置为:HMS=20,HMCR=0.85,PAR∈[0.4,0.8],NI=1000。

(4) 算法的性能与结果将与文献[5]提出的基于可信赖域的序列二次规划法(TRSQP)和文献[7]提出的 DP 算法进行对比。由于 DP 和 TRSQP 所针对的场景仅存在一个 DG,故三种算法将先在相同的场景中进行比较,再将 TRSQP 与 HSA 单独进行比较。

该测试系统单线图如图 8.5 所示,由三条馈线组成,包含 14 个节点。每条馈线上的负荷均匀分布。三条馈线的 24h 负荷数据曲线如图 8.6 所示。系统所含无功调节设备信息如表 8.3 所示。

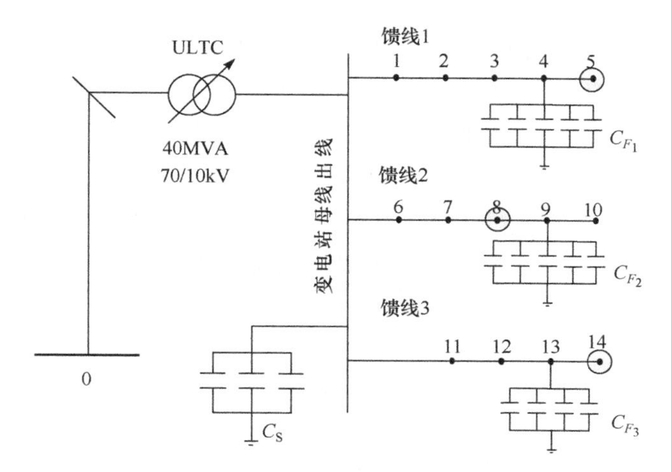

图 8.5　标准 10kV 测试系统单线图

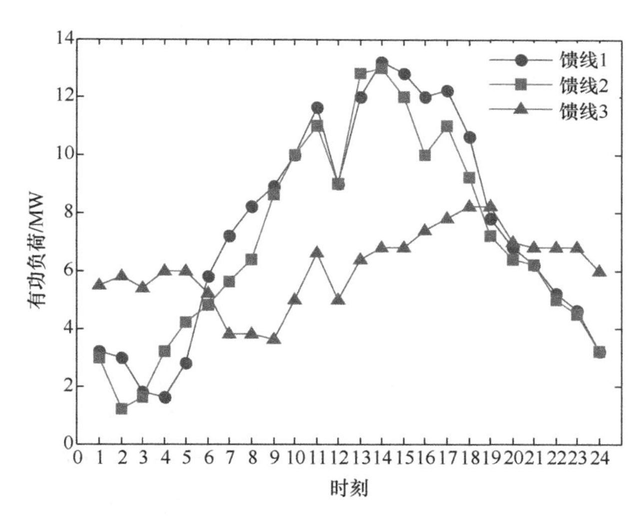

图 8.6　三条馈线 24h 负荷数据

表 8.3　无功控制设备信息

ULTC	70/10kV,−10%～10%,32 档
电容器组	母线电容器:每组 2.5Mvar 馈线电容器:每组 1.5Mvar

设定 C_{Loss}、C_{Tap}、C_{S}、C_{F_i} 分别为 80 美元/MWh、80 美元/次、60 美元/次、40 美元/次。有载调压器抽头初始位置在 24,变电站母线电容器 C_{S} 和馈线电容器 C_{F_1}、C_{F_2}、C_{F_3} 初始投入组数均为 0 组。DFIG 与 PV 额定有功输出均为 3MW,其中 DFIG 的功率因数在 0.85(超前)到−0.85(滞后)连续可调。

在该算例中设置了三种场景:①在节点 5、8 均安装 DFIG;②在节点 8、14 均安装 DFIG;③在节点 8 安装 DFIG,在节点 14 安装 PV。仿真结果如表 8.4 所示。

表 8.4　10kV 测试系统仿真结果

场景	①		②		③	
DG 参与控制	否	是	否	是	否	是
期望网损/MWh	12.4	12.2	13.7	13.1	13.6	13.6
ULTC	0	0	0	0	0	0
C_{S}	2	3	2	3	2	3
C_{F_1}	5	4	3	4	4	4
C_{F_2}	4	4	6	3	4	4
C_{F_3}	4	2	5	4	3	1
网损费用/美元	883	878	1088	1048	1080	1082
投切费用/美元	640	580	680	620	560	540
总费用/美元	1633	1558	1778	1668	1650	1632

如表 8.4 所示,各项传统无功设备的数据表示该设备在一天 24h 中被操作的次数。不同场景下的仿真结果都表明,DG 的无功调节能力在参与传统无功设备对网络进行无功控制之后,整个网络无功费用都显著降低。场景①、②、③的降幅分别为 4.5%、6.1%、1.3%。从费用的组成上看,该降幅主要来源于投切费用的降低,证明协调控制能有效减少设备损耗。场景③中含有无法进行无功协调控制的 PV,故降幅也最低。

某地区实际 54 节点系统为典型的 10kV 配电网系统,单线图如图 8.7 所示。该系统相邻节点间距相同,各点负荷功率因数均固定为 0.8(滞后),系统相关参数如表 8.5 所示。该系统各节点未来 24h 的有功负荷预测曲线如图 8.8 所示。表 8.6 对 54 个节点分属的三种不同负荷分类进行了说明。

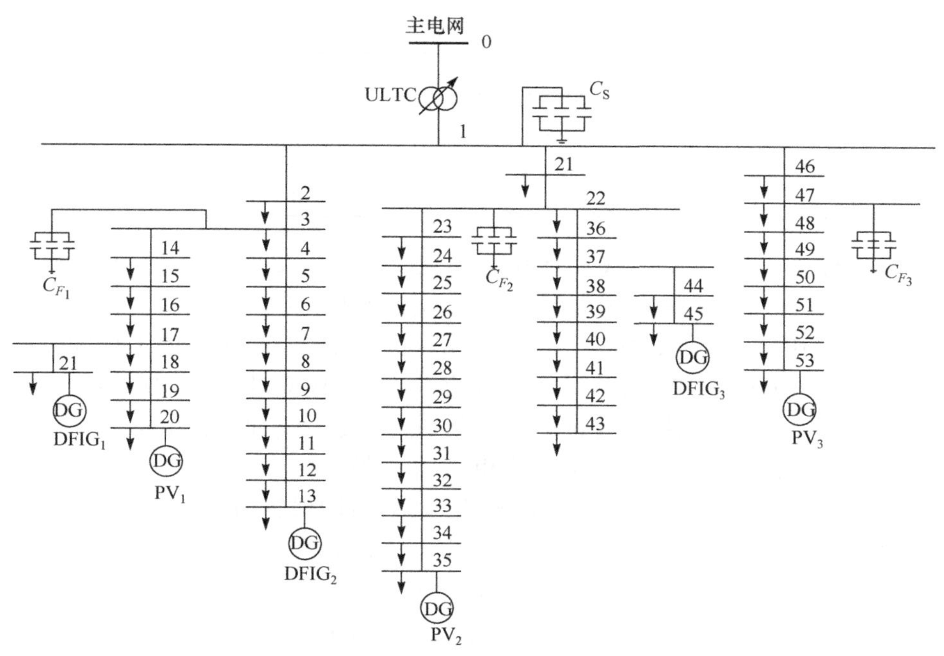

图 8.7　实际 54 节点 10kV 配电系统

表 8.5　系统相关参数

节点间馈线	$r=0.1440\Omega/\text{km}, x=0.4200\Omega/\text{km}$
ULTC	110/10kV，−5% ～5%，40 档
电容器组	母线电容器：每组 0.3Mvar 馈线电容器：每组 0.15Mvar

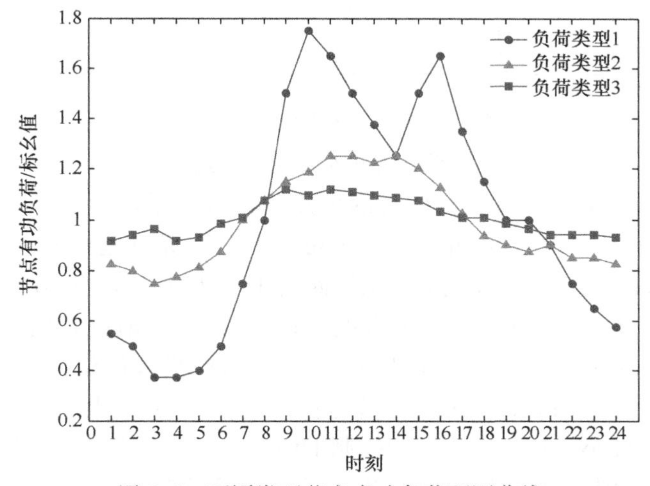

图 8.8　不同类型节点有功负荷预测曲线

表 8.6　节点类型

类型	节点编号
1	1～13,36～43
2	21～35
3	14～20,44～53

该系统中,C_{Loss}、C_{Tap}、C_{S}、C_{F_i} 分别为 80 美元/MWh、20 美元/次、15 美元/次、10 美元/次。有载调压器抽头初始位置为 17,变电站母线电容器 C_{S} 和馈线电容器 C_{F_1}、C_{F_2}、C_{F_3} 初始投入组数均为 0 组。在系统的 13、21、45 节点处设置 DFIG,在 20、35、53 节点处设置 PV。DG 均采用有功不可调度模型,其中 DFIG 的功率因数在 0.85(超前)～0.85(滞后)区间连续可调,其余参数与前面设置相同。

表 8.7 数据表明,与传统控制方法相比,协调控制在实际系统中同样有效降低了网损和操作费用。其中总费用的降幅为 7.14%,网损费用的降幅为 2.18%,投切费用的降幅为 22.22%。这表明协调控制在实际系统中有效降低了费用,其中投切费用较为显著。下面结合方案图示进行分析。

表 8.7　实际 10kV 系统仿真结果

DG 参与控制	否	是
期望网损/MWh	5.14	5.02
ULTC	2	2
C_{S}	1	1
C_F	8	5
网损费用/美元	411	402
投切费用/美元	135	105
总费用/美元	546	507

图 8.9 和图 8.10 分别为 DG 参与协调控制时,变压器抽头与各个补偿电容器组的控制方案。结合各馈线上节点的负荷特点进行分析。

(1) 母线侧 ULTC 的控制:所有的节点负荷呈现早晚低、午间高的趋势。在早间 0～5 点,有功负荷较低,此时有功不可调度 DG,尤其是充分利用夜间风力的 DFIG 的存在,使得节点电压可能越限,此时 ULTC 处于零投用状态,同时利用 DG 吸收无功功率,可以有效稳定节点电压;之后网络逐渐进入用电高峰,为维持各个节点,尤其是馈线远端节点的电压稳定,ULTC 投入档位提高使整体电压水平上升。此处可以看到,DG 在主动参与控制时,ULTC 的操作时间比传统方法晚,档位变动也较小。这是因为主动控制 DFIG 的无功输出相比于传统方法,对网络的无功调节起到了更显著的作用,减轻了 ULTC 的调压压力。

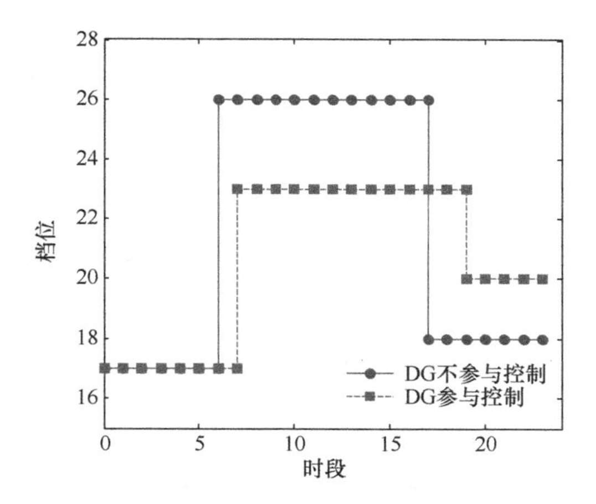

图 8.9　ULTC 档位控制方案

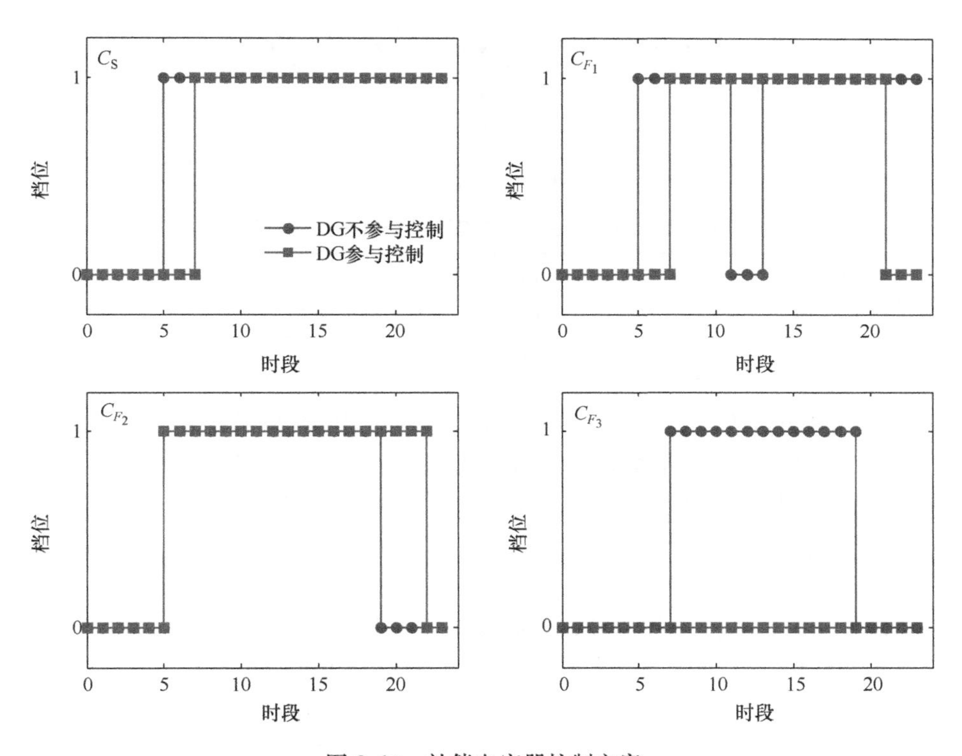

图 8.10　补偿电容器控制方案

(2) 馈线侧电容器组的控制：馈线侧电容器中，C_S 电容器组的调节特点类似于 ULTC，在此不再赘述。而各条馈线上的电容器组则视各自的负荷特点均有不同程度的差异。以节点 2～20 所在馈线为例，该馈线节点负荷类型为 1、2。在不同时段的负荷差距比类型 3 都要大,因此若 DG 不参与无功调节,本馈线的电容器组则需要跟随负荷变动进行多次操作。而在 DG 主动协调控制下,DG 的无功输出填补了较小的无功波动缺口,使得电容器组的操作不再频繁。

为验证 IHSA 能够适用于更特殊的场景,引入 IEEE 13-bus 三相不平衡系统算例。该系统单线图如图 8.11 所示。在节点 633 和节点 692 分别安装 PV 和 DFIG。DG 参数与前面相同。该系统中的传统无功设备的调节方式均与前面算例相同,为三相同步调节。仿真结果如表 8.8 所示。

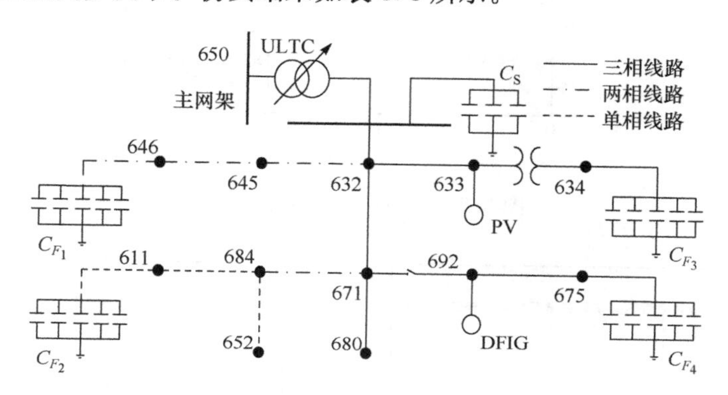

图 8.11 IEEE 13-bus 三相不平衡系统

表 8.8 IEEE 13-bus 三相不平衡系统仿真结果

迭代次数	时间/s	网损/MWh			动作次数		
		A 相	B 相	C 相	ULTC	C_S	C_F
1000	126	0.85	0.11	1.43	0	0	8

由表 8.8 可以看出,IHSA 可以在较短的时间内,给出不平衡系统的优化方案。在本实验中,三相不平衡算例与前文所述的各个标准算例仅在潮流约束上有所不同。因此,只要对潮流方程进行相应修改,就可以利用 IHSA 进行求解。

8.4.5 算法性能分析

IHSA 的表现依赖于各个参数的选取。影响 IHSA 的主要参数为和声内存大小 HMS 和迭代次数 NI。不同参数设置方案如表 8.9 所示。

表 8.9 不同参数设置下 HSA 的对比

设置编号	S_1	S_2	S_3	S_4	S_5
HMS/NI	20/1000	10/1000	5/1000	20/500	20/800
耗时/s	72	78	42	18	16
总费用/美元	1631	1680	1683	1643	1638

可以看到，随着 HMS 变小，内存中变量个数减少，迭代得到的优化解质量显著下降。因为在迭代过程中，可供新和声选用的基础值变少，算法会长期在一个狭窄的小空间内寻找优化解。想要进入新的区域寻优，则更多地依赖于极少出现的纯随机取值来拓宽样本覆盖面。而这个有低概率发生的过程，是和迭代总次数 NI 相关的。若 NI 增大，则相应的进入新区域寻优的概率也将变大。若 HMS 和 NI 过小，将会造成取不到最优值的现象。

图 8.12 描述了两种参数的作用：HMS 决定了早期寻优过程中向最优解逼近的速度，NI 则有益于后期寻优区域的拓展。尽管五种设置在迭代前期均向最优解逼近，但优劣非常明显，这就是由于 HMS 过小，部分方案中仅仅寻到的是局部最优解。而在迭代后期很长一段时间的稳定期中，也会出现一定的函数值降幅，这表明在算法的迭代后期，由随机取值而开放了新的寻优区域，在这些区域中找到了更优的解。而随着迭代次数继续增加，最优解之间的差别已经小于 0.1%，此时可以认为已经找到最优解，继续迭代将不再有收益。

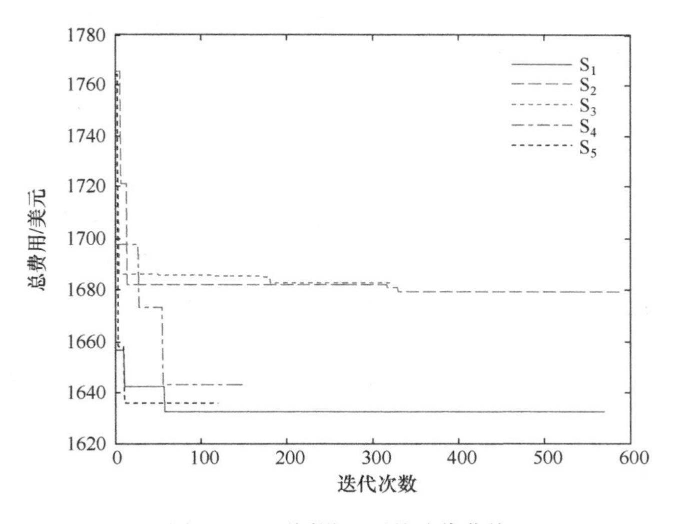

图 8.12 不同设置下的迭代曲线

8.5 基于 MOHS 算法的分布式电源选址定容优化

8.5.1 概述

为了解决第 3 章所提出的配电网 DG 选址定容优化问题，本章将和声搜索(harmony search，HS)算法与多目标进化算法的思想相融合，提出多目标和声搜索(multi-objective harmony search，MOHS)算法。

和声搜索算法是新近问世的一种启发式全局搜索算法，它模拟音乐演奏中乐师凭借自己的记忆，通过反复调整乐队中各个乐器的音调，最终达到一个美妙的和声状态这一过程。在和声搜索算法中，每个乐师代表一个控制变量，调整乐器音调即根据一定规则改变控制变量的值，最终的和声状态表示优化问题的全局最优解。目前，和声搜索算法在许多组合优化问题中得到了成功应用，在有关问题上展示了较遗传算法、模拟退火算法和禁忌搜索算法更好的性能。但对于 DG 选址定容这一多目标优化问题，和声搜索算法只能依据预先设定的各目标权重，通过加权方式转化为单目标优化问题，最终获得一个最优解。但当各目标权重发生变化或者决策者的偏好出现波动时，和声搜索算法只能重新搜索，以获得新的优化问题最优解。

为解决和声搜索算法求解多目标优化问题时的弊端，本章将传统和声搜索和快速非支配排序策略相结合，用于搜索多目标优化问题的 Pareto 解集，而最佳妥协解可以依据基于模糊集理论的选取方法进行选取。这种适用于多目标优化问题求解的改进和声搜索算法称为多目标和声搜索算法。本章将沿用第 3 章所述的 DG 选址定容优化问题模型，重点对 MOHS 算法进行详细论述，并将其应用于 DG 选址定容优化问题求解之中。

8.5.2 MOHS 算法详述

为了求解 DG 选址定容多目标优化问题，MOHS 算法将 NSGA-II 算法中描述的快速非支配排序策略应用到传统 HS 中。并且，MOHS 算法中维护了一个 SPEA2 所描述的归档集(archive)，用于保存全部或者一部分非支配和声。本章所提出的用于求解 DG 选址定容优化问题的 MOHS 算法可描述如下。

(1) 初始化参数。需要被初始化的参数包括和声存储空间规模(harmony memory size，HMS)、归档集空间规模(archive size，AS)以及和声存储空间调整概率(harmony memory considering rate，HMCR)。

(2) 初始化和声。根据控制变量的上下界随机生成初始和声，其可以被描述为

$$\mathrm{HM}=\begin{bmatrix} I_{\mathrm{DG}_1}^{1}, P_{\mathrm{DG}_1}^{1}, \cdots, I_{\mathrm{DG}_{\mathrm{N\_DG}}}^{1}, P_{\mathrm{DG}_{\mathrm{N\_DG}}}^{1} \\ I_{\mathrm{DG}_1}^{2}, P_{\mathrm{DG}_1}^{2}, \cdots, I_{\mathrm{DG}_{\mathrm{N\_DG}}}^{2}, P_{\mathrm{DG}_{\mathrm{N\_DG}}}^{2} \\ \vdots \quad \vdots \quad \vdots \quad \vdots \\ I_{\mathrm{DG}_1}^{\mathrm{HMS}}, P_{\mathrm{DG}_1}^{\mathrm{HMS}}, \cdots, I_{\mathrm{DG}_{\mathrm{N\_DG}}}^{\mathrm{HMS}}, P_{\mathrm{DG}_{\mathrm{N\_DG}}}^{\mathrm{HMS}} \end{bmatrix} \tag{8.28}$$

式中，和声存储空间 HM 第一行内的元素构成第一组和声，其他各行同理；$I_{\mathrm{DG}_1}^{1}$ 表示第一组和声中第一个 DG 的接入位置，$P_{\mathrm{DG}_1}^{1}$ 表示第一组和声中第一个 DG 的接入有功容量。

(3) 生成归档集。

① 根据和声存储空间中各个和声的音调(即控制变量的值),计算配电网潮流,确定系统运行状态,并计算各目标函数值。

② 将和声存储空间中各个和声依据快速非支配排序策略进行排序,第一层级内的和声被保存在归档集中,其他层级的和声被保留在和声存储空间中。

(4) 生成新的和声。

① 从归档集中随机选择一个非支配和声 X^{Nd},再从和声存储空间中随机选择一个被支配和声 X^{d}。

② 新的和声依据下面的规则产生:

$$\begin{cases} x_i^{\mathrm{New}}=x_i^{\mathrm{Nd}}+\mathrm{rand}(-1,1)\cdot(x_i^{\mathrm{Nd}}-x_i^{\mathrm{d}}), & \mathrm{rand}(0,1)<\mathrm{HMRC} \\ x_i^{\mathrm{New}}=x_i^{\min}+\mathrm{rand}(0,1)\cdot(x_i^{\max}-x_i^{\min}), & \mathrm{rand}(0,1)\geqslant\mathrm{HMRC} \end{cases} \tag{8.29}$$

$$i=1,2,3,\cdots,\mathrm{NH}$$

式中,x_i^{New} 是新生成和声中第 i 个音调,x_i^{Nd} 是 X^{Nd} 中第 i 个音调,x_i^{d} 是 X^{d} 中第 i 个音调,$x_i^{\max}$ 和 $x_i^{\min}$ 为第 i 个音调的上界和下界,NH 是和声中音调的数目。如果新生成的音调越界,则取该音调的边界值。

③ 将步骤①和②重复 HMS 次。

④ 依据新生成和声的音调,计算配电网潮流,确定系统运行状态,并计算各目标函数值。

(5) 更新归档集以及和声存储空间。合并当前的归档集、和声存储空间以及新生成的和声,并将其基于快速非支配排序策略进行排序。第一层级内的和声被保存在归档集中,若第一层级内的和声数目大于 AS,为了保持解的多样性,算法将使用拥挤度比较运算符,从第一层级中选取 AS 个优秀和声构成归档集。其他层级的和声被保留在和声存储空间中,若其他层级的和声数目小于 HMS,为了保证和声存储空间内解的多样性,其将被填充适当数目的随机生成的和声。

(6) 检验收敛条件。如果算法已经达到最大迭代次数,则转到步骤(7);否则,转到步骤(4)。

(7) 求取最佳妥协解。最后一次迭代结束后,归档集中的和声构成了优化问题的 Pareto 解集。可依据第 5 章所述方法,利用基于模糊集理论的选取方法从归档集中选取最佳妥协解。

8.5.3　算例分析与比较

以 IEEE 33-bus 配电系统为例进行 DG 优化配置。DG 待选安装节点编号为 1～32,共 32 个节点,DG 最大接入数目为 2 个,单个 DG 接入有功容量范围为 0.2～1.0MW,DG 采用具有稳定输出功率的 PQ 型电源,功率因数为 0.85,配电网最大渗透率设置为 25%。MOHS 算法参数设置为 MHS=100,AS=200,HM-

CR=0.8。根据课题组已经完成的实验，对于绝大多数配电网，MOHS算法可在迭代100代内获得Pareto解集。为了不失一般性，MOHS中的最大迭代次数设置为100。

在MOHS算法最后一次迭代结束后，如图8.13所示，归档集中的和声构成了DG选址定容问题的Pareto解集。如图所示，每个曲线上的点表示Pareto解集中的候选解，候选解的均匀分布表明MOHS算法具有良好的寻优能力。为了说明MOHS算法对于HS的优越性，本书针对IEEE 33-bus配电系统案例，在不同目标函数权重情况下，利用HS算法对DG选址定容问题进行求解，其权重分配如表8.10所示。表中三个案例目标函数权重具有明显差异，利用HS算法对每个案例进行优化求解后，将其优化解置于MOHS算法所得解空间。由图可知，上述三点都位于MOHS算法所得解集曲线上，即MOHS算法所得解集包含针对特定目标函数权重利用HS算法所得DG选址定容问题的优化解。

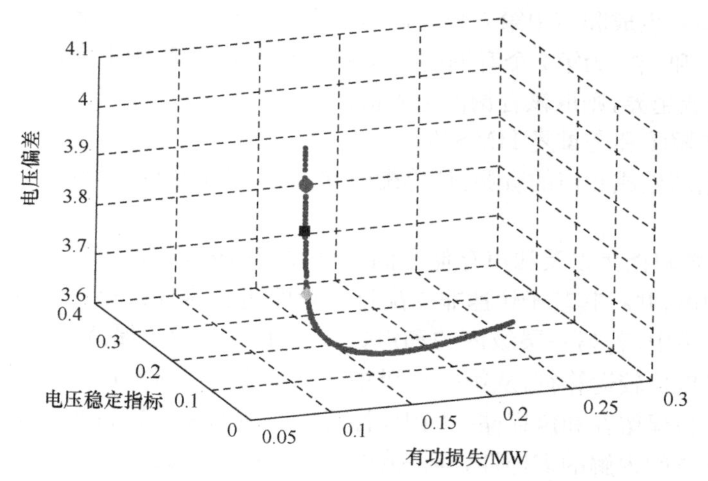

图8.13 基于MOHS算法的Pareto解集

表8.10 三个目标函数权重分配方案

案例编号	目标函数权重		
	目标1	目标2	目标3
A	0.8	0.1	0.1
B	0.1	0.8	0.1
C	0.1	0.1	0.8

分析MOHS算法与HS算法的区别，可知HS算法通过不同目标函数间的权重分配将多目标优化问题转化为单目标优化问题。HS算法在求解之前，各个目标函数间的权重需要预先设定，一旦权重发生变化，需要重新进行整个HS算法的

求解过程，以获得新的优化解。而对于 MOHS 算法，当各个目标函数间权重发生变化时，仅需调整最佳妥协解的求取方案，即可重新从 Pareto 解集中选取优化解，而不需要重新求取 Pareto 解集。相比 HS 算法，本章提出的 MOHS 算法对变权重多目标优化问题求解更加便捷和有效。

对于 IEEE 33-bus 配电系统，DG 接入前后各目标函数值的变化如表 8.11 所示。DG 于 17、32 节点接入配电网，由 IEEE 33-bus 配电系统网络拓扑图可知，接入位置皆位于馈线末端。相比于未接入 DG 的配电网络，接入 DG 的配电网络的三个目标函数值分别下降 48.8%、68.1%及 28.2%。表 8.11 证明了 MOHS 算法所得 IEEE 33-bus 配电系统 DG 选址定容问题优化解的有效性。

表 8.11　IEEE 33-bus 配电系统 DG 接入前后各目标函数值

DG 接入方案		各目标函数值		
接入位置	接入容量/MW	线路损耗/MW	电压偏差/pu	电压稳定指标
17	0.5137	0.1016	3.7405	0.0528
32	0.4248			
—	—	0.2027	11.7102	0.0746

为了比较多目标优化算法的性能，此处将其他几种广泛应用的 MOEA 算法 SPEA2、NSGA-II、DEMO 与本章提出的 MOHS 算法同时应用于 IEEE 33-bus 配电系统算例。各算法种群规模和最大迭代次数设置与 MOHS 算法一致。各算法独立运行 30 次，每个算法可以获得 30 组优化解集。对不同算法获得的 Pareto 解集从 C 指标和外部解两个方面进行比较。

1) C 指标

C 指标结果如图 8.14 所示，盒须图中左侧部分表示 MOHS 算法所得解集分别被 NSGA-II、DEMO 和 SPEA2 所得解集支配的比例，右侧部分表示 NSGA-II、DEMO 和 SPEA2 算法所得解集分别被 MOHS 算法所得解集支配的比例。由图可知，MOHS 算法所得解集分别被 NSGA-II、DEMO 和 SPEA2 算法所得解集支配的比例低于相应算法所得解集被 MOHS 算法所得解集支配的比例，即 MOHS 算法所得解集相比其他算法所得解集展现了更好的非支配性能，体现了 MOHS 算法具有更强的寻找 Pareto 前沿的能力。

2) 外部解

各目标函数的外部解进化过程如图 8.15 所示。由图可知，四种算法线路损耗最小目标函数的外部解在算法迭代 15 次后得到相同的值，这说明四种算法在迭代若干次后可以收敛到相同的最优值。但由于 MOHS 算法在 10 次迭代之内就已完成收敛，展现了其更快的寻优速度。由图 8.15(b)和(c)可知，对于电压偏差和电压稳定指标目标函数外部解，MOHS 算法展现了更好的寻优速度。综上所述，MOHS 算法在优化过程中体现了更优秀的寻优能力。

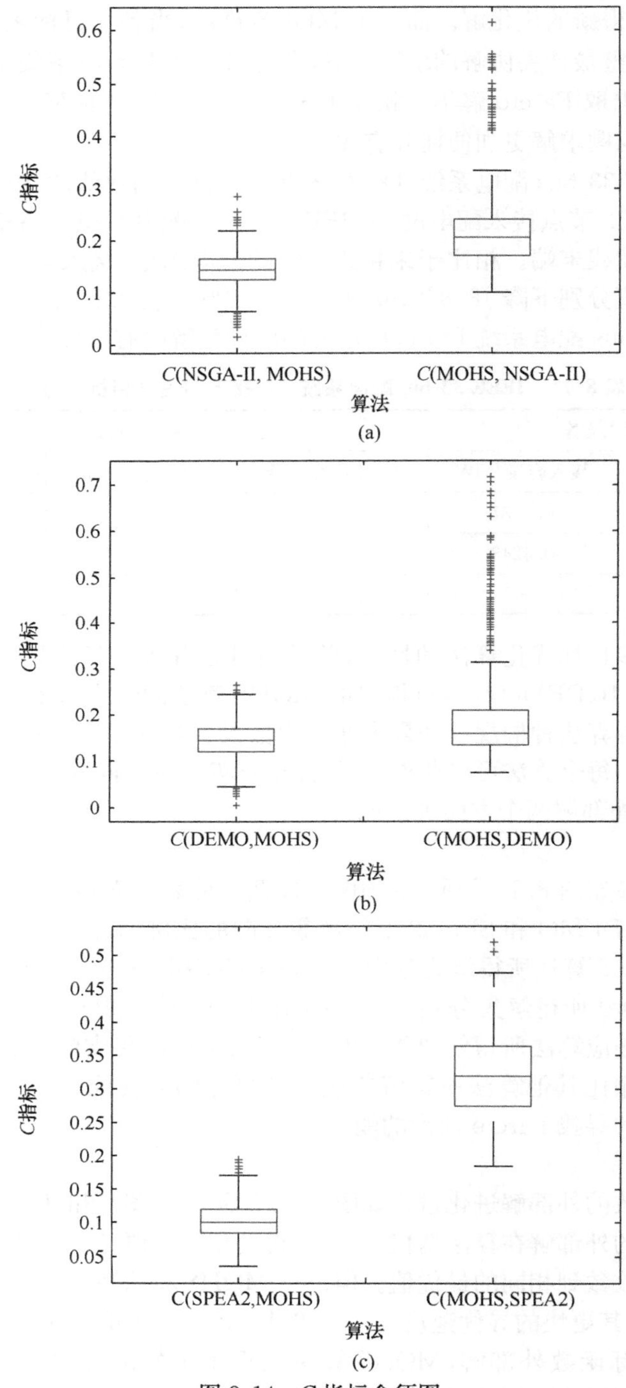

(a)

(b)

(c)

图 8.14　C 指标盒须图

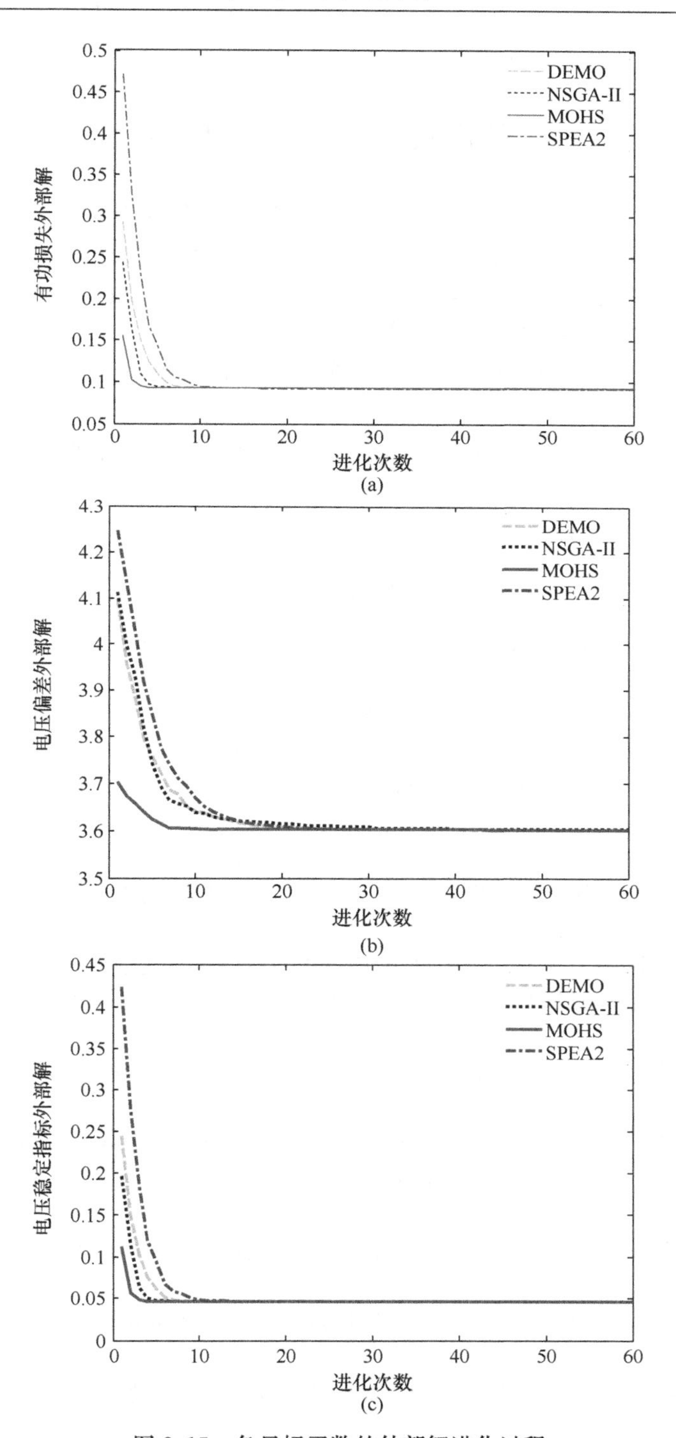

图 8.15　各目标函数的外部解进化过程

8.6 和声搜索算法的分析与讨论

和声搜索算法在许多方面都得到了广泛的应用，但是其数学基础显得相当薄弱，对其进行理论分析需要进一步研究。同时，控制参数对算法的性能影响较大，调节难度十分大，需要针对具体问题的特征调整相应的参数值。但是，应该看到，和声搜索算法在配电网优化领域的优势如下：

(1) 和声搜索算法通用性较好，对于问题本身的依赖程度低，便于实现通用的配电网优化功能；

(2) 每个和声向量解中的分量都是独立的，优化过程中需要调节的参数少，便于优化过程的控制；

(3) 易于与其他算法相结合，构造出更优性能的算法。

参考文献

[1] Lee K S, Geem Z W. A new meta-heuristic algorithm for continuous engineering optimization: Harmony search theory and practice[J]. Computer Methods in Applied Mechanics and Engineering, 2005, 194(36-38): 3902-3933.

[2] Kim Y J, Ahn S J, Hwang P I, et al. Coordinated control of a DG and voltage control devices using a dynamic programming algorithm[J]. IEEE Transactions on Power System, 2013, 28(1): 42-51.

[3] 周雅兰，黄韬. 和声搜索算法改进与应用[J]. 计算机科学，2014，1(3)：52-56.

[4] 宋春丽，刘涤尘，吴军，等. 基于改进和声搜索算法的电网多目标差异化规划[J]. 电力自动化设备，2014，11(2)：142-148.

[5] 陈莹珍，高岳林. 多目标自适应和声搜索算法[J]. 计算机工程与应用，2011，31(8)：108-111.

[6] 陈春，汪沨，刘蓓，等. 基于基本环矩阵与改进和声搜索算法的配电网重构[J]. 电力系统自动化，2014，6(7)：55-60.

[7] 欧阳海滨，高立群，邹德旋，等. 和声搜索算法探索能力研究及其修正[J]. 控制理论与应用，2014，1(2)：57-65.

[8] Nekooe K, Farsang M M, Nezamabadi-Pour H, et al. An improved multi-objective harmony search for optimal placement of DGs in distribution systems[J]. IEEE Transactions on Smart Grid, 2013, 4(1): 557-567.

[9] 路静，顾军华. 改进和声搜索算法及其在连续函数优化中的应用[J]. 计算机应用，2014，1(6)：194-198.

[10] 李元诚，王蓓，王旭峰. 基于和声搜索-高斯过程混合算法的光伏功率预测[J]. 电力自动化设备，2014，8(3)：13-18.

[11] 常虹，焦斌，顾幸生. 自适应和声搜索算法及在数值优化中的应用[J]. 控制工程，2012，3(9)：455-458.

第9章 其他相关进化算法

9.1 引 言

最优化问题，是指给定一个函数，寻找该函数定义域内的元素使得所求得的函数值是最大值或者最小值的问题。这类问题属于应用数学的分支，常用的解决方法如线性规划、整数规划、二次规划等方法，但这些规划方法对函数的形式或者内容，如定义域为整数、函数可导这些性质有一定的要求，而对于那些函数形式相对较为复杂，无法得到其导函数、梯度等性质的函数并不适应。

自从1975年Holland教授提出模拟达尔文生物进化论的自然选择和遗传学机理的遗传算法计算模型后，用于解决最优化问题的算法越来越多，如模拟退火算法、差分进化算法、神经网络、群智能优化算法等。其中群体智能优化算法作为一类算法，越来越为人所熟识。例如，1992年Dorigo等所提出的模拟蚂蚁行为的蚁群算法[1]，1995年Eberhart等提出的模拟鸟类行为的粒子群算法[2]，2005年Krishnanand等提出的萤火虫优化算法[3]，2009年Gandomi提出的模拟布谷鸟寻巢产蛋的布谷鸟搜索算法[4]等。这些群体智能优化算法的出现，使原来一些复杂的、难以用常规的最优化算法进行处理的问题可以得到解决，大大增强了人们解决和处理优化问题的能力，这些算法不断用于解决工程实际中的问题，使人们投入更大的精力对其理论和实际应用进行研究。

群体智能优化算法本质上实际是一种随机的概率搜索，这类算法的求解过程中并不需要使用到问题本身的一些相关信息，如梯度信息等。而且，这一类算法具有传统优化算法所没有的特点[5]：①算法种群中起相互作用的个体是一种分布式状态，并不存在以某个个体为主导的中心控制，因此个别个体出现故障并不会影响对问题的求解，故具备较强的鲁棒性；②每个个体因为算法所模拟种群的特点，能够感知局部领域内的信息或者全局间的局部信息，个体的能力或者运动规则非常简单，因此群体智能优化算法的实现非常简单、方便，同时也可以很方便地对算法进行扩充，从而对其进行改进；③虽然个体之间所遵循的规则非常简单，但是这种规则所体现出来的自组织性，使得个体之间简单的交互呈现出非常高度的智能。

但迄今为止还没有一种启发式算法能够通用地解决所有的优化问题，也没有任何一种算法优于其他所有的优化算法，每种算法都有其自身的优点和缺陷，其可能在解决某类问题上优于其他算法，但是在其他优化问题上比其他算法差。

9.2　理论基础

9.2.1　万有引力搜索算法

万有引力搜索算法(gravitational search algorithm,GSA)是由伊朗克曼大学的 Rashedi 等于 2009 年所提出的一种新的启发式优化算法[6],其源于对物理学中的万有引力进行模拟产生的群体智能优化算法。GSA 的原理是通过将搜索粒子看成一组在空间运行的物体,物体间通过万有引力相互作用吸引,物体的运行遵循动力学的规律。适度值较大的粒子其惯性质量也较大,因此万有引力会促使物体朝着质量最大的物体移动,从而逐渐逼近求出优化问题的最优解。GSA 具有较强的全局搜索能力与收敛速度。随着 GSA 理论研究的进展,其应用也越来越广泛,逐渐引起国内外学者的关注。GSA 作为一种群体智能算法,同样拥有群体智能算法的优点,如很强的全局搜索能力与较快的收敛速度。

GSA 将所有粒子当做有质量的物体,能够做无阻力运动。每个粒子会受到解空间中其他粒子的万有引力的影响,并产生加速度向质量更大的粒子运动。由于粒子的质量与粒子的适度值相关,适度值大的粒子其质量也会更大,所以质量小的粒子在朝质量大的粒子趋近的过程中逐渐逼近优化问题中的最优解。GSA 与蚁群算法等集群算法不同之处在于粒子不需要通过环境因素来感知环境中的情况,而是通过个体之间万有引力的相互作用来实现优化信息的共享,因此在没有环境因素的影响下,粒子也感知全局的情况,从而对环境展开搜索。

假设在一个 D 维搜索空间中包含 N 个物体,第 i 个物体的位置为

$$X_i=(x_i^1,x_i^2,\cdots,x_i^d,\cdots,x_i^D),\quad i=1,2,\cdots,N \tag{9.1}$$

式中,x_i^d 表示第 i 个物体在第 d 维上的位置。

1) 惯性质量计算

每个粒子的惯性质量与粒子所在位置所求得的适应值有关,在时刻 t,粒子 X_i 的质量用 $M_i(t)$ 来表示。由于惯性质量根据其相应的适应度值的大小来计算,所以惯性质量越大的粒子表明越接近于解空间中的最优解,对其他物体的吸引力越大。质量 $M_i(t)$ 根据式(9.2)进行计算:

$$\begin{cases} M_i(t)=\dfrac{m_i(t)}{\sum\limits_{j=1}^{N}m_j(t)} \\ m_i(t)=\dfrac{\text{fit}_i(t)-\text{worst}(t)}{\text{best}(t)-\text{worst}(t)} \end{cases} \tag{9.2}$$

式中,$\text{fit}_i(t)$ 表示粒子 X_i 的适应值;$\text{best}(t)$ 表示时刻 t 中的最佳解,$\text{worst}(t)$ 表示时刻 t 中的最差解,其计算方式由式(9.3)和式(9.4)给出:

$$\text{best}(t)=\max_{j\in\{1,2,\cdots,N\}}\text{fit}_j(t) \tag{9.3}$$

$$\text{worst}(t)=\min_{j\in\{1,2,\cdots,N\}}\text{fit}_j(t) \tag{9.4}$$

从式(9.2)中可以看到，第二个公式将粒子的适应值规范化到[0,1]区间，然后把其占总质量中的比重当做粒子的质量 $M_i(t)$。

2) 引力计算

在时刻 t，物体 j 在第 d 维上受到物体 i 的引力如式(9.5)所示：

$$F_{ij}^d(t)=G(t)\frac{M_{pi}(t)\times M_{aj}(t)}{R_{ij}(t)+\varepsilon}(x_j^d(t)-x_i^d(t)) \tag{9.5}$$

式中，ε 表示一个非常小的常量；$M_{aj}(t)$表示作用物体 j 的惯性质量；$M_{pi}(t)$表示被作用物体 i 的惯性质量，其计算方式见式(9.2)；$G(t)$表示 t 时刻的万有引力常数，它的值是由宇宙的真实年龄决定的，随着宇宙年龄的增大，其值反而会变小，具体关系如式(9.6)所示：

$$G(t)=G(t_0)\times \mathrm{e}^{-a\frac{t}{T}} \tag{9.6}$$

$G(t_0)$表示在 t_0 时刻 G 的取值，通常 $G(t_0)=100$，$a=20$，T 为最大迭代次数。

$R_{ij}(t)$表示物体 X_i 和物体 X_j 的欧氏距离，计算方式如式(9.7)所示：

$$R_{ij}(t)=\| X_i(t),X_j(t)\|_2 \tag{9.7}$$

因此在 t 时刻，第 d 维上作用于 X_i 的作用力总和等于其他所有物体对其作用力之和，计算公式如式(9.8)所示：

$$F_i^d(t)=\sum_{j=1,j\neq i}^{N}\text{rand}_j\times F_{ij}^d(t) \tag{9.8}$$

3) 位置更新

当粒子受到其他粒子的引力作用后就会产生加速度，因此根据式(9.8)中所计算到的引力，物体 i 在第 d 维上获得的加速度为其作用力与惯性质量的比值，计算方式如式(9.9)所示：

$$a_i^d(t)=\frac{F_i^d(t)}{M_i(t)} \tag{9.9}$$

在每一次迭代过程中，物体根据计算得到的加速度来更新物体 i 的速度和位置，更新方式如式(9.10)和式(9.11)所示：

$$v_i^d(t+1)=\text{rand}_i\times v_i^d(t)+a_i^d(t) \tag{9.10}$$

$$x_i^d(t+1)=x_i^d(t)+v_i^d(t+1) \tag{9.11}$$

4) 算法实现

万有引力搜索算法的具体流程如下：

(1) 初始化算法中所有粒子的位置与加速度，并设置迭代次数与算法中的参数。

(2) 对每个粒子计算该粒子的适应值，利用式(9.6)更新万有引力常数。

(3) 由计算得到的适应值利用式(9.2)～式(9.4)计算每个粒子的质量，并利用式(9.5)～式(9.9)计算每个粒子的加速度。

(4) 根据式(9.10)计算每个粒子的速度，然后更新粒子的位置。

(5) 如果未满足终止条件，返回步骤(2)；否则，输出此次算法的最优解。

其算法流程如图 9.1 所示。

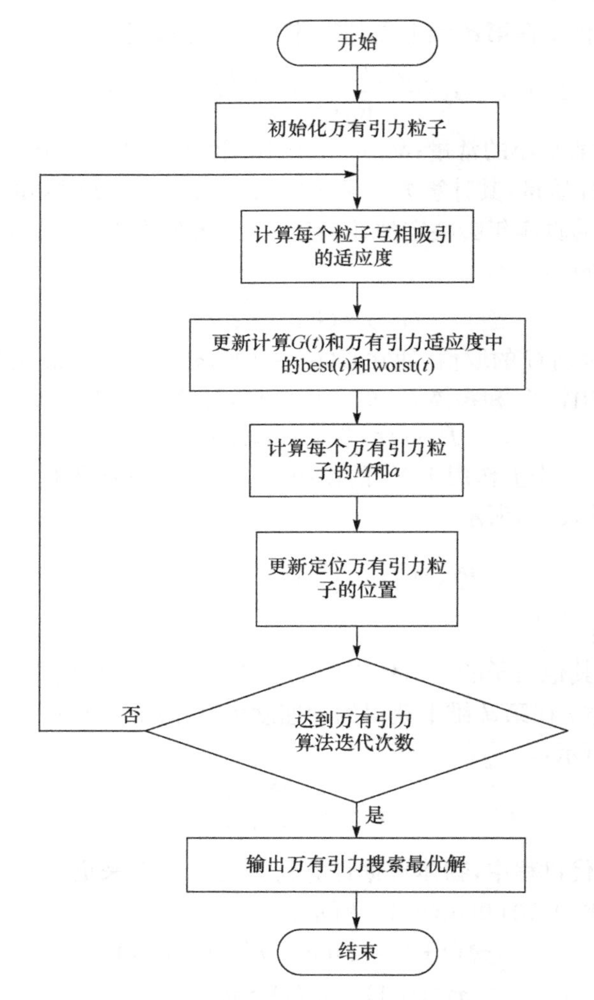

图 9.1 万有引力搜索算法流程图

5) 参数分析

群体智能优化算法参数的设置对算法极其重要，参数的设置对算法的性能、优化能力都有影响，通过分析参数的作用可以对算法进行改进。这里将对 GSA 中参数的作用与影响进行分析。

GSA 主要由两个步骤组成，一是计算其他粒子对自己的引力大小，并通过引力计算出相应的加速度，二是根据计算得到的加速度更新粒子的位置。得到下面的公式：

$$X_i(t+1) = X_i(t) + \text{rand} \times V_i(t) + G(t_0) \times e^{-a\frac{t}{T}} \times \sum_{j=1}^{N}\left[\frac{M_i(t)}{R_{ij}(t)} \times \text{rand} \times (X_j(t) - X_i(t))\right] \tag{9.12}$$

从式(9.12)中可以看出，GSA 实际上与差分进化算法有些类似，公式的后半部分是粒子 i 与其他粒子的差分向量与惯性质量，以及随机向量与距离的乘积之和。由于粒子之间的距离同样可由各向量之间的差分向量得到，所以 GSA 中实际有作用的参数为常量 $G(t_0)$、变化量 a 以及惯性质量 M。

9.2.2　人工蜂群算法

人工蜂群算法作为典型的群体智能算法，是基于种群寻优的启发式搜索算法，充分发挥群体中个体间的信息传递，在蜂巢周围寻找到路径最短、食物最丰富的食物源。由于整个觅食过程与旅行商问题的相似性，该算法适合用来解决旅行商的最短路径问题，并取得较好的结果。

蜂群算法(bee colony optimization，BCO)是受自然界的蜜蜂行为启发而提出的一种新颖的元启发式优化算法[7]。根据所受启发的生物机理的不同，蜂群算法可分为两大类：

(1) 基于蜜蜂繁殖机理的蜂群算法(BCO on propagating)；

(2) 基于蜜蜂采蜜机理的蜂群算法(BCO on gathering)。

两种思想各有其独特的实现原理和发展轨迹。

对于基于繁殖的蜂群算法，Abbass 发展出了一种蜜蜂繁殖优化(bee mating optimization，BMO)模型[8]。Haddad 和 Afshar 共同将其发展并应用于基于离散变量的水库优化问题中[9]。随后，Haddad 等将同一理论在三种数学问题的测试平台上进行了应用[10-12]。

蜜蜂的采蜜行为是一种典型的群体智慧行为。Yang 发展出了一种虚拟蜜蜂算法(virtual bee algorithm，VBA)来解决数值优化问题[13]。VBA 中，一群虚拟蜜蜂初始时随机分布在解空间中：这个蜜蜂根据判决函数计算的适应度来寻找附近的花蜜源。理论中，解的优化程度可以用蜜蜂之间交流的剧烈程度来衡量。对于多变量数值优化问题，Karaboga 根据蜜蜂采集行为设计了虚拟蜜蜂种群(artificial bee colony，ABC)模型[14]，并和 Basturk 一起将 ABC 模型与 GA 进行了性能上的比较[15]，并进一步与其他比较著名的元启发式理论如差分进化、粒子群优化在非约束数值优化问题上进行了仿真比较。进而，ABC 理论被扩展应用到解决约束问题，并在 13 种比较著名的约束优化问题上与 DE、PSO 进行了比较。目前，ABC 模型的研究主要集中在人工神经网络的训练上。

Seeley 最早提出一种蜂群的群居行为模型[16]，模型中，群体中的各个角色蜜蜂，只是完成简单的、低智商的任务；但群体中的个体通过舞蹈、气味等信息交互方式使整个群体协同能够完成较为复杂的任务，如建筑蜂巢、繁衍后代和觅食等。

Karaboga 在 2005 年将蜂群算法应用到函数值优化问题中，并提出了系统的 ABC 算法，取得了很好的效果[17]。

在人工蜂群算法中，食物源的位置表示待优化问题的一个可行解，食物源的丰富程度代表解的质量，即适应度。在模型中，通常假设：引领蜂的数量＝跟随蜂的数量＝群体中解的数量。算法中，初始化生成 M 个解，对于每个解都是一个 D 维向量。然后，蜜蜂开始对全部的食物源进行循环搜索，最大循环次数为 MCN。其中，引领蜂会先对全局进行搜索，并比较搜索前后食物源的丰富程度，蜜蜂会选择食物源较为丰富的目标。当所有的引领蜂完成搜索后，它们会回到信息交流区（舞蹈区）把自己掌握的关于食物源的信息与其他蜜蜂进行信息共享。跟随蜂则会根据引领蜂提供的信息按照一定的概率选择引领蜂进行跟随。越丰富的食物源被选择的概率越大。然后，跟随蜂会和引领蜂一样进行邻域搜索，并选择较好的解。

人工蜂群算法中，蜜蜂的采蜜行为和函数优化问题的对应关系如表 9.1 所示。

表 9.1　蜂群觅食行为与函数优化的对应关系

蜂群采蜜行为	可行解优化问题
蜜源位置	可行解
蜜源大小收益度	可行解的质量
寻找及觅食的速度	可行解优化速度
最大收益度	最优解

初始化时，随机生成 n_s 个可行解并计算函数值，将函数值从优到劣排序，前 50％作为蜜源位置即引领蜂，后 50％为跟随蜂。随机产生可行解的公式为

$$x_i^j = x_{\min}^j + \text{rand} \times (x_{\max}^j - x_{\min}^j) \tag{9.13}$$

式中，$j \in \{1,2,\cdots,Q\}$ 为 Q 维解向量的某个分量，rand 表示(0,1)区间内的随机数。

蜜蜂记录自己到目前为止的最优值，并在当前蜜源附近展开邻域搜索，产生一个新位置替代前一位置的公式为

$$v_{ij} = x_{ij} + \phi_{ij} \times (x_{ij} - x_{kj}) \tag{9.14}$$

式中，$j \in \{1,2,\cdots,Q\}$；$k \in \{1,2,\cdots,s_n\}$，k 在计算过程中通过随机过程确定且 $k \neq i$；ϕ 为$[-1,1]$区间的随机数。

蜜蜂采蜜时采用贪婪原则，将记忆中的最优解和邻域搜索到的解进行比较，当搜索解优于记忆中的最优解时，替换记忆解；反之，保持不变。在所有的引领蜂完成邻域搜索后，引领蜂跳摆尾舞与跟随蜂共享蜜源信息。跟随蜂根据蜜源信息以

一定概率选择引领蜂，收益度大的引领蜂吸引跟随蜂的概率大于收益度小的引领蜂。同样，跟随蜂在采蜜源附近邻域搜索，采用贪婪准则，比较跟随蜂搜索解与原引领蜂的解，当搜索解优于原引领蜂的解时，替换原引领蜂的解，完成角色互换；反之，保持不变。

ABC 算法中，跟随蜂选择引领蜂的概率公式为

$$p_i = \frac{\mathrm{fit}_i}{\sum_{n=1}^{m} \mathrm{fit}_n} \tag{9.15}$$

按照如下公式计算适应值：

$$\mathrm{fit}_i = \begin{cases} \dfrac{1}{1+f_i}, & f_i > 0 \\ 1+\mathrm{abs}(f_i), & f_i < 0 \end{cases} \tag{9.16}$$

式中，fit_i 为第 i 个解的适应值，对应食物源的丰富程度。食物源越丰富，被跟随蜂选择的概率越大。为防止算法陷入局部最优，算法有限次迭代没有改进，放弃该解，由侦察蜂产生一个新的位置代替。

人工蜂群算法的算法流程如下。

(1) 初始化种群。

(2) cycle=1。

(3) repeat。

(4) 根据式(9.14)在解 x_{ij} 的邻域内产生新解(食物源位置) v_{ij}。

(5) 应用贪婪原则在 x_{ij} 和 v_{ij} 之间做出选择。

(6) 根据式(9.15)和式(9.16)计算转移概率 p_i。

(7) 根据转移概率 p_i，跟随蜂选择引领蜂进行跟随，并根据式(9.13)产生一个新解。

(8) 跟随蜂应用贪婪原则在 x_{ij} 和 v_{ij} 之间做出选择。

(9) 放弃一个解，角色转变成侦察蜂，并根据公式产生一个新解。

(10) 记录最优解。

(11) cycle=cycle+1。

(12) 判断是否达到最大循环数，是则完成计算，否则转到步骤(2)。

从上述算法中不难看出，ABC 算法的核心由三个部分构成：

(1) 引领蜂：进行邻域搜索。

(2) 跟随蜂：对目标进行“开采”。

(3) 侦察蜂：对目标进行“探索”。

9.2.3 布谷鸟算法

2009年,剑桥大学的Yang和拉曼工程大学的Deb提出了基于Lévy飞行方式的布谷鸟搜索(cuckoo search,CS)算法[18],该算法是研究布谷鸟在育雏寄生时选择自己最合适的鸟巢作为产蛋的位置,受到布谷鸟的孵育寄生行为的启发而提出来的一种智能算法。它具有搜索路径短、寻优能力强的优点,有较好的推广性。

众所周知,布谷鸟是迷人的,不仅是因为它们拥有美丽的叫声,也因为它们具有侵略性的繁殖策略。有一些物种进行育雏的方式是选择寄生在其他宿主鸟的巢内产蛋(通常是其他物种),育雏寄生有三种基本类型,分别是:育雏寄生的种内巢寄生;合作繁殖;巢收购。一些鸟有直接阻止布谷鸟入侵自己鸟巢的能力,如果一个宿主鸟发现自己巢穴里的蛋不属于自己,它们要么把这些外来者扔掉,要么放弃它们自己的巢去建立一个新的巢。众所周知,自然界中有很大一部分的布谷鸟以"巢寄生"的行为繁衍下一代,即布谷鸟将所生育的蛋放在其他类型的鸟巢中,使宿主鸟完全代替自己完成孵化和养育幼鸟的任务。布谷鸟选择宿主时,会选择其巢内存放的蛋与自己的蛋在颜色、大小、形状等方面极其相似,没有明显的差异的鸟巢,这有效地降低了它们的鸟蛋被发现而被遗弃的概率,从而增加它们的繁殖成功率。

此外,通常情况下,布谷鸟的蛋的寄生成功率非常惊人,布谷鸟寄生时经常选择其他鸟的巢来落户自己的蛋。一般来说,布谷鸟的蛋孵化时间略早于寄主鸟的蛋,更为奇特的是,在第一只布谷鸟幼鸟孵出来后,它出于本能要做的第一件事就是将其他宿主鸟蛋推出巢外,于是就能保证没有其他鸟与布谷鸟幼鸟争抢食物,充分的保证了幼鸟长大的成功率,研究还表明,布谷鸟幼鸟也能模仿宿主幼鸟的行为来获得更多的喂养机会。

自布谷鸟算法提出以来,许多研究学者投入了较大的心血,使得它能够在许多领域中应用。通过在现实中的应用,该算法显示出了较强的搜索最优解的能力。基于CS算法的改进也越来越多[4]。Walton等提出了修正布谷鸟搜索(Modified Cuckoo Search,MCS);Valian等[19]提出了一种可变参数的改进CS算法,提高了收敛速度,并将改进算法应用于前馈神经网络训练中。对于流水车间调度,Marichelvam等[20]在2012年提出了一种混合布谷鸟算法,并通过该改进方法较好地解答了此调度问题。Chandrasekaran等将模糊系统与CS算法相结合,提出了一种新的改进算法,并用该改进算法求解机组组合问题[21]。

Yang和Deb提出了多目标布谷鸟搜索(multi-objective cuckoo search,MOCS)算法,将其应用到工程优化领域并取得了很好的效果[22]。Zhang等通过对种群分组,根据搜索的不同阶段对搜索步长进行预先设置,提出了修正自适应布谷鸟搜索(modified adaptive cuckoo search,MACS)算法,提高了 CS 的性能[23]。目前,对 CS 算法的研究还处于初级阶段,相信在不久的将来会有更多的研究成果被提出。

1) Lévy 飞行

Lévy 飞行是模仿自然界生物行动模式而发展起来的一种搜索策略,其根据目标位置不断调整方向以及更新位置,属于一种随机游走模式,其飞行轨迹如图 9.2 所示。随机游走的每次移动的步长要符合一个重尾的稳定分布,智能优化算法采用这样的搜索策略,不仅可以扩大其搜索范围,而且不易陷入局部最优[24]。

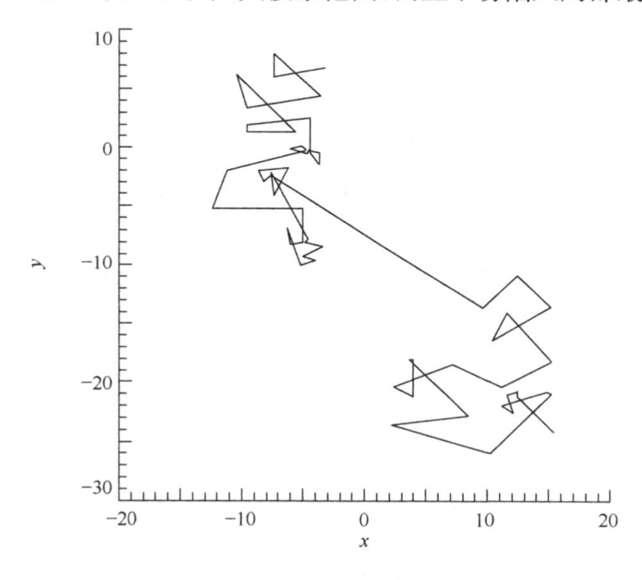

图 9.2　Lévy 飞行轨迹

CS 算法的寻优路径不同于普通的算法,CS 算法使用的是 Lévy 飞行的搜索方式,这种搜索方式的随机性较强,在布谷鸟进行搜索时,它每一次飞行的路径长短和飞行方向都可以及时调整,飞行距离小的频率最高,飞行距离较长的频率低。从表面上看,Lévy 飞行是个杂乱无章的过程,但实际上它的各段飞行距离服从 Lévy 分布,飞行方向偏离角度服从均匀分布。CS 算法中使用了具有 Lévy 分布特征的 Mantegna 法则来选择步长向量[24,25]。

在 Mantegna 法则中,飞行步长的大小 s 可以通过函数式表示为

$$s=\frac{u}{|v|^{1/\beta}} \tag{9.17}$$

式中,参数 u、v 都符合正态分布,即

$$u\sim N(0,\sigma_u^2),\quad v\sim N(0,\sigma_v^2) \tag{9.18}$$

其中，$\sigma_v=\left\{\dfrac{\Gamma(1+\beta)\sin(\pi\beta/2)}{2^{(\beta-1)/2}\Gamma[(1+\beta)/2]\beta}\right\}^{1/\beta}$，$\sigma_u=1$，而飞行方向的选取是符合均匀分布的。

CS算法的寻优搜索方式如下，第 n 代的第 i 只布谷鸟通过 Lévy 飞行规则，生成下一代布谷鸟的位置解 x_i^{n+1}：

$$x_i^{n+1}=x_i^n+a\oplus \text{Lévy}(\lambda) \tag{9.19}$$

式中，$\oplus$是点对点乘法；Lévy(λ)表示飞行步长大小服从 Lévy 分布的一种随机游走方式，用分布函数表示为 $\text{Lévy}\sim u=t^{-\lambda}(1<\lambda<3)$；$a$ 是飞行步长控制参数，主要用来控制方向和步长大小，$a=O(L/10)$，其中 L 是优化问题的搜索范围的大小。

这样，一些新解通过 Lévy 方式围绕最优解游走而渐渐达到最优值，这时也加快了局部搜索效率，而通过偏离目标点较远的位置随机产生的一部分新解是远离当前最优解，这样就可以确保系统不会陷入局部最优解的境地。

2）布谷鸟算法

在自然生存环境当中，布谷鸟选择巢穴寄生是随机的，以算法形式表现布谷鸟的这种巢寄生方式，对算法提出了下面三个理想的基本假设：

(1) 在繁殖季节中布谷鸟每天产一个蛋，并随机选择一对宿主鸟巢保存好；

(2) 布谷鸟任意选取的一对宿主鸟巢中，最优的鸟巢位置将保存下来留给接下来的后代继续使用；

(3) 自然界中可供布谷鸟进行挑选的宿主鸟巢不是无穷的，它的数量确定为 n，且有些宿主鸟能辨别出自己巢穴有寄生蛋，这种被发现的概率为 p_a。

在有这样三项假设的前提条件下，便可写出布谷鸟寻找宿主鸟巢的线路以及位置更替换新公式，依据这三项假设条件来实现布谷鸟算法。布谷鸟参数寻优流程如图 9.3 所示。

于是，对于 CS 搜索算法，其实现步骤可描述如下：

(1) 建立合适的目标函数 $f(X)$，随机对宿主鸟巢群体进行初始化处理，生成 n 个宿主鸟巢的初始位置 $X_i(i=1,2,\cdots,n)$。

(2) 计算每代各宿主鸟巢的目标函数值，记录并保存目前最优解。

(3) 保留上一代最优解的宿主鸟巢位置，对宿主鸟巢的位置进行更新。

(4) 再次操作步骤(2)，将本次鸟巢位置与上一次结果对比，将较好的结果作为当前最优解。

(5) 位置更新后，以参数 $r\in[0,1]$ 的一个随机取值表示宿主鸟发现外来入侵鸟蛋的概率，将 r 与 p_a 进行对比，若 $r>p_a$，则对宿主鸟巢位置产生随机更替，得到一个新的鸟巢位置，反之则返回步骤(2)继续计算。

(6) 输出全局最优解。

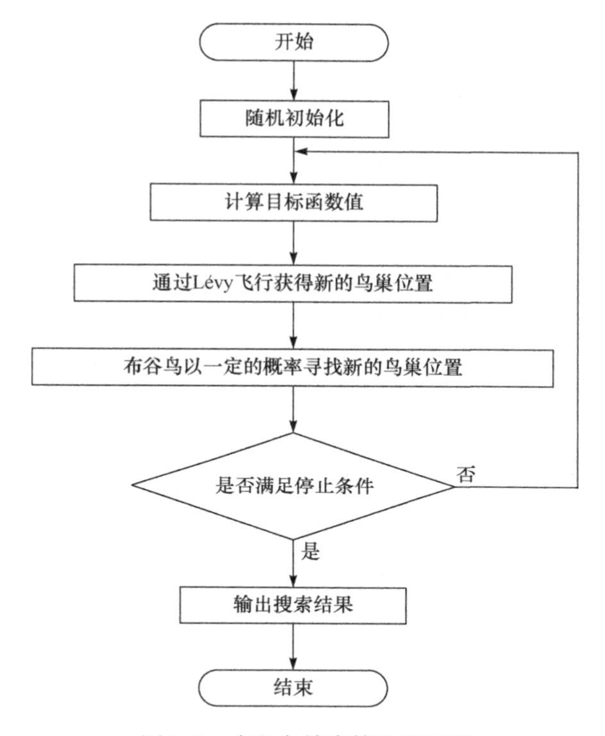

图 9.3　布谷鸟搜索算法流程图

在 CS 算法实现过程中，涉及的参数为步长控制量 a、宿主鸟巢群体规模 n 及宿主鸟发现寄生蛋的概率 p_a。

由 Lévy 飞行的理论知识可知，步长控制量的取值与搜索范围的大小有很大的关系，对于某一确定的问题，其搜索空间一般会首先确定，步长控制量的取值一般为一个常值，通常情况设置为 1。

对于宿主鸟巢群体规模，理论上算法的搜索速度与群体规模成正比，但是根据大量的模拟实验结果，宿主群体数目 n 取为 15～40 便足以解决绝大多数的问题；对于发现概率 p_a，多设置为 0.25，对于一般的确定问题，参数的细微差别对于问题的收敛效果影响并不明显，即不需要对参数进行过多的调整。

综上所述，布谷鸟搜索方式具有很好的整体搜索优势，不易陷入局部最优；同时，算法需要选取的参数较少，使其更简单通用，具有较强的适应能力及推广空间。

参 考 文 献

[1] Dorigo M, Birattari M, Stutzle T. Ant colony optimization[J]. IEEE Computational Intelligence Magazine, 2006, 1(4): 28-39.

[2] Kennedy J, Eberhart R. Particle swarm optimization[C]. Proceedings of IEEE International

Conference on Neural Networks, 1995, 4(2): 1942-1948.

[3] Krishnanand K N, Ghose D. Detection of multiple source locations using a glowworm metaphor with applications to collective robotics[C]. IEEE Proceedings of Swarm Intelligence Symposium, 2005: 84-91.

[4] Gandomi A H, Yang X S, Alavi A H. Cuckoo search algorithm: A metaheuristic approach to solve structural optimization problems[J]. Engineering with Computers, 2013, 29(1): 17-35.

[5] 王辉，钱锋. 群体智能优化算法[J]. 化工自动化及仪表，2007，34(5)：7-13.

[6] Rashedi E, Nezamabadi-Pour H, Saryazdi S. GSA: A gravitational search algorithm[J]. Information Sciences, 2009, 179(13): 2232-2248.

[7] Teodorovic D, Lucic P, Markovic G, et al. Bee colony optimization: Principles and applications [C]. The 8th IEEE Seminar on Neural Network Applications in Electrical Engineering, 2006: 151-156.

[8] Abbass H A. MBO: Marriage in honeybees optimization—A haplometrosis polygynous swarming approach[C]. IEEE Proceedings of the Congress on Evolutionary Computation, 2001, 1: 207-214.

[9] Haddad O B, Afshar A, Mariño M A. Honey-bees mating optimization (HBMO) algorithm: A new heuristic approach for water resources optimization[J]. Water Resources Management, 2006, 20(5): 661-680.

[10] Afshar A, Haddad O B, Mariño M A, et al. Honey-bee mating optimization (HBMO) algorithm for optimal reservoir operation[J]. Journal of the Franklin Institute, 2007, 344(5): 452-462.

[11] Haddad O B, Afshar A, Mariño M A. Multireservoir optimisation in discrete and continuous domains[C]. Proceedings of the Institution of Civil Engineers: Water Management, 2011, 164(2): 57-72.

[12] Haddad O B, Afshar A, Mariño M A. Honey-bee mating optimization (HBMO) algorithm in deriving optimal operation rules for reservoirs[J]. Journal of Hydroinformatics, 2008, 10(3): 257-264.

[13] Yang X S. Engineering optimizations via nature-inspired virtual bee algorithms[C]. International Work-Conference on the Interplay Between Natural and Artificial Computation, 2005: 317-323.

[14] Karaboga D, Akay B. A comparative study of artificial bee colony algorithm[J]. Applied Mathematics and Computation, 2009, 214(1): 108-132.

[15] Karaboga D, Basturk B. A powerful and efficient algorithm for numerical function optimization: artificial bee colony (ABC) algorithm[J]. Journal of Global Optimization, 2007, 39(3): 459-471.

[16] Seeley T D, Kühnholz S, Weidenmüller A. The honey bee's tremble dance stimulates additional bees to function as nectar receivers[J]. Behavioral Ecology and Sociobiology, 1996, 39(6): 419-427.

[17] Karaboga D. An idea based on honey bee swarm for numerical optimization[R]. Technical Report-tr06. Kayseri:Erciyes University,2005.

[18] Yang X S,Deb S. Cuckoo search via Lévy flights[C]. IEEE World Congress on Nature & Biologically Inspired Computing,2009:210-214.

[19] Valian E,Mohanna S,Tavakoli S. Improved cuckoo search algorithm for feed forward neural network training[C]. Artificial Intelligence and Applications,2011,3(2):36-43.

[20] Marichelvam M K. An improved hybrid cuckoo search (IHCS) metaheuristics algorithm for permutation flow shop scheduling problems[J]. International Journal of Bio-Inspired Computation,2012,4(4):200-205.

[21] Chandrasekaran K,Simon S P. Multi-objective scheduling problem hybrid approach using fuzzy assisted cuckoo search algorithm[J]. Swarm and Evolutionary Computation,2012,5:1-16.

[22] Yang X S,Deb S. Multi-objective cuckoo search for design optimization[J]. Computers and Operations Research,2013,40(6):1616-1624.

[23] Zhang Y,Wang L,Wu Q. Modified adaptive cuckoo search algorithm and formal description for global optimization[J]. International Journal of Computer Applications in Technology,2012,44(2):73-79.

[24] Mantegna R N. Fast accurate algorithm for numerical simulation of Lévy stable stochastic processes[J]. Physical Review E,1994,5(49):4677-4683.

[25] Mantegna R N. Lévy walks and enhanced diffusion in Milan stock exchange[J]. Physical,1991,179:232-242.

第 10 章　进化算法评价与选择

10.1　引　　言

前九章主要阐述了遗传算法(GA)、粒子群算法(PSO)、进化规划算法(EP)、多目标进化算法、差分进化算法(DE)、蚁群算法(ACO)、和声搜索算法(HSA)等进化算法的机理及其在配电网研究领域中的应用,可见各类进化算法已在配电网研究领域得到了深入研究和广泛应用。

随着进化算法在配电网研究领域的不断推广,各类算法对于配电网工程实际问题的适用性成为十分具有研究价值的问题。现有文献已针对多种进化算法在配电网研究领域中的应用性能进行了分析和对比[1-6],其主要结论总结如表 10.1 所示。

表 10.1　进化算法适用性定性分析

算法	特点
遗传算法	(1) 从串集开始搜索,覆盖面大,利于全局择优 (2) 同时处理群体中的多个个体,即对搜索空间中的多个解进行评估,减少了陷入局部最优解的风险,同时算法本身易于实现并行化 (3) 基本上不用搜索空间的知识或其他辅助信息,而仅用适应度函数值来评估个体,在此基础上进行遗传操作;适应度函数不仅不受连续可微的约束,而且其定义域可以任意设定;适用性强,应用范围广 (4) 不采用确定性规则,而采用概率的变迁规则来指导搜索方向 (5) 具有自组织、自适应和自学习性
粒子群算法	(1) 算法规则简单,容易实现,在工程应用中比较广泛 (2) 收敛速度快,且有很多措施可以避免陷入局部最优 (3) 可调参数少,并且对于参数的选择已经有成熟的理论研究成果 (4) 搜索速度快、效率高,适合于实值型处理 (5) 对于离散的优化问题处理不佳,容易陷入局部最优
进化规划算法	(1) 鲁棒性高,适应性强,效果良好,操作简单 (2) 一般对结果进行比较,理论分析较为薄弱 (3) 易早熟,收敛速度慢

续表

算法	特点
多目标进化算法	(1) 保留了基于种群的全局搜索策略，采用实数编码、基于差分的简单变异操作和一对一的竞争生存策略，降低了操作的复杂性 (2) 特有的记忆能力可以动态跟踪当前的搜索情况，以调整其搜索策略，具有较强的全局收敛能力和鲁棒性 (3) 不需要借助问题的特征信息，适于求解一些利用常规的数学规划方法所无法求解的复杂环境中的优化问题 (4) 易用性、稳健性和强大的全局寻优能力，应用广泛
差分进化算法	(1) 具有高鲁棒性和广泛适用性的全局优化方法 (2) 具有自组织、自适应、自学习的特性 (3) 能够不受问题性质的限制 (4) 能有效地处理传统优化算法难以解决的复杂问题
蚁群算法	(1) 一种自组织的算法。当算法开始的初期，单个的人工蚂蚁无序地寻找解，算法经过一段时间的演化，人工蚁间通过信息素的作用，自发地越来越趋向于寻找到接近最优解的一些解，这就是一个无序到有序的过程 (2) 一种本质上并行的算法。每只人工蚁搜索的过程彼此独立，仅通过信息素进行通信；它在问题空间的多点同时进行独立的解搜索，增加了算法可靠性，具有较强的全局搜索能力 (3) 一种正反馈的算法 (4) 具有较强的鲁棒性，对初始路线要求不高，在搜索过程中不需要进行人工调整 (5) 参数数目少，设置简单，易于蚁群算法应用到组合优化问题的求解 (6) 适合在图上搜索路径问题 (7) 计算开销较大
和声搜索算法	(1) 一种新型的启发式、全局智能优化算法，通过反复调整记忆库中的解变量，使函数值随着迭代次数的不断增加而逐渐收敛，最终完成优化 (2) 概念简单，可调参数少，容易实现 (3) 前期易出现停滞现象，后期迭代中不易得到全局最优、收敛不稳定

由表10.1可见，现有文献中仅分别针对单目标或多目标进化算法在配电网研究领域的应用性能进行比较和评价，且每次比较的对象仅限于2～4种算法。而配电网工程实际问题中，单目标优化问题和多目标优化问题常常同时出现，且在一定条件下可能相互转化，因此仅针对单目标进化算法和多目标进化算法的应用性能进行分别比较评价，所得结论不够具体和全面，应针对某一配电网研究领域中的典型问题，分别利用各类单目标和多目标进化算法进行求解，对其应用性能进行统一比较和评价，进而得出普适性结论。

在各类配电网优化问题当中，多数可以总结为混合整数规划问题(部分决策变量限制为整数规划问题)。其中，分布式电源(DG)选址定容问题需要以整数确定DG接入点位置，以有理数确定在一定功率范围内接入DG的最佳输出功率，因此该问题在配电网混合整数规划问题中具有较强的代表性。

鉴于以上分析，本章将针对多种进化算法在DG选址定容问题这一配电网典型应用环境下的运算性能进行对比分析，进而对该应用场景下进化算法的适用性进行选择与评价。

10.2 算例分析与比较

10.2.1 问题描述

本节以IEEE 33-bus配电系统为例进行DG优化配置，其结构图如图10.1所示。DG待选安装节点编号为1～32，共32个节点，DG最大接入数目为2个，单个DG接入有功容量范围为0～200kW，DG采用具有稳定输出功率的PQ型电源，功率因数为1，配电网节点电压限制为0.93～1.07。

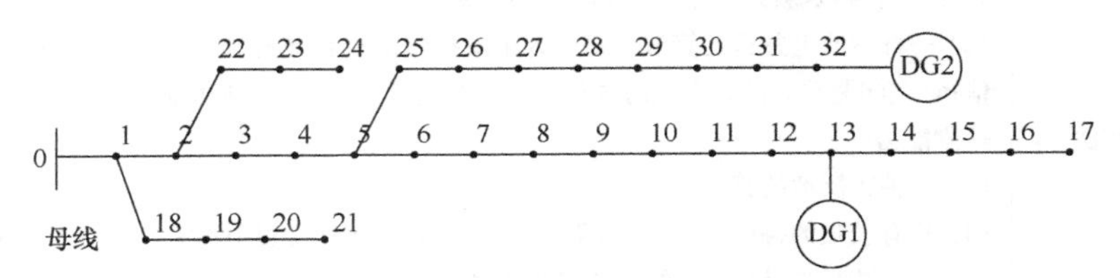

图10.1 DG选址定容问题模型结构图

选取网络损耗、节点电压偏差以及静态电压稳定裕度三个指标作为目标函数，各目标函数表达式如下：

$$\begin{cases} \text{网络损耗} = \sum(\text{支路电流})^2 \times \text{支路电阻} \\ \text{节点电压偏差} = \sqrt{\sum\left(\dfrac{\text{节点电压}-\text{额定电压}}{\text{节点电压上限}-\text{节点电压下限}}\right)^2} \\ \text{静态电压稳定裕度} = \max\left|\lambda_{CR}-\lambda_0\right| \end{cases} \tag{10.1}$$

式中，λ_{CR}为电压崩溃点负荷增长水平，λ_0为当前运行点负荷增长水平。

为使单目标优化算法和多目标优化算法能够应用于同一问题，本节通过加权方式将选址定容问题简化为单目标优化问题，最终目标函数表达式为

$$\text{目标函数} = \omega_1 \times \text{网络损耗} + \omega_2 \times \text{节点电压偏差} + \omega_3 \times \text{静态电压稳定裕度}$$

式中，为平衡各目标函数对最终目标函数的影响程度，设定权值$\omega_1 = 0.01$，$\omega_2 = 1$，$\omega_3 = -0.001$。

分别利用各种进化算法对DG优化问题的目标函数进行求解，针对优化结果、

运算时间、优化效率以及计算准确性四个指标进行分析和比较，进而统一对比粒子群算法(PSO)、进化规划算法(EP)、多目标遗传算法(NSGA-II)、差分进化算法(DE)、蚁群算法(ACO)以及和声搜索算法(HSA)这六种算法在 DG 选址定容问题中的应用性能。利用 MATLAB 编写程序，使得每种进化算法针对 DG 选址定容问题独立优化 20 次，取其平均值作为优化结果。其中各类算法的计算参数如表 10.2 所示。运行环境为 Intel i5 3210M 2.5GHz 处理器，4GB RAM。

表 10.2 各类进化算法的计算参数

参数	PSO	EP	NSGA-II	DE	ACO	HSA
种群数	200					
最大代数	100					
整数变量数	2					
连续变量数	2					
其他参数	惯性因子=0.7298 认知因子=1.49618 社会因子=1.49618	交叉参数=20 变异参数=20	交叉参数=20 变异参数=20	比例因子=0.5 交叉概率=0.2	信息素强度因子=0.8 能见度因子=0.2 信息蒸发率=0.9	最小音调调整率=0.4 最大音调调整率=0.9 和声采纳概率=0.9

10.2.2 优化结果

六种进化算法在 DG 选址定容问题的优化结果如图 10.2 所示。可见 PSO、EP、NSGA-II 以及 HSA 四种算法在迭代次数超过 50 次后，均能得到优化效果较

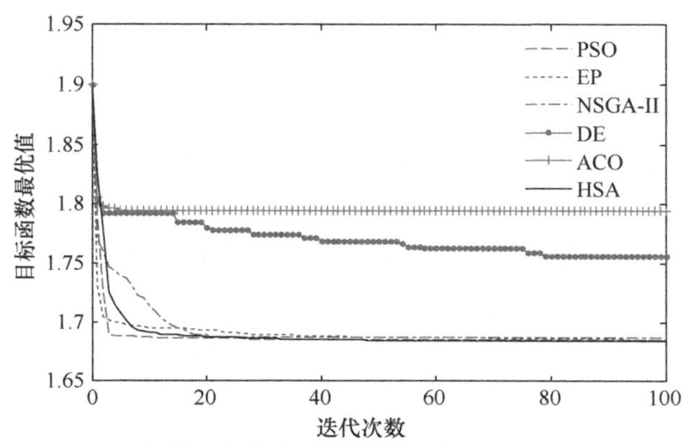

图 10.2 各类进化算法对 DG 选址定容问题的优化结果

好的最优解，具体优化性能则需进一步对比分析。而 ACO 和 DE 的优化结果明显劣于其他四种算法，其中 DE 的优化结果在迭代次数到达 100 次前仍处于不断寻优的过程，若将迭代次数增大，仍存在取得最优解的可能；而 ACO 则在迭代过程开始后不久便已进入早熟状态。

10.2.3　计算时间

各类进化算法求解 DG 选址定容问题所需时间如图 10.3 所示。可见，PSO、EP、DE 以及 ACO 四种算法均需要 200s 左右的时间来对此问题进行 100 次迭代运算；NSGA-II 则仅需 120s 左右，即可将运算时间缩短近 50%；而 HSA 则仅需 50s 左右，即可将运算时间缩短近 75%，显示出其对于其他算法优化时间方面的优越性。

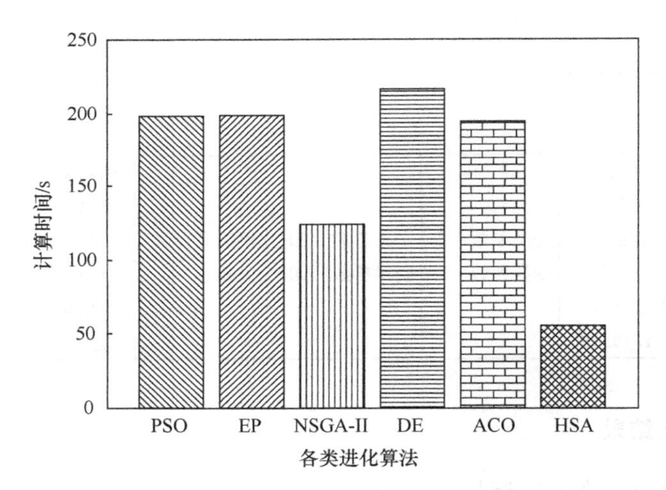

图 10.3　各类进化算法对 DG 选址定容问题进行求解所需时间

10.2.4　优化效率

将收敛条件设定为：某一次迭代后所得的计算结果与最终结果的差值小于最终结果的 0.5%，则视为自该次迭代计算起，计算结果已收敛，则可将各类进化算法在收敛前所需的迭代次数作为优化效率指标进行对比。

各类进化算法在计算结果收敛前所需的迭代次数如图 10.4 所示。可见，仅 DE 需要超过 50 次迭代才能达到收敛，其余五种算法均可在 20 次迭代之内达到收敛条件；而 HSA、PSO 和 ACO 三种算法则在 10 次迭代以内便可达到收敛，鉴于 ACO 的早熟现象较为严重，可认为 HSA 和 PSO 两种算法在优化效率上有较明显的优势。

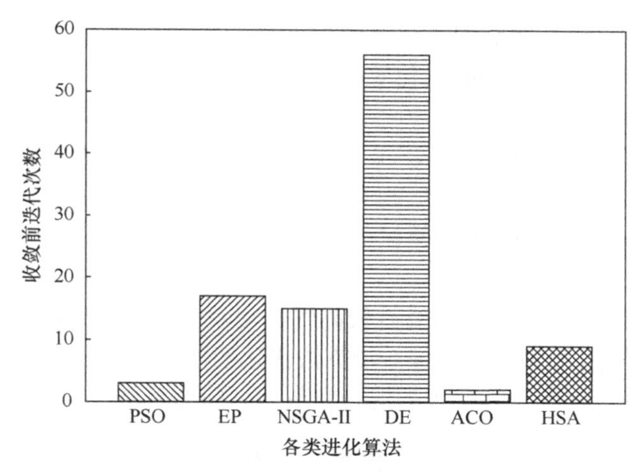

图 10.4　各类进化算法在计算结果收敛前所需的迭代次数

10.2.5　计算准确性分析

在本节所述 DG 选址定容问题中，存在理论最优解。统计各类进化算法 20 次独立优化的优化结果，将每种算法求得理论最优解的次数与总运算次数的比值作为其求得最优解的概率，则可对比分析各类进化算法对于 DG 选址定容问题的计算准确性。

各类进化算法求得理论最优解的概率如图 10.5 所示。可见，DE 和 ACO 两种算法由于早熟，始终未能求得理论最优解，因此概率为 0；而 NSGA-II 和 EP 两种算法虽能将目标函数优化至最优解附近，但求得理论最优解的概率仅为 30％和 50％；而 PSO 和 HSA 两种算法得到理论最优解的概率则高达 95％和 100％，可见这两种算法在计算准确性方面具有明显优势。

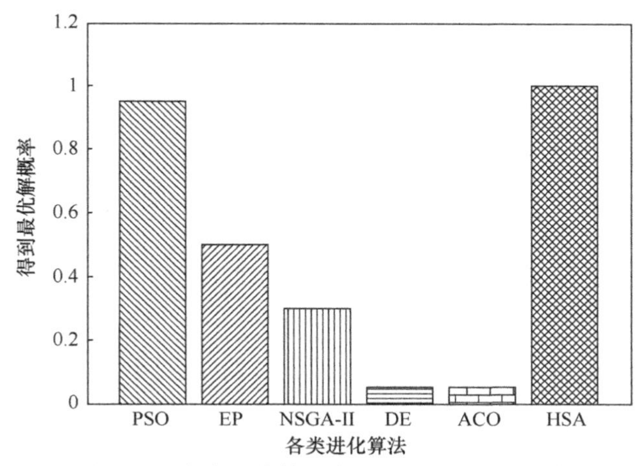

图 10.5　各类进化算法求得理论最优解的概率

本章利用六种进化算法对 DG 选址定容问题进行分别求解，通过对比各类进化算法在优化结果、运算时间、优化效率以及计算准确性四个方面的优化性能进行分析，得出以下结论：

(1) PSO、EP、NSGA-II 和 HSA 四种算法能够求得近似相等的目标函数值，而 DE 和 ACO 两种算法则存在早熟现象；

(2) NSGA-II 和 HSA 两种算法的运算时间较短，其中 HSA 在求解速度上具有明显优势；

(3) PSO 和 HSA 两种算法具有较高的优化效率和计算准确性。

综合以上结论，可知在不做进一步算法优化的前提下，PSO 和 HSA 两种算法对于以 DG 选址定容问题为代表的混合整数规划问题具有较强的适用性。

参考文献

[1] 刘源. 大规模复杂配电网分布式并行优化计算技术研究[D]. 北京：北京航空航天大学，2013.

[2] 赵金亮. 基于自适应遗传算法和蚁群算法融合的配电网重构[D]. 兰州：兰州理工大学，2011.

[3] 高云龙. 基于和声算法的含 DG 配电网故障定位研究[D]. 长沙：长沙理工大学，2014.

[4] 张仲. 基于改进蚁群算法的配电网无功优化[D]. 长沙：长沙理工大学，2010.

[5] 田利波. 基于智能算法的分布式电源选址和定容的研究与应用[D]. 西安：西安建筑科技大学，2014.

[6] 张弛. 基于改进差分进化算法的模糊 Petri 网参数优化策略的研究[D]. 长沙：长沙理工大学，2013.

附录　电力系统分析常用算例系统

附录 A　IEEE 33-bus 配电系统

IEEE 33-bus 配电系统，其系统结构拓扑图如图 A.1 所示，其各节点数据如表 A.1 所示。

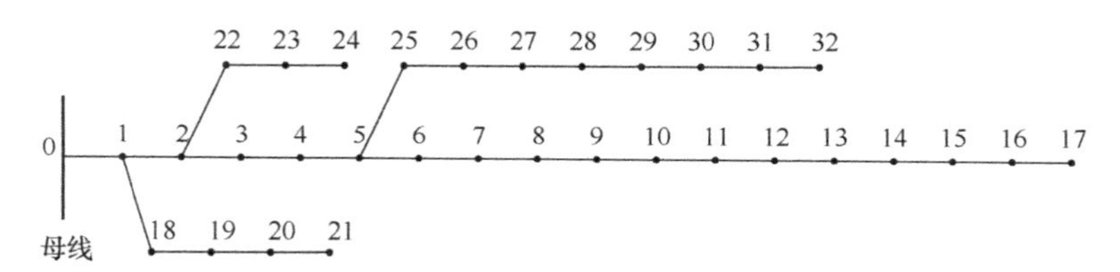

图 A.1　IEEE 33-bus 配电系统结构拓扑图

表 A.1　IEEE 33-bus 配电系统各节点数据表

支路号	首端母线	末端母线	电阻/Ω	电抗/Ω	有功负荷/kW	无功负荷/kvar
1	0	1	0.0922	0.0470	100	60
2	1	2	0.4930	0.2511	90	40
3	2	3	0.3660	0.1864	120	80
4	3	4	0.3811	0.1941	60	30
5	4	5	0.8190	0.7070	60	20
6	5	6	0.1872	0.6188	200	100
7	6	7	0.7114	0.2351	200	100
8	7	8	1.0300	0.7400	60	20
9	8	9	1.0440	0.7400	60	20
10	9	10	0.1966	0.0650	45	30
11	10	11	0.3744	0.1238	60	35
12	11	12	1.4680	1.1550	60	35
13	12	13	0.5416	0.7129	120	80
14	13	14	0.5910	0.5260	60	10
15	14	15	0.7463	0.5450	60	20
16	15	16	1.2890	1.7210	60	20
17	16	17	0.7320	0.5740	90	40

续表

支路号	首端母线	末端母线	电阻/Ω	电抗/Ω	有功负荷/kW	无功负荷/kvar
18	1	18	0.1640	0.1565	90	40
19	18	19	1.5042	1.3554	90	40
20	19	20	0.4095	0.4784	90	40
21	20	21	0.7089	0.9373	90	40
22	2	22	0.4512	0.3083	90	50
23	22	23	0.8980	0.7091	420	200
24	23	24	0.8960	0.7011	420	200
25	5	25	0.2030	0.1034	60	25
26	25	26	0.2842	0.1447	60	25
27	26	27	1.0590	0.9337	60	20
28	27	28	0.8042	0.7006	120	70
29	28	29	0.5075	0.2585	200	600
30	29	30	0.9744	0.9630	150	70
31	30	31	0.3105	0.3619	210	100
32	31	32	0.3410	0.5302	60	40

附录 B　PG&E 69-bus 配电系统

PG&E 69-bus 配电系统，其系统结构拓扑图如图 B.1 所示，其各节点数据如表 B.1 所示。

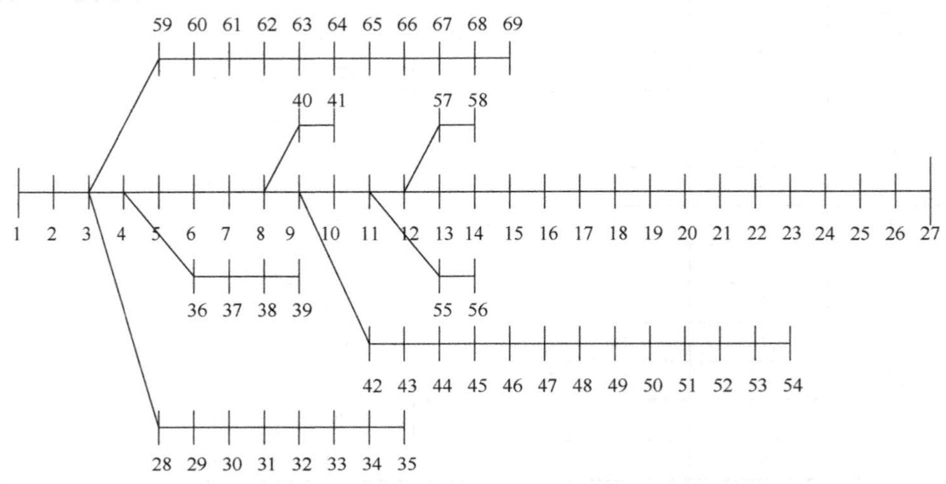

图 B.1　PG&E 69-bus 配电系统结构拓扑图

表 B. 1　PG&E 69-bus 配电系统各节点数据表

节点 i	节点 j	支路阻抗	节点 j 负荷
1	2	0. 0050+0. 0012i	0
2	3	0. 0050+0. 0012i	0
3	4	0. 0015+0. 0036i	0
4	5	0. 0251+0. 0294i	0
5	6	0. 3660+0. 1864i	2. 6+2. 2i
6	7	0. 3811+0. 1941i	40. 4+30i
7	8	0. 0922+0. 0470i	75+54i
8	9	0. 0493+0. 0251i	30+22i
9	10	0. 8190+0. 2707i	28+19i
10	11	0. 1872+0. 0691i	145+104i
11	12	0. 7114+0. 2351i	145+104i
12	13	1. 0300+0. 3400i	8+5. 5i
13	14	1. 0440+0. 3450i	8+5. 5i
14	15	1. 0580+0. 3496i	0
15	16	0. 1966+0. 0650i	45. 5+30i
16	17	0. 3744+0. 1238i	60+35i
17	18	0. 0047+0. 0016i	60+35i
18	19	0. 3276+0. 1083i	0
19	20	0. 2106+0. 0696i	1+0. 6i
20	21	0. 3416+0. 1129i	114+81i
21	22	0. 0140+0. 0046i	5. 3+3. 5i
22	23	0. 1591+0. 0526i	0
23	24	0. 3463+0. 1145i	28+20i
24	25	0. 7488+0. 2457i	0
25	26	0. 3089+0. 1021i	14+10i
26	27	0. 1732+0. 0572i	14+10i
3	28	0. 0044+0. 0108i	26+18. 6i
28	29	0. 0640+0. 1565i	26+18. 6i
29	30	0. 3978+0. 1315i	0
30	31	0. 0702+0. 0232i	0
31	32	0. 3510+0. 1160i	0
32	33	0. 8390+0. 2816i	14+10i

续表

节点 i	节点 j	支路阻抗	节点 j 负荷
33	34	1.7080+0.5646i	19.5+14i
34	35	1.4740+0.4873i	6+4i
3	59	0.0044+0.0108i	26+18.55i
59	60	0.0640+0.1565i	26+18.55i
60	61	0.1053+0.1230i	0
61	62	0.0304+0.0355i	24+17i
62	63	0.0018+0.0021i	24+17i
63	64	0.7283+0.8509i	1.2+1i
64	65	0.3100+0.3623i	0
65	66	0.0410+0.0478i	6+4.3i
66	67	0.0092+0.0116i	0
67	68	0.1089+0.1373i	39.22+26.3i
68	69	0.0009+0.0012i	39.22+26.3i
4	36	0.0034+0.0084i	0
36	37	0.0851+0.2083i	79+56.4i
37	38	0.2898+0.7091i	384.7+274.5i
38	39	0.0822+0.2011i	384.7+274.5i
8	40	0.0928+0.0473i	40.5+28.3i
40	41	0.3319+0.1114i	3.6+2.7i
9	42	0.1740+0.0886i	4.35+3.5i
42	43	0.2030+0.1034i	26.4+19i
43	44	0.2842+0.1447i	24+17.2i
44	45	0.2813+0.1433i	0
45	46	1.5900+0.5337i	0
46	47	0.7837+0.2630i	0
47	48	0.3042+0.1006i	100+72i
48	49	0.3861+0.1172i	0
49	50	0.5075+0.2585i	1244+888i
50	51	0.0974+0.0496i	32+23i
51	52	0.1450+0.0738i	0
52	53	0.7105+0.3619i	227+162i
53	54	1.041+0.5302i	59+42i

续表

节点 i	节点 j	支路阻抗	节点 j 负荷
11	55	0.2012+0.0611i	18+13i
55	56	0.0047+0.0014i	18+13i
12	57	0.7394+0.2444i	28+20i
57	58	0.0047+0.0016i	28+20i
11	66	0.5000+0.5000i	联络开关
13	20	0.5000+0.5000i	
15	69	1.0000+1.0000i	
27	54	1.0000+1.0000i	
39	48	2.0000+2.0000i	

注：本网有 68 条支路、5 条联络开关支路、1 个电源网络首端、基准电压 12.66kV、三相功率基准值取 10MVA、网络总负荷 3802.19+2694.60i kVA。

附录 C　IEEE 13-bus 配电系统

IEEE 13-bus 配电系统是工作在 4.16kV 的小型网络，是用于测试配电分析软件的常见系统。其特点是网架小、负载相对较高，含有变电站、架空线路、地下电缆、并联电容器、在线变压器和不平衡负载的电压调节器。IEEE 13-bus 配电系统结构拓扑图如图 C.1 所示；相关数据如表 C.1～表 C.7 所示。

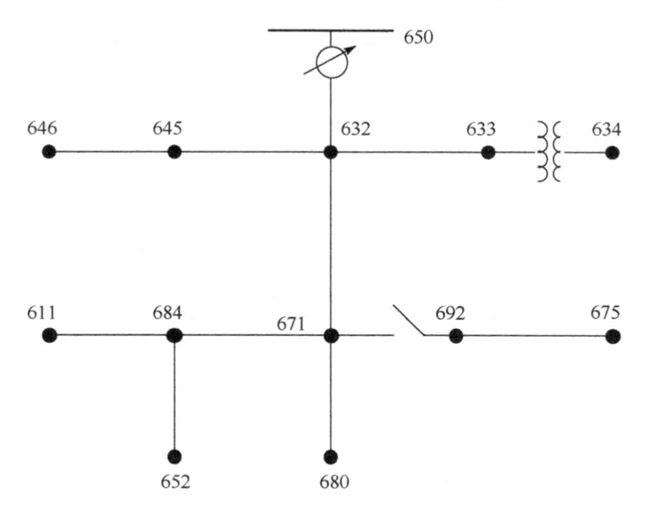

图 C.1　IEEE 13-bus 配电系统结构拓扑图

表 C.1　线路数据表

节点 A	节点 B	长度/ft	类型
632	645	500	603
632	633	500	602
633	634	0	XFM-1
645	646	300	603
650	632	2000	601
684	652	800	607
632	671	2000	601
671	684	300	604
671	680	1000	601
671	692	0	开关
684	611	300	605
692	675	500	606

注：1ft=0.3048m。

表 C.2　变压器数据表

名称	S_n/kVA	高压侧/kV	低压侧/kV	R/%	X/%
变电站	5000	115-D	4.16-Gr. Y	1	8
XFM-1	500	4.16-Gr. W	0.48-Gr. W	1.1	2

表 C.3　无功补偿装置数据表

节点	A 相	B 相	C 相
	kvar	kvar	kvar
675	200	200	200
611			100
合计	200	200	300

表 C.4　调压器数据表

调压器 ID	1		
线路	650～632		
位置	650		
相	A-B-C		
连接	3-Ph，LG		
监控相	A-B-C		

续表

调压器 ID	1		
带宽	2.0V		
PT 比率	20		
主侧 CT 极限	700		
补偿设置	A 相	B 相	C 相
R 设置	3	3	3
X 设置	9	9	9
电压等级	122	122	122

表 C.5　点负荷数据表

节点	负荷模型	相-1	相-1	相-2	相-2	相-3	相-3
		kW	kvar	kW	kvar	kW	kvar
634	Y-PQ	160	110	120	90	120	90
645	Y-PQ	0	0	170	125	0	0
646	D-Z	0	0	230	132	0	0
652	Y-Z	128	86	0	0	0	0
671	D-PQ	385	220	385	220	385	220
675	Y-PQ	485	190	68	60	290	212
692	D-I	0	0	0	0	170	151
611	Y-I	0	0	0	0	170	80
合计		1158	606	973	627	1135	753

表 C.6　分布式负荷数据表

节点 A	节点 B	负荷模型	相-1	相-1	相-2	相-2	相-3	相-3
			kW	kvar	kW	kvar	kW	kvar
632	671	Y-PQ	17	10	66	38	117	68

表 C.7　不同线型阻抗矩阵数据表

类型	*Z*(*R*+*X*i)/(Ω/mile)			*B*/(mS/mile)		
601	0.3465+1.0179i	0.1560+0.5017i	0.1580+0.4236i	6.2998i	−1.9958i	−1.2595i
		0.3375+1.0478i	0.1535+0.3849i		5.9597i	−0.7417i
			0.3414+1.0348i			5.6386i
602	0.7526+1.1814i	0.1580+0.4236i	0.1560+0.5017i	5.6990i	−1.0817i	−1.6905i
		0.7475+1.1983i	0.1535+0.3849i		5.1795i	−0.6588i
			0.7436+1.2112i			5.4246i

续表

类型	Z(R+Xi)/(Ω/mile)			B/(mS/mile)		
603	0	0	0	0	0	0
		1. 3294+1. 3471i	0. 2066+0. 4591i		4. 7097i	−0. 8999i
			1. 3238+1. 3569i			4. 6658i
604	1. 3238+1. 3569i	0	0. 2066+0. 4591i	4. 6658i	0	−0. 8999i
		0	0		0	0
			1. 3294+1. 3471i			4. 7097i
605	0	0	0	0	0	0
		0	0		0	0
			1. 3292+1. 3475i			4. 5193i
606	0. 7982+0. 4463i	0. 3192+0. 0328i	0. 2849−0. 0143i	96. 8897i	0	0
		0. 7891+0. 4041i	0. 3192+0. 0328i		96. 8897i	0
			0. 7982+0. 4463i			96. 8897i
607	1. 3425+0. 5124i	0	0	88. 9912i	0	0
		0	0		0	0
			0			0

注：1mile=1. 609344km。

附录 D　IEEE 34-bus 配电系统

IEEE 34-bus 配电系统是一个位于美国 Arizona 的实际馈线，标称电压为 24. 9kV。其特点是长时间轻负载，含有两个在线稳压器、一个低压侧为 4. 16kV 的在线变压器、不平衡负载和并联电容器。IEEE 34-bus 配电系统结构拓扑图如图 D. 1 所示；相关数据如表 D. 1～表 D. 7 所示。

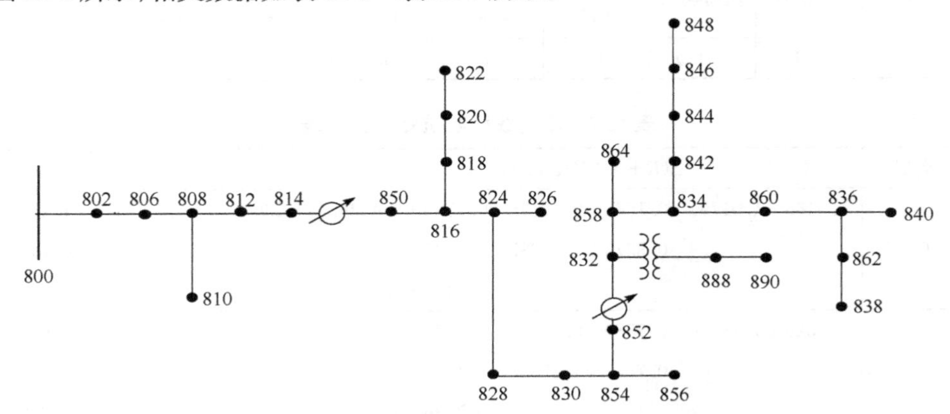

图 D. 1　IEEE 34-bus 配电系统结构拓扑图

表 D.1　线路数据表

节点 A	节点 B	长度/ft	类型
800	802	2580	300
802	806	1730	300
806	808	32230	300
808	810	5804	303
808	812	37500	300
812	814	29730	300
814	850	10	301
816	818	1710	302
816	824	10210	301
818	820	48150	302
820	822	13740	302
824	826	3030	303
824	828	840	301
828	830	20440	301
830	854	520	301
832	858	4900	301
832	888	0	XFM-1
834	860	2020	301
834	842	280	301
836	840	860	301
836	862	280	301
842	844	1350	301
844	846	3640	301
846	848	530	301
850	816	310	301
852	832	10	301
854	856	23330	303
854	852	36830	301
858	864	1620	302
858	834	5830	301
860	836	2680	301
862	838	4860	304
888	890	10560	300

表 D.2　变压器数据表

名称	S_n/kVA	高压侧/kV	低压侧/kV	R/%	X/%
变电站	2500	69-D	24.9-Gr. W	1	8
XFM-1	500	24.9-Gr. W	4.16-Gr. W	1.9	4.08

表 D.3　无功补偿装置数据表

节点	A相	B相	C相
	kvar	kvar	kvar
844	100	100	100
848	150	150	150
合计	250	250	250

表 D.4　调压器数据表

调压器 ID	1		
线路	814～850		
位置	814		
相	A-B-C		
连接	3-Ph,LG		
监控相	A-B-C		
带宽	2.0V		
PT 比率	120		
主侧 CT 极限	100		
补偿设置	A相	B相	C相
R 设置	2.7	2.7	2.7
X 设置	1.6	1.6	1.6
电压等级	122	122	122
调压器 ID	2		
线路	852～832		
位置	852		
相	A-B-C		
连接	3-Ph,LG		
监控相	A-B-C		
带宽	2.0V		
PT 比率	120		

续表

调压器 ID	2		
主侧 CT 极限	100		
补偿设置	A 相	B 相	C 相
R 设置	2.5	2.5	2.5
X 设置	1.5	1.5	1.5
电压等级	124	124	124

表 D.5　点负荷数据表

节点	负荷模型	相-1	相-1	相-2	相-2	相-3	相-3
		kW	kvar	kW	kvar	kW	kvar
860	Y-PQ	20	16	20	16	20	16
840	Y-I	9	7	9	7	9	7
844	Y-Z	135	105	135	105	135	105
848	D-PQ	20	16	20	16	20	16
890	D-I	150	75	150	75	150	75
830	D-Z	10	5	10	5	25	10
合计		344	224	344	224	359	229

表 D.6　分布式负荷数据表

节点 A	节点 B	负荷模型	相-1	相-1	相-2	相-2	相-3	相-3
			kW	kvar	kW	kvar	kW	kvar
802	806	Y-PQ	0	0	30	15	25	14
808	810	Y-I	0	0	16	8	0	0
818	820	Y-Z	34	17	0	0	0	0
820	822	Y-PQ	135	70	0	0	0	0
816	824	D-I	0	0	5	2	0	0
824	826	Y-I	0	0	40	20	0	0
824	828	Y-PQ	0	0	0	0	4	2
828	830	Y-PQ	7	3	0	0	0	0
854	856	Y-PQ	0	0	4	2	0	0
832	858	D-Z	7	3	2	1	6	3
858	864	Y-PQ	2	1	0	0	0	0
858	834	D-PQ	4	2	15	8	13	7
834	860	D-Z	16	8	20	10	110	55

续表

节点 A	节点 B	负荷模型	相-1	相-1	相-2	相-2	相-3	相-3
			kW	kvar	kW	kvar	kW	kvar
860	836	D-PQ	30	15	10	6	42	22
836	840	D-I	18	9	22	11	0	0
862	838	Y-PQ	0	0	28	14	0	0
842	844	Y-PQ	9	5	0	0	0	0
844	846	Y-PQ	0	0	25	12	20	11
846	848	Y-PQ	0	0	23	11	0	0
合计			262	133	240	120	220	114

表 D.7 不同线型阻抗矩阵数据表

类型	$Z(R+X\mathrm{i})/(\Omega/\mathrm{mile})$			$B/(\mathrm{mS/mile})$		
300	1.3368+1.3343i	0.2101+0.5779i	0.2130+0.5015i	5.3350i	−1.5313i	−0.9943i
		1.3238+1.3569i	0.2066+0.4591i		5.0979i	−0.6212i
			1.3294+1.3471i			4.8880i
301	1.9300+1.4115i	0.2327+0.6442i	0.2359+0.5691i	5.1207i	−1.4364i	−0.9402i
		1.9157+1.4281i	0.2288+0.5238i		4.9055i	−0.5951i
			1.9219+1.4209i			4.7154i
302	2.7995+1.4855i	0	0	4.2251i	0	0
		0	0		0	0
			0			0
303	0	0	0	0	0	0
		2.7995+1.4855i	0		4.2251i	0
			0			0
304	0	0	0	0	0	0
		1.9217+1.4212i	0		4.3637i	0
			0			0

附录 E IEEE 37-bus 配电系统

IEEE 37-bus 配电系统是一个美国 California 的实际馈线，具有 4.8kV 的工作电压。其特点是采用三角形配置，所有线路段均为井下，变电所的电压调节为两个单相开通的 Delta 稳压器，现场负载极不平衡。这种电路的配置是相当少见的。

IEEE 37-bus 配电系统结构拓扑图如图 E.1 所示；相关数据如表 E.1～表 E.5 所示。

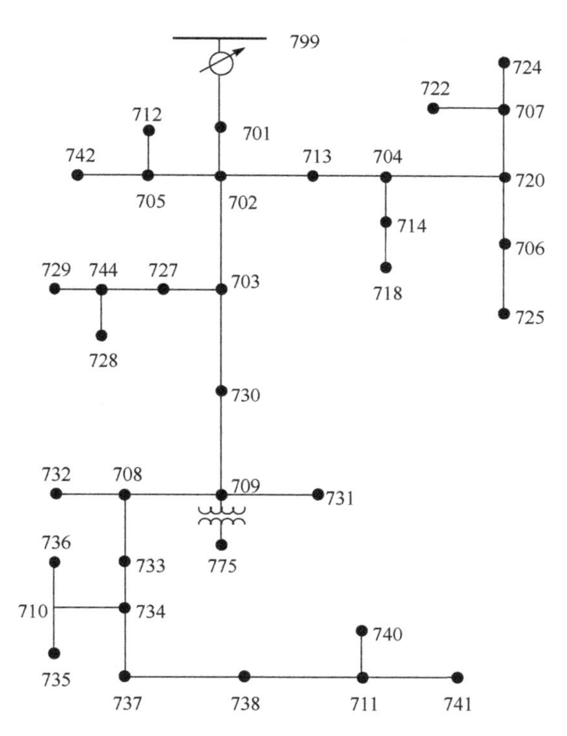

图 E.1　IEEE 37-bus 配电系统结构拓扑图

表 E.1　线路数据表

节点 A	节点 B	长度/ft	类型
701	702	960	722
702	705	400	724
702	713	360	723
702	703	1320	722
703	727	240	724
703	730	600	723
704	714	80	724
704	720	800	723
705	742	320	724
705	712	240	724
706	725	280	724
707	724	760	724

续表

节点 A	节点 B	长度/ft	类型
707	722	120	724
708	733	320	723
708	732	320	724
709	731	600	723
709	708	320	723
710	735	200	724
710	736	1280	724
711	741	400	723
711	740	200	724
713	704	520	723
714	718	520	724
720	707	920	724
720	706	600	723
727	744	280	723
730	709	200	723
733	734	560	723
734	737	640	723
734	710	520	724
737	738	400	723
738	711	400	723
744	728	200	724
744	729	280	724
775	709	0	XFM-1
799	701	1850	721

表 E.2 调压器数据表

调压器 ID	1	
线路	799～701	
位置	799	
相	A-B-C	
连接	AB-CB	
监控相	AB&CB	

续表

调压器 ID	1	
带宽	2.0V	
PT 比率	40	
主侧 CT 极限	350	
补偿设置	相-AB	相-CB
R 设置	1.5	1.5
X 设置	3	3
电压等级	122	122

表 E.3　变压器数据表

名称	S_n/kVA	高压侧/kV	低压侧/kV	R/%	X/%
变电站	2500	230-D	4.8-D	2	8
XFM-1	500	4.8-D	0.480-D	0.09	1.81

表 E.4　点负荷数据表

节点	负荷模型	相-1	相-1	相-2	相-2	相-3	相-3
		kW	kvar	kW	kvar	kW	kvar
701	D-PQ	140	70	140	70	350	175
712	D-PQ	0	0	0	0	85	40
713	D-PQ	0	0	0	0	85	40
714	D-I	17	8	21	10	0	0
718	D-Z	85	40	0	0	0	0
720	D-PQ	0	0	0	0	85	40
722	D-I	0	0	140	70	21	10
724	D-Z	0	0	42	21	0	0
725	D-PQ	0	0	42	21	0	0
727	D-PQ	0	0	0	0	42	21
728	D-PQ	42	21	42	21	42	21
729	D-I	42	21	0	0	0	0
730	D-Z	0	0	0	0	85	40
731	D-Z	0	0	85	40	0	0
732	D-PQ	0	0	0	0	42	21
733	D-I	85	40	0	0	0	0
734	D-PQ	0	0	0	0	42	21

续表

节点	负荷模型	相-1	相-1	相-2	相-2	相-3	相-3
		kW	kvar	kW	kvar	kW	kvar
735	D-PQ	0	0	0	0	85	40
736	D-Z	0	0	42	21	0	0
737	D-I	140	70	0	0	0	0
738	D-PQ	126	62	0	0	0	0
740	D-PQ	0	0	0	0	85	40
741	D-I	0	0	0	0	42	21
742	D-Z	8	4	85	40	0	0
744	D-PQ	42	21	0	0	0	0
合计		727	357	639	314	1091	530

表 E.5 不同线型阻抗矩阵数据表

类型	$Z(R+X\mathrm{i})/(\Omega/\mathrm{mile})$			$B/(\mathrm{mS/mile})$		
721	0.2926+0.1973i	0.0673−0.0368i	0.0337−0.0417i	159.7919i	0	0
		0.2646+0.1900i	0.0673−0.0368i		159.7919i	0
			0.2926+0.1973i			159.7919i
722	0.4751+0.2973i	0.1629−0.0326i	0.1234−0.0607i	127.8306i	0	0
		0.4488+0.2678i	0.1629−0.0326i		127.8306i	0
			0.4751+0.2973i			127.8306i
723	1.2936+0.6713i	0.4871+0.2111i	0.4585+0.1521i	74.8405i	0	0
		1.3022+0.6326i	0.4871+0.2111i		74.8405i	0
			1.2936+0.6713i			74.8405i
724	2.0952+0.7758i	0.5204+0.2738i	0.4926+0.2123i	60.2483i	0	0
		2.1068+0.7398i	0.5204+0.2738i		60.2483i	0
			2.0952+0.7758i			60.2483i

附录 F IEEE 123-bus 配电系统

IEEE 123-bus 配电系统额定电压为 4.16kV，必须通过调压器和并联电容器解决电压降问题。该电路包含架空线路和地下线路，恒阻抗、恒电流或恒功率的不平衡负载，四个调压器，并联电容器组，多个开关。该系统的特点为计算中容易收敛。IEEE 123-bus 配电系统结构拓扑图如图 F.1 所示；相关数据如表 F.1～表 F.7 所示。

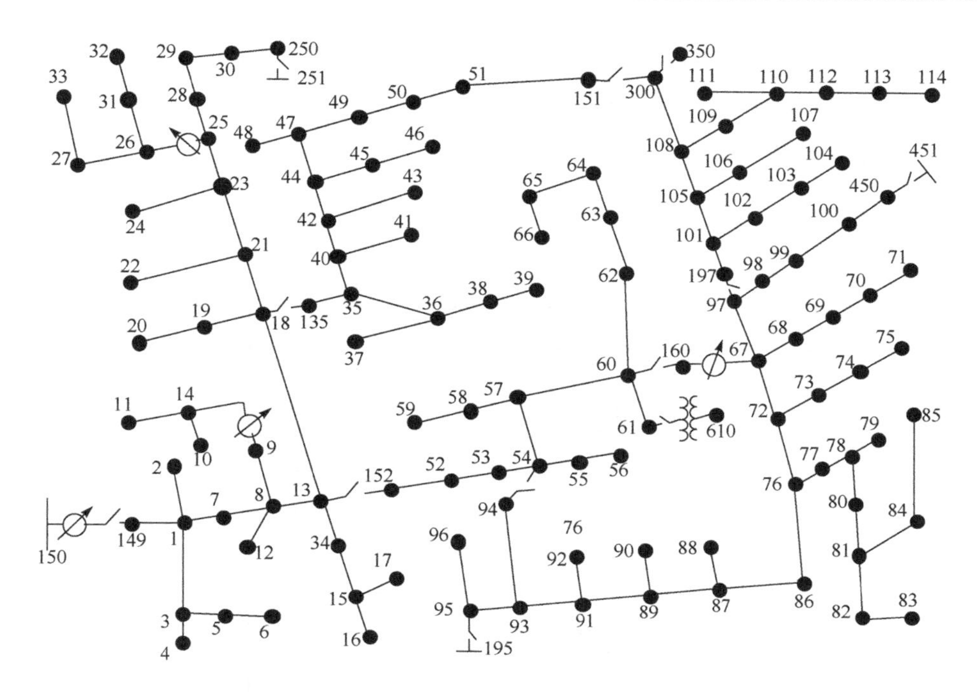

图 F.1　IEEE 123-bus 配电系统结构拓扑图

表 F.1　线路数据表

节点 A	节点 B	长度/ft	类型
1	2	175	10
1	3	250	11
1	7	300	1
3	4	200	11
3	5	325	11
5	6	250	11
7	8	200	1
8	12	225	10
8	9	225	9
8	13	300	1
9	14	425	9
13	34	150	11
13	18	825	2
14	11	250	9

续表

节点 A	节点 B	长度/ft	类型
14	10	250	9
15	16	375	11
15	17	350	11
18	19	250	9
18	21	300	2
19	20	325	9
21	22	525	10
21	23	250	2
23	24	550	11
23	25	275	2
25	26	350	7
25	28	200	2
26	27	275	7
26	31	225	11
27	33	500	9
28	29	300	2
29	30	350	2
30	250	200	2
31	32	300	11
34	15	100	11
35	36	650	8
35	40	250	1
36	37	300	9
36	38	250	10
38	39	325	10
40	41	325	11
40	42	250	1
42	43	500	10
42	44	200	1
44	45	200	9
44	47	250	1
45	46	300	9

续表

节点 A	节点 B	长度/ft	类型
47	48	150	4
47	49	250	4
49	50	250	4
50	51	250	4
52	53	200	1
53	54	125	1
54	55	275	1
54	57	350	3
55	56	275	1
57	58	250	10
57	60	750	3
58	59	250	10
60	61	550	5
60	62	250	12
62	63	175	12
63	64	350	12
64	65	425	12
65	66	325	12
67	68	200	9
67	72	275	3
67	97	250	3
68	69	275	9
69	70	325	9
70	71	275	9
72	73	275	11
72	76	200	3
73	74	350	11
74	75	400	11
76	77	400	6
76	86	700	3
77	78	100	6
78	79	225	6

续表

节点 A	节点 B	长度/ft	类型
78	80	475	6
80	81	475	6
81	82	250	6
81	84	675	11
82	83	250	6
84	85	475	11
86	87	450	6
87	88	175	9
87	89	275	6
89	90	225	10
89	91	225	6
91	92	300	11
91	93	225	6
93	94	275	9
93	95	300	6
95	96	200	10
97	98	275	3
98	99	550	3
99	100	300	3
100	450	800	3
101	102	225	11
101	105	275	3
102	103	325	11
103	104	700	11
105	106	225	10
105	108	325	3
106	107	575	10
108	109	450	9
108	300	1000	3
109	110	300	9
110	111	575	9
110	112	125	9

续表

节点 A	节点 B	长度/ft	类型
112	113	525	9
113	114	325	9
135	35	375	4
149	1	400	1
152	52	400	1
160	67	350	6
197	101	250	3

表 F.2　变压器数据表

名称	S_n/kVA	高压侧/kV	低压侧/kV	R/%	X/%
变电站	5000	115-D	4.16-Gr-W	1	8
XFM-1	150	4.16-D	0.480-D	1.27	2.72

表 F.3　无功补偿装置数据表

节点	A 相	B 相	C 相
	kvar	kvar	kvar
83	200	200	200
88	50		
90		50	
92			50
合计	250	250	250

表 F.4　调压器数据表

调压器 ID	1		
线路	150～149		
位置	150		
相	A-B-C		
连接	3-Ph,Wye		
监控相	A		
带宽	2.0V		
PT 比率	20		
主侧 CT 极限	700		
补偿设置	A 相		

续表

调压器 ID	1		
R 设置	3		
X 设置	7.5		
电压等级	120		
调压器 ID	2		
线路	9～14		
位置	9		
相	A		
连接	1-Ph，L-G		
监控相	A		
带宽	2.0V		
PT 比率	20		
主侧 CT 极限	50		
补偿设置	A 相		
R 设置	0.4		
X 设置	0.4		
电压等级	120		
调压器 ID	3		
线路	25～26		
位置	25		
相	A-C		
连接	2-Ph，L-G		
监控相	A&C		
带宽	1V		
PT 比率	20		
主侧 CT 极限	50		
补偿设置	A 相	C 相	
R 设置	0.4	0.4	
X 设置	0.4	0.4	
电压等级	120	120	
调压器 ID	4		
线路	160～67		
位置	160		
相	A-B-C		

续表

调压器 ID	4		
连接	3-Ph,LG		
监控相	A-B-C		
带宽	2V		
PT 比率	20		
主侧 CT 极限	300		
补偿设置	A 相	B 相	C 相
R 设置	0.6	1.4	0.2
X 设置	1.3	2.6	1.4
电压等级	124	124	124

表 F.5　点负荷数据表

节点	负荷模型	相-1	相-1	相-2	相-2	相-3	相-3
		kW	kvar	kW	kvar	kW	kvar
1	Y-PQ	40	20	0	0	0	0
2	Y-PQ	0	0	20	10	0	0
4	Y-PR	0	0	0	0	40	20
5	Y-I	0	0	0	0	20	10
6	Y-Z	0	0	0	0	40	20
7	Y-PQ	20	10	0	0	0	0
9	Y-PQ	40	20	0	0	0	0
10	Y-I	20	10	0	0	0	0
11	Y-Z	40	20	0	0	0	0
12	Y-PQ	0	0	20	10	0	0
16	Y-PQ	0	0	0	0	40	20
17	Y-PQ	0	0	0	0	20	10
19	Y-PQ	40	20	0	0	0	0
20	Y-I	40	20	0	0	0	0
22	Y-Z	0	0	40	20	0	0
24	Y-PQ	0	0	0	0	40	20
28	Y-I	40	20	0	0	0	0
29	Y-Z	40	20	0	0	0	0
30	Y-PQ	0	0	0	0	40	20
31	Y-PQ	0	0	0	0	20	10

续表

节点	负荷模型	相-1	相-1	相-2	相-2	相-3	相-3
		kW	kvar	kW	kvar	kW	kvar
32	Y-PQ	0	0	0	0	20	10
33	Y-I	40	20	0	0	0	0
34	Y-Z	0	0	0	0	40	20
35	D-PQ	40	20	0	0	0	0
37	Y-Z	40	20	0	0	0	0
38	Y-I	0	0	20	10	0	0
39	Y-PQ	0	0	20	10	0	0
41	Y-PQ	0	0	0	0	20	10
42	Y-PQ	20	10	0	0	0	0
43	Y-Z	0	0	40	20	0	0
45	Y-I	20	10	0	0	0	0
46	Y-PQ	20	10	0	0	0	0
47	Y-I	35	25	35	25	35	25
48	Y-Z	70	50	70	50	70	50
49	Y-PQ	35	25	70	50	35	20
50	Y-PQ	0	0	0	0	40	20
51	Y-PQ	20	10	0	0	0	0
52	Y-PQ	40	20	0	0	0	0
53	Y-PQ	40	20	0	0	0	0
55	Y-Z	20	10	0	0	0	0
56	Y-PQ	0	0	20	10	0	0
58	Y-I	0	0	20	10	0	0
59	Y-PQ	0	0	20	10	0	0
60	Y-PQ	20	10	0	0	0	0
62	Y-Z	0	0	0	0	40	20
63	Y-PQ	40	20	0	0	0	0
64	Y-I	0	0	75	35	0	0
65	D-Z	35	25	35	25	70	50
66	Y-PQ	0	0	0	0	75	35
68	Y-PQ	20	10	0	0	0	0
69	Y-PQ	40	20	0	0	0	0

续表

节点	负荷模型	相-1	相-1	相-2	相-2	相-3	相-3
		kW	kvar	kW	kvar	kW	kvar
70	Y-PQ	20	10	0	0	0	0
71	Y-PQ	40	20	0	0	0	0
73	Y-PQ	0	0	0	0	40	20
74	Y-Z	0	0	0	0	40	20
75	Y-PQ	0	0	0	0	40	20
76	D-I	105	80	70	50	70	50
77	Y-PQ	0	0	40	20	0	0
79	Y-Z	40	20	0	0	0	0
80	Y-PQ	0	0	40	20	0	0
82	Y-PQ	40	20	0	0	0	0
83	Y-PQ	0	0	0	0	20	10
84	Y-PQ	0	0	0	0	20	10
85	Y-PQ	0	0	0	0	40	20
86	Y-PQ	0	0	20	10	0	0
87	Y-PQ	0	0	40	20	0	0
88	Y-PQ	40	20	0	0	0	0
90	Y-I	0	0	40	20	0	0
92	Y-PQ	0	0	0	0	40	20
94	Y-PQ	40	20	0	0	0	0
95	Y-PQ	0	0	20	10	0	0
96	Y-PQ	0	0	20	10	0	0
98	Y-PQ	40	20	0	0	0	0
99	Y-PQ	0	0	40	20	0	0
100	Y-Z	0	0	0	0	40	20
102	Y-PQ	0	0	0	0	20	10
103	Y-PQ	0	0	0	0	40	20
104	Y-PQ	0	0	0	0	40	20
106	Y-PQ	0	0	40	20	0	0
107	Y-PQ	0	0	40	20	0	0
109	Y-PQ	40	20	0	0	0	0
111	Y-PQ	20	10	0	0	0	0

续表

节点	负荷模型	相-1	相-1	相-2	相-2	相-3	相-3
		kW	kvar	kW	kvar	kW	kvar
112	Y-I	20	10	0	0	0	0
113	Y-Z	40	20	0	0	0	0
114	Y-PQ	20	10	0	0	0	0
合计		1420	775	915	515	1155	630

表 F.6　开关数据表

节点 A	节点 B	状态
13	152	闭合
18	135	闭合
60	160	闭合
61	610	闭合
97	197	闭合
150	149	闭合
250	251	断开
450	451	断开
54	94	断开
151	300	断开
300	350	断开

表 F.7　不同线型阻抗矩阵数据表

类型	$Z(R+X\mathrm{i})/(\Omega/\mathrm{mile})$			$B/(\mathrm{mS/mile})$		
1	0.4576+1.0780i	0.1560+0.5017i	0.1535+0.3849i	5.6765i	−1.8319i	−0.6982i
		0.4666+1.0482i	0.1580+0.4236i		5.9809i	−1.1645i
			0.4615+1.0651i			5.3971i
2	0.4666+1.0482i	0.1580+0.4236i	0.1560+0.5017i	5.9809i	−1.1645i	−1.8319i
		0.4615+1.0651i	0.1535+0.3849i		5.3971i	−0.6982i
			0.4576+1.0780i			5.6765i
3	0.4615+1.0651i	0.1535+0.3849i	0.1580+0.4236i	5.3971i	−0.6982i	−1.1645i
		0.4576+1.0780i	0.1560+0.5017i		5.6765i	−1.8319i
			0.4666+1.0482i			5.9809i

续表

类型	$Z(R+X\mathrm{i})/(\Omega/\mathrm{mile})$			$B/(\mathrm{mS/mile})$		
	0.4615+1.0651i	0.1580+0.4236i	0.1535+0.3849i	5.3971i	−1.1645i	−0.6982i
4		0.4666+1.0482i	0.1560+0.5017i		5.9809i	−1.8319i
			0.4576+1.0780i			5.6765i
	0.4666+1.0482i	0.1560+0.5017i	0.1580+0.4236i	5.9809i	−1.8319i	−1.1645i
5		0.4576+1.0780i	0.1535+0.3849i		5.6765i	−0.6982i
			0.4615+1.0651i			5.3971i
	0.4576+1.0780i	0.1535+0.3849i	0.1560+0.5017i	5.6765i	−0.6982i	−1.8319i
6		0.4615+1.0651i	0.1580+0.4236i		5.3971i	−1.1645i
			0.4666+1.0482i			5.9809i
	0.4576+1.0780i	0	0.1535+0.3849i	5.1154i	0	−1.0549i
7		0	0		0	0
			0.4615+1.0651i			5.1704i
	0.4576+1.0780i	0.1535+0.3849i	0	5.1154i	−1.0549i	0
8		0.4615+1.0651i	0		5.1704i	0
			0			0
	1.3292+1.3475i	0	0	4.5193i	0	0
9		0	0		0	0
			0			0
	0	0	0	0	0	0
10		1.3292+1.3475i	0		4.5193i	0
			0			0
	0	0	0	0	0	0
11		0	0		0	0
			1.3292+1.3475i			4.5193i
	1.5209+0.7521i	0.5193+0.2775i	0.4924+0.2157i	67.2242i	0	0
12		1.5329+0.7162i	0.5193+0.2775i		67.2242i	0
			1.5209+0.7521i			67.2242i